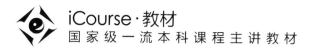

iCourse·教材
国家级一流本科课程主讲教材

机械制图
CAD建模技术

主 编 池建斌 冯桂珍

U0185140

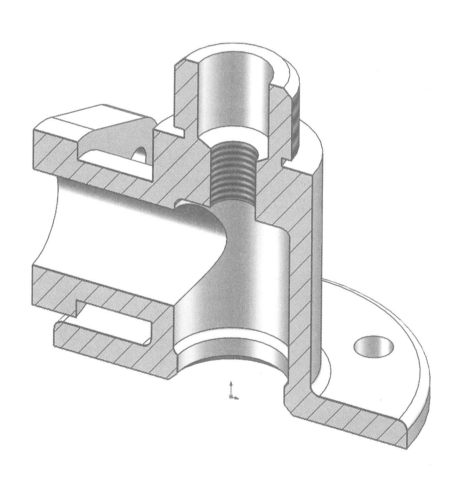

中国教育出版传媒集团
高等教育出版社·北京

内容提要

本书是根据教育部高等学校工程图学课程教学指导分委员会 2019 年制订的《高等学校工程图学课程教学基本要求》，为配合工程图学课程中 CAD 制图教学需求编写的一本配套教材。

全书共 15 章，分上、下两篇。上篇为二维 CAD 建模技术，主要内容包括有关制图标准基本规定、AutoCAD 基础与基本操作、二维绘图与编辑——初级操作、二维绘图与编辑——高级操作、AutoCAD 的文字、尺寸样式与尺寸标注、绘制组合体的三视图、图案填充与机件表达、机械工程图样绘制；下篇为三维 CAD 建模技术，主要内容包括参数化草图、三维特征建模、附加特征、曲线与曲面、装配设计、工程图等。

本书以 AutoCAD 和 SOLIDWORKS 为主要软件，但在内容编排上区别于软件操作类的教材。本书以工程图学课程中对 CAD 制图技术的实际应用能力为目标导向，重在体现 CAD 制图的技术运用，以达到使学习者可以较为熟练地应用 CAD 软件完成工程图样绘制的目的。

本书将所有的操作指导均录成教学视频供学习者线上学习，并提供思维导图来引导学习者方便快速地掌握知识架构和操作流程。本书为石家庄铁道大学依托超星泛雅平台建设的"专业制图"在线开放课程（首批国家级一流本科课程）的配套教材。

本书可作为高等学校机械类、近机械类各专业工程图学课程中 CAD 制图的教材，也可供相关工程技术人员学习参考。

图书在版编目（CIP）数据

机械制图 CAD 建模技术/池建斌，冯桂珍主编. ——
北京：高等教育出版社，2023.12
ISBN 978-7-04-060212-8

Ⅰ. ①机… Ⅱ. ①池… ②冯… Ⅲ. ①机械制图-
AutoCAD 软件-高等学校-教材 Ⅳ. ①TH126

中国国家版本馆 CIP 数据核字（2023）第 045001 号

Jixie Zhitu CAD Jianmo Jishu

策划编辑	肖银玲	责任编辑	肖银玲	特约编辑	马 奔	封面设计	贺雅馨
版式设计	杜微言	责任绘图	黄云燕	责任校对	刘丽娴	责任印制	刁 毅

出版发行	高等教育出版社	网　　址	http://www.hep.edu.cn
社　　址	北京市西城区德外大街 4 号		http://www.hep.com.cn
邮政编码	100120	网上订购	http://www.hepmall.com.cn
印　　刷	天津嘉恒印务有限公司		http://www.hepmall.com
开　　本	787mm×1092mm 1/16		http://www.hepmall.cn
印　　张	30		
字　　数	700 千字	版　　次	2023 年 12 月第 1 版
购书热线	010-58581118	印　　次	2023 年 12 月第 1 次印刷
咨询电话	400-810-0598	定　　价	62.00 元

本书如有缺页、倒页、脱页等质量问题，请到所购图书销售部门联系调换
版权所有　侵权必究
物 料 号　60212-00

机械制图 CAD建模技术

主编 池建斌 冯桂珍

1　计算机访问 https://abooks.hep.com.cn/1256221，或手机扫描二维码、下载并安装 Abook 应用。

2　注册并登录，进入"我的课程"。

3　输入封底数字课程账号（20位密码，刮开涂层可见），或通过 Abook 应用扫描封底数字课程账号二维码，完成课程绑定。

4　单击"进入课程"按钮，开始本数字课程的学习。

课程绑定后一年为数字课程使用有效期。受硬件限制，部分内容无法在手机端显示，请按提示通过计算机访问学习。

如有使用问题，请发邮件至 abook@hep.com.cn。

扫描二维码
下载 Abook 应用

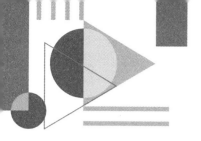

序

1. 关于本书及本书之外的一些思考

CAD 技术引入工程图学课程中已成为常态,从最初的单独设课,到后来的与制图课程融合;从最初的二维 CAD 软件,到后来的三维 CAD 软件,工程图学课程经历了一个不断变革的过程,本书的编者们经历了这一过程,并身体力行地、在教学中不断地实践和改进,形成了自己的一些做法,这些年一直想把我们的做法编成一本教材,一方面可以更好地用于本校的教学活动,另一方面,也希望与广大同行分享交流。

对于将 CAD 技术引入工程图学课程中,有几个问题值得思考:

(1) CAD 软件在工程图学课程中到底是工具还是技术?

工程图学课程是一门工程基础课程,是将设计思想变成工程图样的一种方法和技术,所以工程图样又被称为工程师的技术语言。同时,工程图学课程的学习也是未来工程师工程素养的一种训练过程,这也是很多工程图学课程教师坚守的职业信条。但制图技术不是制图技能,二者的区别在于前者是把设计思想变成工程图样的过程,后者是画出符合标准和规范的图样的方法步骤。对于一名合格的工程师而言,他既需要具备将设计思维和设计结果表达出来的能力,也需要具备绘制出能用于指导生产或交流设计思想的图样的能力,前者需要具备将空间对象以二维或三维的形式表达出来的能力,后者则要求熟悉各种技术规范和标准,并具备使用工具绘制工程图样的能力。对于绘制工程图样而言,传统的方法是借助于尺规进行制图,而现在则普遍借助于 CAD 软件来完成,从产业界的情况看,当下已经几乎看不到企业或设计机构还在使用尺规完成设计制图工作,无论是设计过程中设计方案的产生还是最终设计图样的输出,均是在 CAD 软件的辅助下完成,CAD 软件已经融入整个设计过程。从这个意义上说,CAD 技术是一种全新的设计技术,而不仅仅只是制图工具。

目前在大多数的工程图学课程中,CAD 软件依然是被当成与尺规一样的工具来使用的,这与工程图学课程的教学目标有关,但也导致学生对 CAD 软件产生了一些误解,使得 CAD 软件的技术属性被低估,随着计算机辅助设计技术的日渐普及,特别是智能制造技术在制造业中的进一步应用,必然会使 CAD 软件的应用向更高层次发展,也会影响到工程图学课程中对 CAD 软件作用的重新认识。

(2) 在工程图学课程中的 CAD 软件与传统的课程内容应当如何衔接?

尺规作为制图工具,使用方法简单直接,只要掌握一定技能就能使用,因此不需要花费太多的时间和精力来学习和教授,但 CAD 软件在设计制图中虽然也可以看成是工具,它的操作比尺规的使用要复杂得多,因此需要专门的学习和训练。

在传统的工程图学教材中,尺规作图技能只需简单的介绍,不需要太多的篇幅介绍尺规工具的使用,但 CAD 软件却需要较大的篇幅介绍使用方法。通常这部分内容会在教材中占较大的分量,直接影响教材的整体效果,也不利于教学安排。

编者从多年来的教学实践中体会到,CAD 软件的操作学习更应当是在训练的过程中完成,通过阅读软件的使用操作指南并不能提高软件学习的效率。从学习者的角度看,计算机前的实际操作训练辅以现场指导,是学习软件操作的有效途径。对工程图学课程而言,将复杂的 CAD 软件操作学习与制图作业相结合,形成一套与工程图学教学内容相协调的训练方法,更有利于达到将 CAD 软件与工程图学课程结合的目的。

(3) 选二维软件还是三维软件?

目前产业界的 CAD 软件应用现状还是处在二、三维软件并重的阶段,但趋势是向三维发展;从工程图学课程教学基本要求来看,工程设计结果可以是二维表达,也可以是三维表达;从 CAD 软件的功能上看,三维设计软件虽然也具有将三维零部件模型向二维图样转换的功能,但效果不如二维软件好用和方便。所以,现实中有很多企业是采用三维软件建模,然后转换成二维图形,再进入二维软件做后期编辑。鉴于这些因素,我们选择了二维和三维软件并举的路线。

2. 关于本书使用的几点说明

从多年的教学实践来看,很多学校会为学生单独编写一本讲述 CAD 软件使用的教材,但这类教材常常做成了软件使用手册,缺乏对工程图学中制图需求的思考和满足,很难与工程图学课程教学配套使用。

随着大规模在线教育技术的发展,课堂教学和学生学习的方法都发生了巨大的变化,如 CAD 软件这样实操性很强的软件更适合于线上线下混合式学习,学生可以通过提前预习线上的操作视频教程,掌握基本的操作方法,然后在计算机上进行相应的实践,达到更合理地分配学习时间,有效利用课上练习和教师面对面指导的机会,高效实现课程教学目标的效果。本教材正是基于这样的思考以及长期的教学实践而产生的。

本教材在结构上是从能力培养的角度来设计的,所以它不是一本传统意义上的 CAD 软件教科书或使用手册,根据编者的经验为本教材配备了大量的操作视频,安排了大量的练习,能让学生快速掌握初步的软件操作技能并完成工程图学相应的教学目的。

本教材是为满足工程图学相关课程的 CAD 制图需求配套设计的,内容上是按照教育部高等学校工程图学课程教学指导分委员会 2019 年制订的《高等学校工程图学课程教学基本要求》中机械类专业制图部分的内容结构来设置相应的练习内容,可以作为机械类或近机械类专业工程图学课程的配套教材使用。

本教材力图体现线上线下混合式教学模式的特点,基本上所有的操作都配备了相应的视频,可省去教师讲解基本操作的时间,而把重点放在了让学生练习的过程上。因此,在教学实践中,可提前布置学习任务并要求学生预习相关视频和教材内容,实现课堂教学任务的翻转。

可视化地呈现教材内容是本教材设计时的一项重要考虑,本教材中很多过程性的内容都提供了思维导图,希望通过思维导图实现流程的可视化。同时,在操作指导上也尽量做到可视化,能提供图形的就不用文字,方便学生对操作流程有直观完整的了解,以便形成操作的清晰概念。

本教材力图回避软件版本的问题,在软件界面没有发生颠覆性变化之前,力图在软件操作方面不给学习者造成太大的困惑。本教材力图实现可持续的更新模式,所以,在技术能够支持的情况下,尽量将有关内容放到线上,以保证持续更新。

本教材由石家庄铁道大学池建斌(第 1、9 章)、冯桂珍(第 13、14、15 章)、王大鸣(第 2、3、4、5、6、7、8 章)、王晨(第 10、11 章)和冯杰(第 12 章)编写,池建斌、冯桂珍任主编。近年来,编者团队围绕工程图学课程的教学做了大量的实践探索,并取得了一系列的教学成果,包括一门国家一流课程(首批)、一门省级精品课程和一门省级精品资源共享课程,这些是支撑本课程的重要基础。池建斌统筹全书的编写,石家庄铁道大学张增强老师设计了本教材的视频界面和风格。

北京科技大学窦忠强教授认真审阅了本教材,并提出了很多宝贵的意见和建议。窦教授在工程图学课程教学领域深耕多年,有着丰富的实践经验和深刻的专业见解。在此表示衷心的感谢。

限于水平,书中难免存在缺点和错误,敬请读者批评指正。

编　者

2023 年 10 月

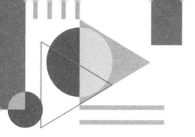

目　　录

上　篇

二维 CAD 建模技术

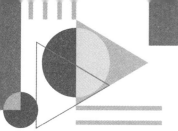

第 1 章
有关制图标准基本规定

在设计、制造、检验以及生产管理等诸多环节中,工程图样都是重要的技术资料,也是技术交流的重要手段。为了能够正确、清楚地传递技术信息,工程图样的绘制应该在相关的标准、规定指导下完成。未来的工程师应当掌握或了解与机械 CAD 建模相关的有关标准。

1.1 本章导图

与制图相关的标准很多,图 1-1 列出了与制图相关且常用的部分国家标准。

限于篇幅和本教材的定位,本章只简要介绍在本教材中用到的标准,读者在学习过程中应当注意这些标准,更详细的内容请参考相关标准和资料。这些标准如图 1-2 所示。

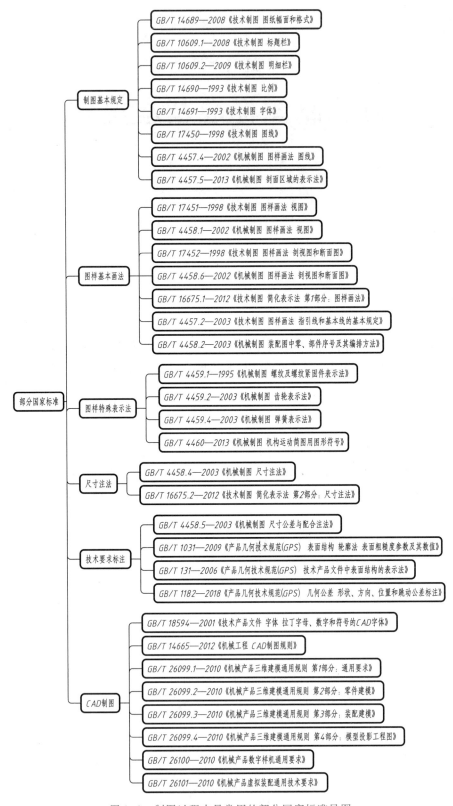

图 1-1 制图过程中最常用的部分国家标准导图

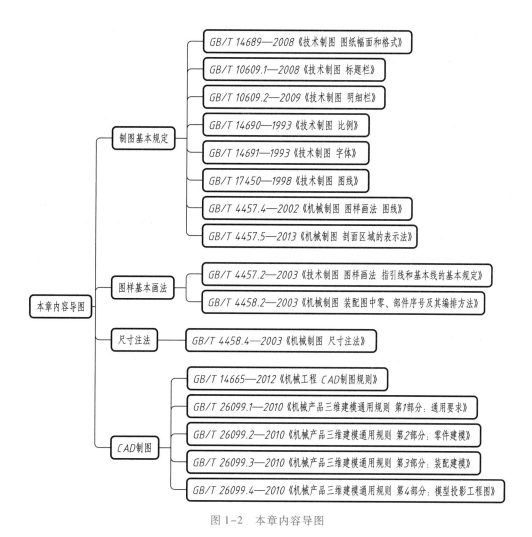

图1-2 本章内容导图

1.2 制图有关国家标准内容简介

1.2.1 图纸幅面和格式(GB/T 14689—2008)

绘制技术图样时,应优先采用表1-1所规定的基本幅面。

表1-1 图纸基本幅面

幅面代号		A0	A1	A2	A3	A4
幅面尺寸 $B \times L$		841×1 189	594×841	420×594	297×420	210×297
周边尺寸	e	20			10	
	c	10			5	
	a	25				

图框格式应采用不留装订边格式(图 1-3)或留装订边格式(图 1-4),但同一产品图样应采用同一种格式。周边尺寸值见表 1-1。

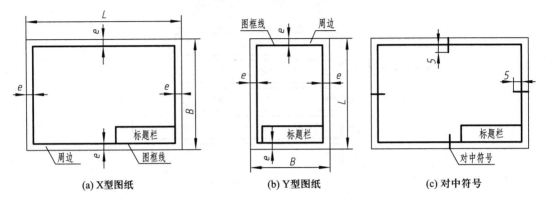

(a) X 型图纸　　　　　(b) Y 型图纸　　　　　(c) 对中符号

图 1-3　图框格式(不留装订边)

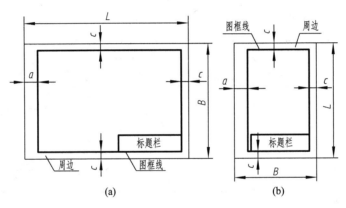

(a)　　　　　　　　　(b)

图 1-4　图框格式(留装订边)

根据需要,图纸幅面可以加长,加长的办法是沿基本图纸幅面的短边按短边倍数加长。

标题栏的方位:

图纸分为 X 型和 Y 型两种,若标题栏的长边置于水平方向并与图纸的长边平行,则构成 X 型图纸(图 1-3a),若标题栏的长边与图纸长边垂直,则构成 Y 型图纸(图 1-3b)。标题栏的位置应位于图纸的右下角,如图 1-3 所示。标题栏的格式和尺寸按 GB/T 10609.1—2008 的规定绘制。

为了图样复制和缩微摄影时定位的方便,应在图纸各边长的中点处分别画出对中符号。对中符号用粗实线绘制,宽度不小于 0.5 mm,长度从纸边界开始伸入图框内约 5 mm(图 1-3c)。当对中符号在标题栏范围内时,伸入部分不画。

1.2.2　标题栏(GB/T 10609.1—2008)

每张技术图样中均应有标题栏。国家标准规定了如图 1-5 所示的标题栏格式。

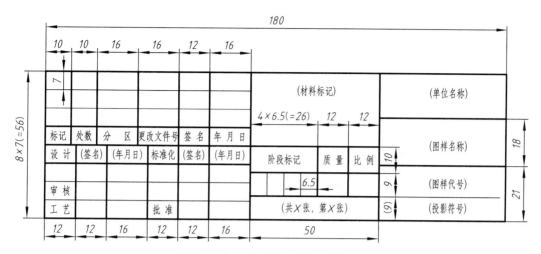

图 1-5 国家标准规定的标题栏格式

该标题栏格式比较复杂,本书在教学过程中推荐使用简化的标题栏格式,如图 1-6、图 1-7 所示。

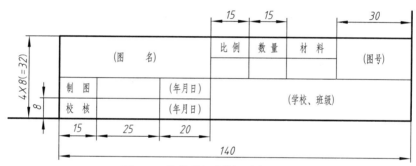

图 1-6 简化的标题栏(零件图用)

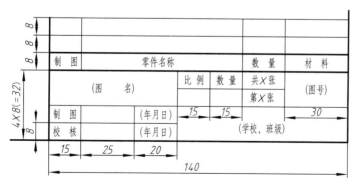

图 1-7 简化的标题栏(装配图用)

1.2.3 明细栏(GB/T 10609.2—2009)

装配图中一般应有明细栏。明细栏一般配置在装配图中标题栏的上方,按由下而上的顺序填写(图 1-7),当由下而上的延伸位置不够时,可紧靠在标题栏的左边由下而上延续。

　　明细栏一般由序号、代号、名称、数量、材料、质量(单件、总计)、分区、备注等组成,也可按实际需要增加或减少。本书根据教学的需要,使用图 1-8 所示的明细栏。

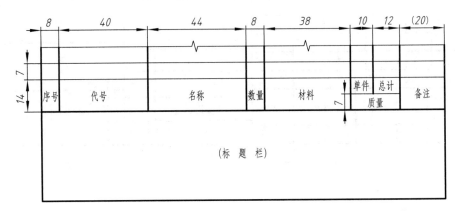

图 1-8　明细栏格式

1.2.4　比例(GB/T 14690—1993)

　　比例是图形与其实物相应要素的线性尺寸之比。比例分为原值比例、放大比例和缩小比例三种。

　　图样应按照比例绘制,国家标准规定,比例应按照表 1-2 推荐的比例选择使用。

　　无论采用何种比例绘图,图上所注尺寸一律按机件的实际大小标注。

表 1-2　比　　例

种类	优先比例
原值比例	$1:1$
放大比例	$2:1$　$5:1$　$1 \times 10^n:1$　$2 \times 10^n:1$　$5 \times 10^n:1$
缩小比例	$1:2$　$1:5$　$1:10$　$1:2 \times 10^n$　$1:5 \times 10^n$　$1:10^n$

注:n 为正整数。

　　图样的比例应在图样标题栏的比例栏中填写,图样中与比例不一致的视图比例,应在该视图的上方与视图名称组合标出,具体注法见相关标准规定。

1.2.5　字体(GB/T 14691—1993)

　　图样中字体的书写必须做到:字体工整、笔画清楚、间隔均匀、排列整齐。

　　字体的高度(用 h 表示)的公称尺寸系列:1.8 mm,2.5 mm,3.5 mm,5 mm,7 mm,10 mm,14 mm,20 mm。如要书写更大的字,其字体高度应按 $\sqrt{2}$ 的比率递增。

　　字体的号数代表字体的高度。

　　汉字应写成长仿宋体字,汉字的高度 h 不应小于 3.5 mm,其字宽一般为 $h/\sqrt{2}$ (约 0.7h)。

　　字母和数字分 A 型和 B 型。A 型字体的笔画宽度(d)为字高的十四分之一,B 型字体的笔画宽度为字高的十分之一。

在同一图样上只允许选用一种型式的字体。

字母和数字可写成斜体和直体,斜体字字头向右倾斜与水平基准线成75°。在 CAD 制图中,字母、数字一般写成斜体,汉字写成直体。

字体的具体写法示例参见 GB/T 14691—1993 或相关教材。

1.2.6 图线(GB/T 17450—1998, GB/T 4457.4—2002)

图线是起点和终点间以任意方式连接的一种几何图形形状,可以是直线或曲线、连续线或不连续线。

线素是不连续线的独立部分,如点、长度不同的画(短画、画、长画)和间隔。

线段是一个或一个以上不同线素组成的一段连续或不连续的图线。

国家标准对绘制机械图样的线型进行了规定,见表1-3。

表1-3 机械制图中的主要线型及用途

图线名称	图线型式	主要用途
粗实线	——————————	可见轮廓线
细实线	——————————	尺寸线、尺寸界线、剖面线、引出线等
波浪线	～～～～～	断裂处的边界线、视图与剖视图的分界线
双折线	—／\—／\—	断裂处的边界线
细虚线	- - - - - -	不可见轮廓线、不可见棱边线
细点画线	—·—·—·—	轴线、对称中心线、节圆及节线
粗点画线	—·—·—·—	限定范围表示线
细双点画线	—··—··—··	假想轮廓线、相邻辅助零件的轮廓线

机械图样中采用粗、细两种线宽,它们之间的比例为 2:1。图线线宽的推荐系列:0.13 mm、0.18 mm、0.25 mm、0.35 mm、0.5 mm、0.7 mm、1 mm、1.4 mm、2 mm。

图线的具体应用可以参见相关制图教材或国家标准。

图线的画法(图1-9)如下所示:

(1)同一图样中同类型图线的宽度应一致,虚线、点画线及双点画线中各自线段的长短、间隔大小应大致相同。

(2)细虚线、细点画线、细双点画线与其他线相交时不应穿"空"而过。

(3)画圆的中心线时,圆心应是长画的交点,细点画线两端应超出轮廓2~5 mm。

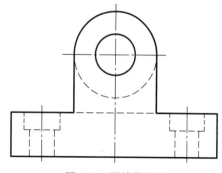

图1-9 图线的画法

(4)细虚线为粗实线延长线时,细虚线与粗实线之间应留出空隙。

(5)细虚线圆弧与粗实线相切时,细虚线圆弧与粗实线之间应留出间隙。

（6）考虑缩微制图的需要,两条平行线之间的间隙一般不小于 0.7 mm。

1.2.7　剖面区域表示法（GB/T 4457.5—2013）

在剖视图和断面图中,一般应采用剖面符号填充剖面区域。

表示金属材料的剖面符号为剖面线,剖面线用细实线绘制。

剖面线一般应画成间隔相等、方向相同且与剖面区域的主要轮廓或对称线成 45° 的平行线,必要时,剖面线也可画成与主要轮廓成适当角度,如图 1-10 所示。

图 1-10　剖面线示例

同一图样中同一零件的剖面线应间隔相同、方向相同;同一图样中不同零件的剖面线则应在方向、间隔上区别开。

1.2.8　指引线和基准线以及装配图中的零、部件序号编排方法（GB/T 4457.2—2003，GB/T 4458.2—2003）

1. 指引线

指引线为细实线,它是以明确的方式建立起图形表达和附加的字母、数字或文本说明之间联系的线。指引线应与要表达的物体形成一定的角度,不能与相邻的图线（如剖面线）平行,与相应图线所成的角度应大于 15°。指引线不能穿过其他的指引线、基准线以及诸如图形符号或尺寸数值等。

指引线的终端有如下几种形式:

（1）实心箭头。如果指引线终止于表达零件的轮廓线,则可采用实心箭头。

（2）一个点。如果指引线的末端在一个物体的轮廓内,则可采用一个点。

（3）没有任何终端符号。如果指引线在另一条图线上,如尺寸线、对称线等,则没有任何终止符号。

2. 基准线

基准线是与指引线相连的水平或竖直的细实线,可在上边或旁边注写附加说明。每条指引线都可以附加一条基准线,基准线应按水平或竖直方向绘制。

基准线有如下两种形式:

（1）具有固定长度,且为 6 mm。

（2）具有与注释说明同样长度。

3. 注释说明

与指引线关联的注释说明应以以下方式注写:

（1）优先注写在基准线上方。

（2）注写在指引线或基准线的后面,并以字符的中部与指引线或基准线对齐。

（3）注写在相应图形符号的旁边、内部或后面。

4. 装配图中零部件序号的编写规定

（1）基本要求

① 装配图中所有的零部件均应有相应的编号。

② 装配图中一个部件可以只编写一个序号;同一装配图中相同的零部件用一个序号,一般只标注一次;多处出现的相同的零部件,必要时也可重复标注。

③ 装配图中零部件的序号应与明细栏(表)中的序号一致。

④ 装配图中所用的指引线和基准线应按 GB/T 4457.2—2003 的规定绘制。

（2）序号的编排方法

装配图中编写零部件序号的表示方法如下所示:

① 在水平的基准线(细实线)上或圆(细实线)内注写序号,序号的字号应比该装配图中所注尺寸数字的字号大一号或大两号。

② 在指引线的非零件端的附近注写序号,序号字号应比该装配图中所注尺寸数字的字号大一号或大两号。

③ 同一装配图中编排序号的形式应一致。

④ 相同的零部件用一个序号,一般只标注一次。

⑤ 指引线应自所指部分的可见轮廓内引出,并在末端画一圆点。当所指部分(很薄的零件或涂黑的剖面)不便画圆点时,可在指引线的末端画出箭头,并指向该部分的轮廓。

⑥ 指引线不能相交。当指引线通过有剖面线的区域时,它不应与剖面线平行。

⑦ 指引线可以画成折线,但只可曲折一次。

⑧ 一组紧固件以及装配关系清楚的零件组,可以采用公共指引线。

⑨ 装配图中序号应按水平或竖直方向排列整齐,可按顺时针或逆时针方向顺次排列,在整个图上无法连续时,可只在每个水平或竖直方向顺次排列。

1.2.9 尺寸注法(GB/T 4458.4—2003)

尺寸标注的详细内容参见有关制图教材或参考书,这里只强调以下几点:

（1）完整的尺寸由尺寸界线、尺寸线、尺寸数字构成。

（2）尺寸界线用细实线绘制,并应由图形的轮廓线、轴线或对称中心线处引出,也可利用轮廓线、轴线或对称中心线作为尺寸界线。

（3）尺寸线用细实线绘制,其终端可以有下列两种形式(图 1-11)。

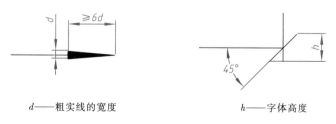

d——粗实线的宽度　　　　h——字体高度

图 1-11　尺寸线终端形式

① 箭头:箭头的形式如图 1-11 所示,适用于各种类型的图样。

② 斜线:斜线用细实线绘制,其方向和画法如图 1-11 所示。当尺寸线的终端采用斜线形式时,尺寸线与尺寸界线应相互垂直。

(4)同一图样只能采用一种尺寸线终端形式,机械图样一般采用箭头作为尺寸线的终端。

(5)尺寸线不能用其他图线代替,一般也不得与其他图线重合或画在其延长线上。

(6)当对称机件的图形只画出一半或略大于一半时,尺寸线应略超过对称中心线或断裂处的边界,此时仅在尺寸线的一端画出箭头(图 1-12)。

(7)线性尺寸的数字一般应注写在尺寸线的上方,也允许注写在尺寸线的中断处。

(8)角度的数字一律写成水平方向。

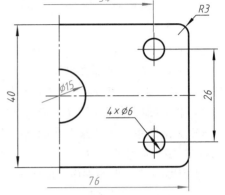

图 1-12　对称机件的尺寸注法

1.2.10　机械工程 CAD 制图规则(GB/T 14665—2012)

在 CAD 制图中,线宽分为 5 组,见表 1-4。

表 1-4　CAD 制图中的线宽

分组						一般用途
组别	1	2	3	4	5	
线宽/mm	2.0	1.4	1.0	0.7	0.5	粗实线、粗点画线、粗虚线
	1.0	0.7	0.5	0.35	0.25	细实线、波浪线、双折线、细虚线、细点画线、细双点画线

图线在接触与连接或转弯时应尽可能在画上相连,如图 1-13 所示。绘制圆时,可画出圆心符号,如图 1-14 所示。

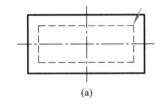

(a)　　　　　　　　　　　(b)

图 1-13　图线在接触或转弯时的画法

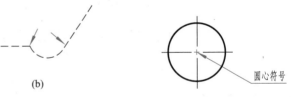

图 1-14　圆心符号

一般应按照表 1-5 中提供的颜色在屏幕上显示图线,并要求相同类型的图线应采用同样的颜色。

表 1-5　CAD 制图中图线的颜色规定

图线类型	屏幕上的颜色
粗实线	白色
细实线	绿色
波浪线	绿色
双折线	绿色

续表

图线类型	屏幕上的颜色
细虚线	黄色
细点画线	红色
细双点画线	粉红色

机械工程中的 CAD 制图所使用的字体,应做到字体端正、笔画清楚、排列整齐、间隔均匀。数字一般应以正体输出。字母除表示变量外,一般应以正体输出。汉字在输出时一般采用正体,并采用国家正式公布和推行的简化字。标点符号除省略号和破折号占两个字位外,其余均为一个符号占一个字位。字体与图纸幅面之间的选用关系见表 1-6。

表 1-6 字体与图纸幅面之间的选用关系

字符类别	图幅				
	A0	A1	A2	A3	A4
	字体高度 h				
字母与数字	5		3.5		
汉字	7		5		

注:h=汉字、字母和数字的高度。

字体的最小字(词)距、行距以及间隔线或基准线与书写字体之间的最小距离见表 1-7。

表 1-7 字体的最小字距、行距以及间隔线或基准线与字体之间的最小距离

字体	最小距离	
汉字	字距	1.5
	行距	2
	间隔线或基准线与汉字的间距	1
字母与数字	字符	0.5
	词距	1.5
	行距	1
	间隔线或基准线与字母、数字的间距	1

注:当汉字与字母、数字混合使用时,字体的最小字距、行距等应根据汉字的规定使用。

1.2.11 机械产品三维建模通用规则(GB/T 26099.2—2010, GB/T 26099.3—2010, GB/T 26099.4—2010)

本节的内容摘自 GB/T 26099.2—2010《机械产品三维建模通用规则 第 2 部分:零件建模》、GB/T 26099.3—2010《机械产品三维建模通用规则 第 3 部分:装配建模》、GB/T 26099.4—2010《机械产品三维建模通用规则 第 4 部分:模型投影工程图》。

考虑教学需求,本书只摘录了和本课程教学密切相关的部分内容,若读者要详细了解国家标准对三维建模的相关规定,请参见有关标准或参考书。

1. 零件建模的总体要求和原则

（1）一般先建立模型的主体结构（如框架、底座等），然后再建立模型的细节特征（如小孔、倒圆、倒角等）。

（2）在满足应用要求的前提下，尽量使模型简化，使其数据量减至最少。

（3）零件的建模顺序应尽可能与机械加工顺序一致。

（4）铸锻零件模型上的起模特征一般应创建。

（5）铸锻零件模型上的圆角特征一般应创建。

2. 特征的使用

零件建模特征的使用应符合以下要求：

（1）特征应全约束，不得欠约束或过约束，另有规定的除外；优先使用几何约束，例如平行、垂直或重合，其次使用尺寸约束。

（2）为了表达和追溯设计意图，可以将特征重命名为简单易读的特征名。

3. 草图特征的使用

（1）草图应尽量体现零件的剖面，且应按照设计意图命名。

（2）草图对象一般不应欠约束和过约束。

4. 倒角（或倒圆）特征的使用

（1）除非有特殊需要，倒角（或倒圆）特征不应通过草图的拉伸或扫描来创建。

（2）倒角（或倒圆）特征一般放置在零件建模的最后阶段完成，除某些特殊情况，可将倒角（或倒圆）特征提前完成。

5. 装配建模

装配建模是指应用 CAD 软件对零部件进行装配设计，并形成装配模型的过程。

装配约束是指在两个装配单元之间建立关联，并能够反映出装配单元之间的静态定位和动态运动副关系。

装配单元即装配模型中参与装配操作的零部件。

装配有变形的零部件（例如弹簧、锁片、铆钉、开口销、橡胶密封圈等）一般应以变形后的工作状态进行装配。

装配模型中使用的标准件、外购件模型应从模型库中调用，并统一管理。

模型装配前，应将装配单元内部的与装配无关的基准面、轴、点及不必要的修饰进行消隐处理，只保留装配单元在总装配时需要的参考基准。

装配约束的选用应正确、完整、不相互冲突，以保证装配单元准确的空间位置和合理的运动副定义。装配约束的定义应符合以下要求：

（1）根据设计意图，合理选择装配基准，尽量简化装配关系。

（2）合理设置装配约束条件，尽量避免欠约束和过约束情况。

（3）装配约束的选用应尽可能真实反映产品对象的约束特性和运动关系，选用最能反映设计意图的约束类型；对运动产品应能够反映其机械运动特性。

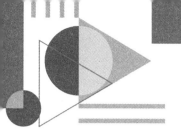

第 2 章
AutoCAD 基础与基本操作

AutoCAD 是美国 Autodesk 公司推出的计算机辅助设计软件,是目前在国际上广为流行的绘图工具。本章主要是熟悉 AutoCAD 的工作界面、绘图环境设置、文件管理及基本操作。

2.1 教学目标

1. 知识目标

(1) 能够正确阐述应用 AutoCAD 软件绘制图形时的基本设置要求。

(2) 能够解释 AutoCAD 图层的概念及对绘图的重要性。

(3) 能够区分使用绘图软件与尺规进行绘图工作的区别。

2. 能力目标

(1) 能够正确运用 AutoCAD 文件管理功能完成图形文件的存储与管理。

(2) 能够完成 AutoCAD 的绘图环境及图层的设置,并能正确应用于绘制的图形。

(3) 能够正确描述 AutoCAD 的坐标系的作用与功能,并能完成点的坐标及数值的输入。

(4) 能够正确运用 AutoCAD 的命令输入方法。

(5) 能够正确运用辅助绘图工具以及直线、圆等基本绘图命令完成精确绘图。

(6) 能够正确运用删除和选择对象的常用方法完成对象选择与删除操作。

(7) 能在绘图过程中利用鼠标实时缩放和平移图形对象。

2.2 本章导图

本章内容及结构如图 2-1 所示。

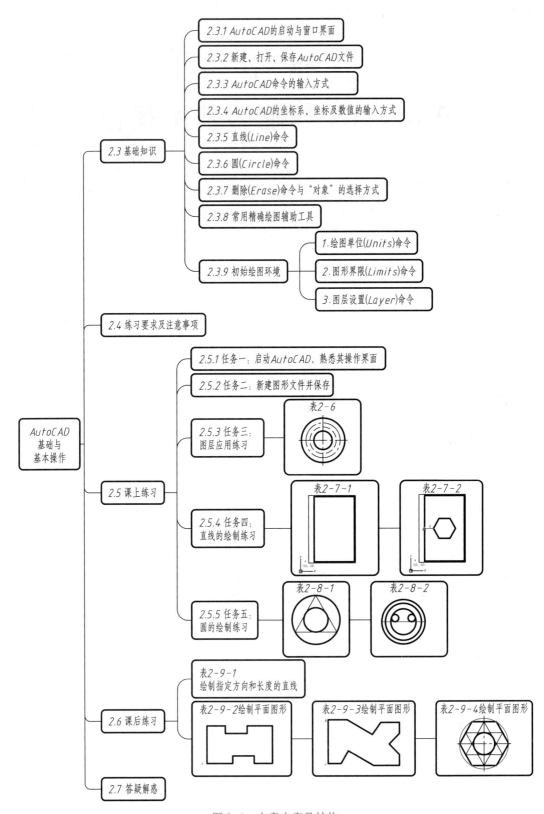

图 2-1　本章内容及结构

2.3 基础知识

2.3.1 AutoCAD 的启动与窗口界面

AutoCAD 提供了三个工作空间:"草图与注释""三维基础""三维建模"。其中,"草图与注释"是 AutoCAD 提供的二维绘图工作空间。

窗口界面的
组成

安装 AutoCAD 后默认当前工作空间为"草图与注释"。

AutoCAD 的"草图与注释"工作空间的窗口界面组成如图 2-2 所示。

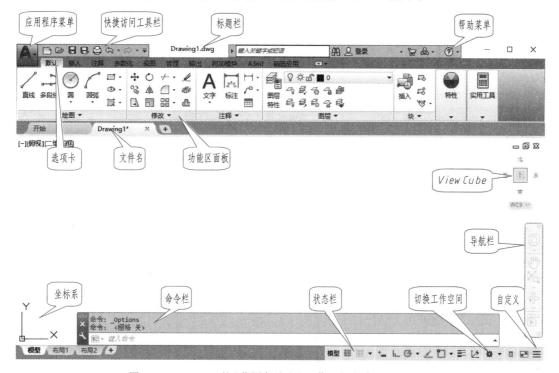

图 2-2　AutoCAD 的"草图与注释"工作空间的窗口界面组成

2.3.2 新建、打开、保存 AutoCAD 文件

在 AutoCAD 中保存的绘图文件类型为".dwg"格式。当将绘图文件保存为样板图样时,文件类型为".dwt"格式。"新建""打开"或"保存"一个 AutoCAD 图形文件的途径:

1. 命令栏输入:New(新建)、Open(打开)、Save(保存)。

2. 使用快捷访问工具栏中相应的图标按钮,如图 2-3 所示。

图 2-3　快捷访问工具栏

3. 使用应用程序菜单中相应的选项,如图 2-4 所示。

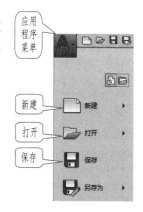

图 2-4　应用程序菜单展开

17

AutoCAD
命令的输入
方式

2.3.3　AutoCAD 命令的输入方式

AutoCAD 命令的常用输入方式有以下几种：

1. 在"草图与注释"工作空间操作时，选择并单击功能区内相应面板上的相应命令图标按钮。

2. 通过命令栏输入命令。

3. 重复刚刚结束的命令时，可以直接按回车键。

4. 有一些特定命令可以在其他命令的执行过程中嵌入使用，如 ZOOM、HELP 等，这些命令也称之为透明命令。

2.3.4　AutoCAD 的坐标系、坐标及数值的输入方式

1. AutoCAD 的坐标系

AutoCAD 的坐标系包括世界坐标系(world coordinate system，WCS) 和用户坐标系(user coordinate system，UCS)。AutoCAD 启动后在默认的"草图与注释"工作空间的绘图窗口的左下角会看到世界坐标系的图标，包含 X 轴和 Y 轴，如图 2-5 所示。

图 2-5　世界坐标系

2. 点的坐标的输入方式

在 AutoCAD 中点的坐标通常有 4 种输入方式：

(1) 绝对直角坐标(x,y)。

(2) 相对直角坐标$(@x,y)$。

(3) 绝对极坐标$(L<\theta)$。

(4) 相对极坐标$(@L<\theta)$。

3. 数值、角度的输入方法

在绘图过程中，当系统提示输入"距离""长度""角度"时，直接输入数值即可。

2.3.5　直线(Line)命令

1. 功能

绘制 1 条或多条首尾相连的直线[①]。

2. 命令启动途径

(1) 功能区面板："绘图"→

(2) 命令栏：L(或 Line)

3. 命令选项及操作说明

执行直线命令后，命令栏显示信息及选项：

指定第一个点：(可通过输入坐标值、光标拾取目标点输入直线的起点)

---

① 直线是无限长的，无限长的直线在有限的图中无法全部表示。因此，本书中的"直线"一词既指空间上无限长的直线，也指某一线段，具体所指由语境决定。

指定下一点或［放弃(U)］:(默认依次输入第二个点及以后各点)

指定下一点或［闭合(C)/放弃(U)］:

其中主要选项含义如下:

闭合(C)　使绘出的折线封闭并结束操作。

放弃(U)　取消刚刚输入的直线端点坐标。

回车(enter)　结束绘制直线的操作。

提示:若用回车键响应直线命令提示"指定第一个点:",则该直线的起点与上次所画直线的最后端点相连。若上次所画线为圆弧,该直线的端点与圆弧端点重合。

4. 操作举例

题目:绘制图2-6所示的四边形。

作图分析:

(1)各点坐标形式分析

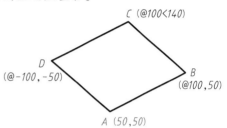

A 点为直角绝对坐标,B 点为相对直角坐标,C 点为相对极坐标,D 点为相对直角坐标。

(2)由 A 点开始响应"指定第一个点:"的提示

图 2-6　直线命令绘图举例

提示:如果启用"动态输入"辅助绘图功能,则第一点以后输入的各点的坐标都是相对于前一点的相对坐标。

2.3.6　圆(Circle)命令

直线的坐标
输入

1. 功能

以多种方式绘制圆。

AutoCAD 提供了 6 种绘制圆的方式,集合于"绘图"面板"圆"下的列表内,如图 2-7 所示。

2. 命令启动途径

(1)功能区面板:"绘图"→"圆"方式列表选择某一绘制圆的方式,如图 2-7 所示。

(2)命令栏:C(或 Circle)

3. 命令选项及操作说明

启动圆的命令后,命令栏显示信息及选项:

指定圆的圆心或［三点(3P)/两点(2P)/相切、相切、半径(T)］:

其中显示了 4 种画圆的方式。若以默认方式输入圆心后在命令栏有如下提示:

指定圆的半径或［直径(D)］:

4. 绘制圆的各种图标按钮及代号的含义

绘制圆的命令有 6 种方式,各图标按钮及代号的含义见表 2-1。

图 2-7　绘制圆的方式

表 2-1　绘制圆的各种图标按钮及代号的含义

选项		含义	操作演示
圆心、半径(R)	⊘	默认方法,以指定的圆心、半径方式画圆	
圆心、直径(D)	⊘	以指定的圆心、直径方式画圆	
两点(2)	◯	指定两点,以这两点为直径画圆	
三点(3)	◯	依次输入三个不在一条直线上的点,绘制通过这三点的圆	
相切、相切、半径(T)	◯	画与两个已知对象相切、指定半径的公切圆	
相切、相切、相切(A)	◯	画与三个已知对象相切的公切圆	圆的绘制方式

2.3.7　删除(Erase)命令与“对象”的选择方式

当对已有对象执行某个修改(或编辑)命令时,命令行会首先提示:“选择对象:”。下面以执行删除命令为例介绍选择对象的各种方法。

1. 命令启动途径

(1) 功能区面板:“修改”→✐

(2) 命令栏:E̲(或 Erase)

2. 命令选项及操作说明

执行删除命令后,命令栏显示信息及选项:

选择对象:(选择要删除的对象)

回车,结束选择,选中的对象被删除。

3. 选择对象的方式

选择对象的方式有多种,对象选择方式及操作说明见表 2-2。

表 2-2　对象选择方式及操作说明

选项	操作说明	操作演示
单选	通过光标拾取框,逐个“单选”图中对象	
窗选	通过指定对角线上两点拉“窗口”框选多个对象(窗口边界为实线的为“实窗口”,边界为虚线的为“虚窗口”)	
输入“all”	选择对象方式,可以选中图形文件中的所有对象	
输入“R”	选择对象方式,可以把所选对象从已选的对象集中移除	
输入“A”	选择对象方式,可以将选择的对象添加到已有的对象集中	
“套索”工具	按住鼠标左键在绘图窗口内拖动即可选择对象	对象选择方式

提示:对未执行删除命令前选择了的对象,可按 Del 键直接删除。

2.3.8　常用精确绘图辅助工具

AutoCAD 在状态栏中提供了若干精确绘图辅助工具,还提供了相对应的功能键来控制这些精确绘图辅助工具的启用与关闭,其含义如图2-8所示(用户也可以通过打开的"自定义"菜单选择状态栏上需要显示哪些工具)。

图2-8 状态栏内部分辅助精确绘图工具

学习各精确绘图辅助工具的功能和操作要点,可扫描表2-3中相应选项的二维码。

表2-3 各辅助精确绘图工具的功能和操作要点

栅格与栅格捕捉	动态输入	正交与极轴追踪	对象捕捉	对象捕捉追踪	自定义辅助绘图工具

2.3.9 初始绘图环境

新建的图形文件都有一个特定的绘图环境,包括绘图单位、绘图界限的约定及图层设置等。

1. 绘图单位

绘图单位是在设计中所采用的计量单位。

新建图形文件时,若选择"acad.dwt"为样板文件,系统则默认图形单位为"英寸";若选择"acadiso.dwt"为样板文件,系统则默认图形单位为"毫米"。

中国用户在新建AutoCAD文件时应选择"acadiso.dwt"为样板文件。

绘图单位及相关的设置可以通过执行Units命令,在弹出的"图形单位"对话框(图2-9)中进行。

2. 图形界限

图形界限是指绘图的一个矩形区域。AutoCAD的绘图区可看作一幅无穷大的图纸,用户可在AutoCAD中通过Limits命令设置绘图界限,定义图纸幅面大小并设定其边界的开关状态。当图形界限检测功能处于打开状态时,一旦绘制的图形超出其界限,系统将提示用户绘制的此图形超出了图形界限,且不予响应。

Limits命令:

执行图形界限命令后,系统提示和用户操作如下:

命令:_limits

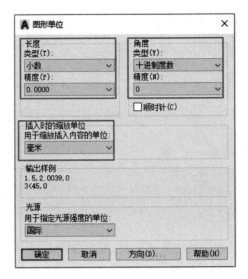

图 2-9　"图形单位"对话框

重新设置模型空间界限：

指定左下角点或［开(ON)/关(OFF)］<0.0000,0.0000>:(通常不改变图形界限左下角的位置,回车)

指定右上角点 <420.0000,297.0000>:(输入图形界限右上角的坐标,即区域的宽度和高度值,然后回车结束命令)

在提示"指定左下角点或［开(ON)/关(OFF)］<0.0000,0.0000>:"时,若输入"ON",则用户只能在指定的图形界限内绘图;若输入"OFF",则用户绘图不受指定图形界限的限制。

当图形界限设置完毕后,需要在命令栏中执行 ZOOM 命令,然后选择其中的"ALL"选项,回车确认,以使图形界限所设区域充满整个屏幕。

3. 图层设置

（1）图层的概念

AutoCAD 的图层就像我们平时用不同颜色、不同粗细的铅笔在纸上画不同线型的图画一样,将不同颜色、不同粗细和不同线型分别赋予不同的图层(这些图层好像一层层重叠的透明纸),当画图时,只要在不同的图层上绘制具有不同颜色、不同粗细、不同线型对象即可完成一幅复杂的、丰富多彩的图样。

机械工程图样包括基准线、轮廓线、虚线、剖面线、尺寸标注、文字说明等对象。在 AutoCAD 中,绘图人员要将这些不同的对象(图线、文字、标注等)置于不同的图层上(这些图层都是透明的,具有相同的坐标原点),并根据图层对对象进行归类管理,以使图层的各种信息清晰有序,便于观察,也便于图形的编辑修改和输出。

（2）创建新图层

绘制一个新图样首先要进行图层设置,创建图层有如下两种途径：

① 功能区面板:"图层"→🖳

② 命令栏输入:La(或 Layer)

执行图层创建命令后,打开"图层特性管理器"对话框(图 2-10)。在"图层特性管理器"

对话框中可以"新建"一个图层或"冻结""删除"某个图层，并选择某个图层将其置为当前图层；可以对某个图层赋予相应的颜色、线型、线宽，并通过"打开（关闭）""冻结（解冻）""锁定（解锁）"对选定图层进行管理。对话框中主要选项的含义见随后的提示。

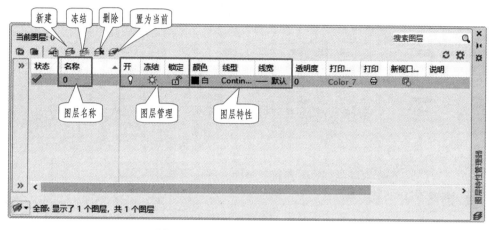

图 2-10 "图层特性管理器"对话框

用户可以根据需要为图形文件设置所需的图层数目；按技术制图的基本规定为图层赋予相应线型、线宽；为清晰起见还可以为每个图层赋予相应的颜色。

（GB/T 14665—2012）《机械制图 CAD 制图规则》为不同用途的图层定义了相应的标识号，并对相应图层的颜色、线宽做了相应规定，见表 2-4（表中的线型为本书推荐线型）。

表 2-4 常用图层设置参数

标识号	描述（图层名）	线型（名）	颜色	线宽/mm
01	粗实线	Continuous	白（黑）	0.5
02	细实线	Continuous	绿	0.25（默认）
03	细点画线	Center2	红	0.25（默认）
04	细虚线	Hidden	黄	0.25（默认）

（3）创建图层的过程及内容

① 打开"图层特性管理器"对话框（图 2-10）。

② 多次单击"新建"创建多个新图层，并分别为各新图层命名。

③ 选中某个图层，单击其颜色图标，在弹出的"颜色"对话框中选择相应的颜色，将新的颜色赋值于选中的图层。

④ 选中某个图层，单击其线型选项，在弹出的"线型"对话框中单击其下方的"加载"按钮，在弹出的系统提供的线型库的线型列表中选择所需线型，将选中的线型加载到本图形文件中，再将加载的线型赋值于选中的图层。

⑤ 选中某个图层，单击其线宽选项，在弹出的"线宽"列表中选择一线宽值，将新的线宽赋值于选中的图层。

（4）创建图层举例

按表 2-4 所示图层的名称、颜色、线型、线宽设置 4 个常用图层,并将细点画线(简称为点画线)图层置为当前。结果如图 2-11 所示(其中,0 图层为系统默认图层)。

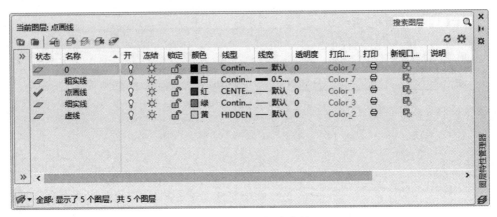

图 2-11　图层创建举例

学习有关图层的创建、应用、修改等相关操作可扫描表 2-5 中相应的二维码观看视频。

表 2-5　图层操作演示二维码

创建图层	图层应用举例	更换对象图层	调整线型比例因子	图层管理的含义

注:"图层特性管理器"对话框中主要选项的含义如下所示。

① 开:用于打开或关闭图层。默认为打开状态。当图层打开时,灯泡为亮色,该层上的图形可见,可以进行打印;当图层关闭时,灯泡为暗色,该层上的图形不可见,不可编辑,不能打印。

② 冻结:用于解冻和冻结图层。默认为解冻状态。当图层被冻结时,显示雪花图标,该层上图形不可见,不能进行重生成、消隐及打印等操作;当图层解冻后,显示太阳图标,该层上图形可见,可进行重生成、消隐和打印等操作。注意:当前图层是不能被冻结的。

③ 锁定:锁定和解锁选定图层。默认为解锁状态,可以在该图层上绘制和编辑图形;当图层被锁定时,该层上的图形实体仍可以显示和绘图输出,但不能被编辑。

④ 颜色:用于改变选定图层关联的线型颜色,单击相应的颜色名称,弹出"选择颜色"对话框选择颜色。

⑤ 线型:在默认情况下,新创建的图层的线型为连续线。用户可以根据需要为图层设置不同的线型;单击相应的线型名称,将弹出"选择线型"对话框。用户可在"已加载的线型"选项区域中选择线型。若该选项区域中没有需要的线型,可单击"加载"按钮,在弹出的"加载或重载线型"对话框中选择。

⑥ 线宽:单击相应的线宽名称,弹出"线宽"对话框,用户可在此更改与选定图层关联的线宽。

2.4 练习要求及注意事项

1. 阅读 2.3 节的各项内容,做好上机前的准备工作。

2. 在以下的练习中,每一道题目均有相应的练习要求、操作提示及操作演示,学习者应根据题目的要求独立思考,确定练习任务的操作思路、途径,并动手完成任务。书中提供的操作演示有助于初学者快速熟悉软件、提高软件操作的技巧。

3. "图层"是 AutoCAD 的一个重要的概念,初学者必须养成良好的绘图习惯,新建一个图形文件必须从设置图层开始并正确应用。

4. AutoCAD 提供了多个辅助精确绘图的工具,正确地使用这些工具是保证快速、准确绘图的关键,所以必须掌握那些常用的辅助精确绘图的工具的开启及设置的方法。

2.5 课上练习

2.5.1 任务一:启动 AutoCAD,熟悉其操作界面

1. 任务要求

(1)熟悉 AutoCAD 的"草图与注释"工作空间的操作界面。

(2)熟悉快速访问工具栏、应用程序菜单等的内容。

(3)熟悉功能区"默认"选项卡的常用功能区面板。

(4)熟悉状态栏上主要的精确绘图工具,并通过"自定义",按图 2-12 所示状态栏的工具项目配置常用精确绘图工具。

图 2-12 状态栏

2. 任务指导

完成任务一应仔细学习 2.3.1 节的相关内容。

2.5.2 任务二:新建图形文件并保存

1. 任务要求

(1)设置 4 个图层(粗实线层、细实线层、点画线层、虚线层),参照表 2-4 为图层赋予相应的颜色、线型、线宽。

(2)保存文件,文件的命名方式:学号—姓名—2.5.2(任务节号)

2. 任务指导

完成任务二要仔细学习 2.3.2 节的相关内容。

2.5.3 任务三:图层应用练习

完成表 2-6 中的练习。

新建图形文件

表 2-6　图层的设置与应用

题目	图形	操作提示	操作演示
在不同图层内绘制一组同心圆，尺寸如图所示	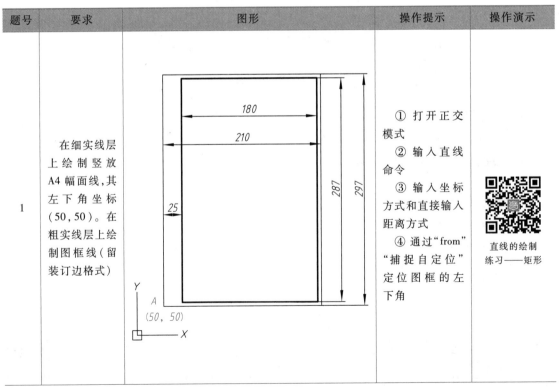	① 设置 4 个图层（粗实线层、细实线层、点画线层、细虚线层） ② 绘制圆的两条中心线，（长度为 68 mm） ③ 按尺寸在相应的图层内绘制各圆 ④ 调整线型比例（方法见表 2-5）	图层的设置与应用练习——圆

2.5.4　任务四：直线的绘制练习

执行直线命令完成表 2-7 中所列各练习题。

表 2-7　直线的绘制练习

题号	要求	图形	操作提示	操作演示
1	在细实线层上绘制竖放 A4 幅面线，其左下角坐标（50，50）。在粗实线层上绘制图框线（留装订边格式）		① 打开正交模式 ② 输入直线命令 ③ 输入坐标方式和直接输入距离方式 ④ 通过"from""捕捉自定位"定位图框的左下角	直线的绘制练习——矩形

题号	要求	图形	操作提示	操作演示
2	在粗实线层上绘制一个正六边形,边长为 50 正六边形的顶点 B 在图框水平直对称线上,距离图框左边线 40		打开极轴追踪模式,设置极轴角增量为 30°。将图框左边线的中点作为临时追踪点,通过对象捕捉追踪确定 B 点	直线的绘制练习——正六边形

2.5.5 任务五：圆的绘制练习

执行直线命令和圆的命令完成表 2-8 中所列的各练习题。

表 2-8 圆的绘制练习

题号	要求	图形	操作提示	操作演示
1	已知一等边三角形,边长为 50。绘制与该等边三角形相外接的圆和相内切的圆		① 执行直线命令绘制等边三角形(细实线层) ② 采用"三点"方式绘制外接圆(粗实线层) ③ 采用"相切、相切、相切"方式绘制内切圆(粗实线层)	等边三角形—圆
2	已知一水平直线段,长度为 60。分析图中各圆尺寸特点选择适当方式绘制圆		① 绘制长度为 60 的水平线(细实线层) ② 采用"两点"方式绘制 $\phi60$ 的大圆(粗实线层) ③ 采用"圆心、半径"方式绘制 $\phi50$ 的圆;采用圆心、直径"方式绘制 $\phi35$ 的圆(粗实线层) ④ 采用"相切、相切、半径"方式绘制 $\phi10$ 的圆(粗实线层)	直线—圆

2.6　课后练习

完成表 2-9 中的课后练习题。

表 2-9　课后练习题

题号	题目要求	图形	操作提示	操作演示
1	在粗实线层上绘制两直线 （1）竖直线，起点坐标(100,100)，长度为150 （2）倾角为45°的直线，起点坐标(60,60)，长度为180		方法 1：极轴追踪，增量角为45° 方法 2：输入相对坐标	抄绘给定图形 1
2	在粗实线层上抄绘给定图形		① 打开正交模式 ② 以点 A 作为起点 ③ 在光标拖出竖直、水平方向线后直接输入距离	抄绘给定图形 2
3	在粗实线层上抄绘给定图形		① 极轴追踪的增量角设定为15° ② 起点定在点 A 处，逆时针方向逐一顺序绘制各直线 ③ 点 B 坐标通过极轴对象捕捉追踪确定	抄绘给定图形 3
4	已知正六边形外接圆的直径为φ80，利用对象捕捉功能抄绘给定图形		① 设置极轴追踪增量角为30°、对象捕捉模式为"交点、中点" ② 绘制图形十字中心线（长度为90） ③ 绘制φ80的圆 ④ 采用直线命令绘制正六边形及正三边形 ⑤ 采用"相切、相切、相切"方式绘制小圆	抄绘给定图形 4

2.7　答疑解惑

1. 鼠标三键在绘图操作中都有哪些功能？

鼠标各键的功能如下所示：

（1）左键——执行命令过程中的确认键。

（2）右键——执行命令过程中或在窗口界面的不同位置单击右键,将弹出相应的快捷菜单。

（3）中键——前后转动中间的滚轮可以放大或缩小图形。

（4）按住中键可进行平移操作。

（5）在选择对象状态下,按住左键拖动鼠标可实现"套索"操作。

2. 图形的实时缩放与实时平移

在 AutoCAD 中,可以通过缩放视图来观察图形对象。缩放视图可以增加或减少图形对象在屏幕中的显示尺寸,但对象的真实尺寸保持不变。通过改变显示区域和图形对象的大小可以更准确、更详细地绘图。

方法：

（1）通过控制鼠标中键实现图形的实时缩放与实时平移。

（2）在绘图区,单击鼠标右键,在弹出的快捷菜单上选择实时缩放或实时平移命令。

（3）导航栏中选择实时平移命令。

（4）命令栏中输入"ZOOM"或"PAN",执行实时缩放或实时平移命令。

图形显示控制

3. 图形对象的图层应用错了怎么办？

图形对象的图层应用错时通常可以通过以下三种方式修改：

（1）选中对象,再在图层列表中选择正确的图层即可。

（2）选中对象,单击鼠标右键,在弹出的快捷菜单中选择"特性"菜单项,在打开快捷特性面板中选择图层选项,更改图层即可。

（3）通过特性匹配,将图层应用正确的对象特性匹配到图层应用错误的对象上即可。

（观看操作演示可在 2.3.9 节表 2-5 扫描相应的二维码学习更换对象图层的方法）

4. 如何调整图中点画线、虚线的线段长度比？

线型比例(Ltscale)命令在 AutoCAD 中的作用是定义非连续线型(如点画线、虚线、双点画线)的线型比例因子。当图中所绘制的这些线的画的长度和间隙不符合制图要求时,可以通过以下两种方法对线型比例因子做调整。

方法1：在命令栏中输入"Lts"(ltscale 的缩写形式),随后修改其比例值,系统默认的线型比例因子为1,用户可以根据需要输入大于1或小于1的值。此时是在对图形文件中所有图线做线型比例因子修改。

方法2：只对选中对象做线型比例因子修改。打开"特性"列表,选中需要做线型比例因子修改的对象,在选中对象的"特性"列表中,修改"线型比例"文本框内的数值即可。

（观看操作演示可在 2.3.9 节表 2-5 中扫描相应的二维码学习线型比例因子调整的方法）

5. 命令栏窗口找不到了，怎么调出来？

利用 Ctrl+9 组合键可以控制命令行窗口的隐藏和显示。

6. 功能区面板找不到了，怎么调出来？

初学者在操作中经常会误将功能区面板关闭,如何将功能区面板再调出？

方法 1:命令栏内输入"Ribbon",调出功能区面板。

方法 2:通过状态栏上工作空间的切换重置不同窗口界面,调出功能区面板,如图 2-13 所示。

图 2-13   怎样切换工作空间

方法 3:

(1) 首先通过快捷访问工具栏调出菜单栏,如图 2-14 所示。

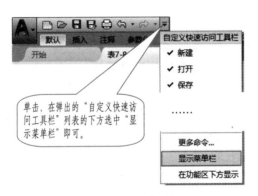

图 2-14   调出菜单栏

(2) 再通过菜单栏→"工具(T)"→"选项板"→"功能区(B)"调出功能区面板,如图 2-15 所示。

图 2-15   调出功能区面板

7. 切换功能区的显示方式

反复单击图 2-16 所示的小三角可以进行功能区显示方式的切换,分别有最小化为选项卡、面板按钮、面板标题等方式,用户可根据需要去选择显示方式。

图 2-16 如何改变功能区的显示方式

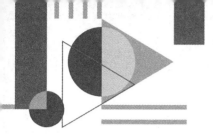

第 3 章
二维绘图与编辑——初级操作

在 AutoCAD 中完成平面几何图形的绘制需要利用 AutoCAD 提供的绘图命令、修改命令,并加以精确绘图工具的辅助。AutoCAD 将基本绘图命令集中在功能区的"绘图"面板上,如图 3-1 所示。修改对象的命令集中在功能区的"修改"面板上,如图 3-2 所示。

图 3-1 "绘图"面板

图 3-2 "修改"面板

本章将以完成一项任务的形式,学习几个基本绘图及修改命令的使用方法,并学习灵活使用绘图、修改等组合命令绘制平面图形的方法。

3.1 教学目标

1. 知识目标

能够区分 AutoCAD 中绘图命令和修改命令对绘制图形的作用与功能,并能说明图形编辑操作对完成图形绘制的重要性。

2. 能力目标

(1)能够正确运用矩形、正多边形、圆弧、椭圆等绘图命令完成图形绘制。

(2)能够正确运用移动、复制、镜像、修剪、圆角、倒角等修改命令完成图形编辑与修改。

(3)能够正确完成一般复杂程度的平面图形绘制。

3.2 本章导图

本章内容及结构如图 3-3 所示。

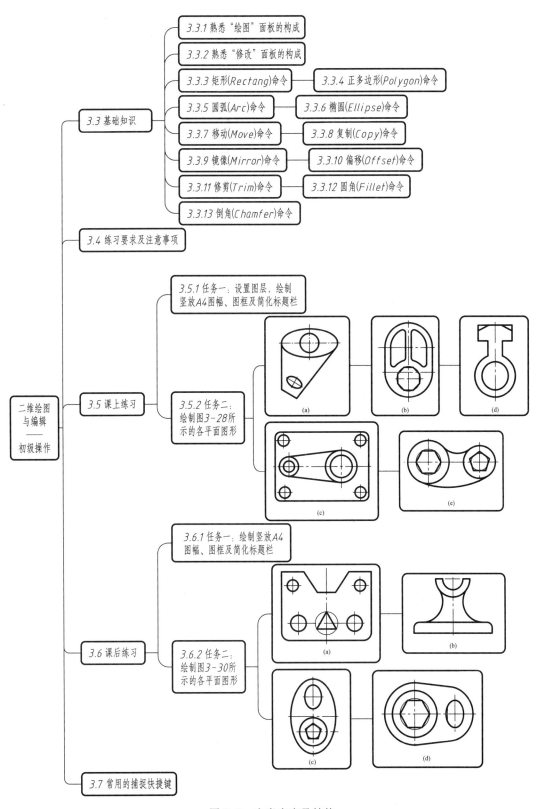

图 3-3 本章内容及结构

3.3　基础知识

3.3.1　熟悉"绘图"面板的构成

"绘图"面板上默认列出 7 个常用绘图命令的图标,如图 3-4a 所示。面板上的小三角表示其中有隐藏命令的图标。例如:

(1)单击图 3-4a 中"绘图"二字右侧的小三角,展开"绘图"面板,显示其他绘图命令图标,如图 3-4b 所示。另外,可以通过单击其中的"图钉"图标确定是否固定被展开的面板。

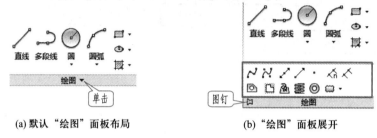

(a) 默认"绘图"面板布局　　　　　　　　(b)"绘图"面板展开

图 3-4　"绘图"面板与展开

(2)单击"圆"图标下方的小三角,可展开 6 种绘制圆的方式,如图 3-5a 所示。单击"圆弧"图标下方的小三角,可展开 11 种圆弧的绘制方式,如图 3-5b 所示。

(3)单击"绘图"面板右侧一列图标旁的小三角,可展开其中有超过 2 个以上相关命令的图标,如图 3-5c 所示。

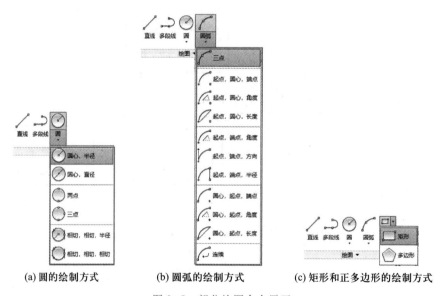

(a) 圆的绘制方式　　　　(b) 圆弧的绘制方式　　　　(c) 矩形和正多边形的绘制方式

图 3-5　部分绘图命令展开

3.3.2　熟悉"修改"面板的构成

"修改"面板上默认有若干常用修改命令图标,如图 3-6a 所示。展开的"修改"面板如图

3-6b 所示。展开的"修剪""圆角""阵列"如图 3-7 所示。

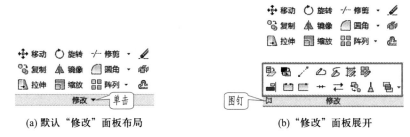

(a) 默认"修改"面板布局　　　　　　　(b) "修改"面板展开

图 3-6　"修改"面板与展开

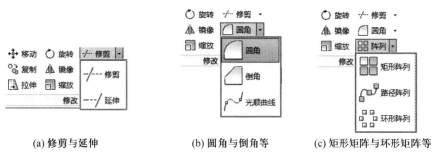

(a) 修剪与延伸　　　　　(b) 圆角与倒角等　　　　(c) 矩形矩阵与环形矩阵等

图 3-7　部分修改命令展开

3.3.3　矩形(Rectang)命令

1. 功能

绘出具有一定宽度、旋转角度或直接带倒角、圆角的矩形,如图 3-8 所示。

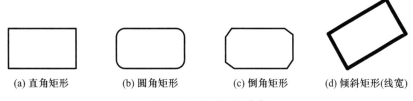

(a) 直角矩形　　　(b) 圆角矩形　　　(c) 倒角矩形　　　(d) 倾斜矩形(线宽)

图 3-8　"矩形"的种类

2. 命令启动途径

(1) 功能区面板:"绘图"→▭

(2) 命令栏:Rec(或 Rectang)

3. 命令选项与说明

执行矩形命令后,命令栏显示信息及选项:

指定第一角点或[倒角(C)/标高(E)/圆角(F)/厚度(T)/线宽(W)]:

其中主要选项含义:

指定第一角点　指定矩形对角线上的一个端点(默认方式)。

倒角(C)　绘制倒角矩形,选择该选项后要为倒角赋值。

圆角（F）　绘制圆角矩形,选择该选项后要为圆角赋值。

线宽（W）　绘制指定线宽的矩形,选择该选项后要为线宽赋值。

用户可根据所绘矩形的形式,选择命令栏中的相应选项先赋值再绘图。

4. 作图举例

根据图 3-9 中的尺寸绘制各矩形。

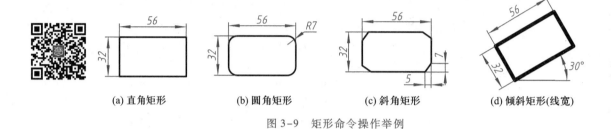

(a) 直角矩形　　(b) 圆角矩形　　(c) 斜角矩形　　(d) 倾斜矩形(线宽)

图 3-9　矩形命令操作举例

3.3.4　正多边形(Polygon)命令

1. 功能

绘制边数为 3 ~ 1024 的正多边形。系统提供了 3 种画正多边形的方式,如图 3-10 所示。

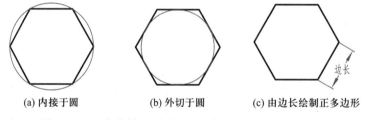

(a) 内接于圆　　　　(b) 外切于圆　　　(c) 由边长绘制正多边形

图 3-10　三种绘制"正多边形"的方法（以正六边形为例）

2. 命令启动途径

（1）功能区面板:"绘图"→⬠

（2）命令栏:Pol(或 Polygon)

3. 命令选项与说明

执行正多边形命令后,用户需要根据正多边形的已知尺寸选择相应的选项,并响应相应提示完成正多边形的绘制。命令栏提示如下:

_polygon 输入侧面数 <4>:(输入多边形的边数)

指定正多边形的中心点或 [边（E）]:

其中主要选项含义:

指定正多边形的中心点　默认方式,指定正多边形的中心。

随后出现　输入选项"内接于圆（I）/外切于圆（C）<I>:"信息,意为选择图 3-10a 还是图 3-10b 方式画多边形,默认"内接于圆（I）"方式。

指定圆的半径:(输入内接于圆或外切于圆的半径值)

"边（E）"　指定多边形边长方式画多边形,如图 3-10c 所示。

4．操作举例

根据尺寸绘制图 3-11 所示各正六边形。

(a) 内接于圆　　　(b) 外切于圆　　　(c) 由边长绘制多边形

图 3-11　正多边形命令操作举例

3.3.5　圆弧(Arc)命令

1．功能

通过某种方式画圆弧。

2．命令启动途径

（1）功能区面板："绘图"→

（2）命令栏：A(或 Arc)

3．命令选项与说明

AutoCAD 系统提供了 11 种绘制圆弧的方法（图 3-5b）。用户应根据给定条件选择一种绘制圆弧的方式，并在命令栏的提示下回应系统需要的信息，如圆弧的圆心、半径，圆弧的起点、端点或圆弧的弦长、中心角、方向。

4．操作举例

举例 1：以"三点"方式绘制圆弧，用以表达两正交圆柱表面相贯线的正面投影，如图 3-12 所示。

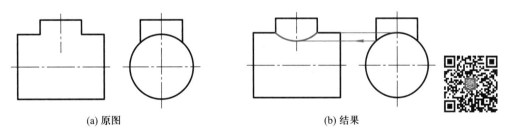

(a) 原图　　　　　　　　　　(b) 结果

图 3-12　圆弧画法举例一（简化画法求主视图相贯线）

举例 2：以"起点、圆心、端点"方式补画图形上缺少的半圆，如图 3-13 所示。

3.3.6　椭圆(Ellipse)命令

1．功能

绘制椭圆。绘制椭圆的方法有两种：一是已知椭圆中心点、端点和另一半轴长绘制椭圆；二是已知椭圆一轴的两个端点和另一半轴长绘制椭圆。

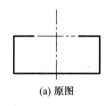

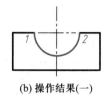

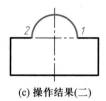

(a) 原图   (b) 操作结果(一)   (c) 操作结果(二)

图 3-13 圆弧画法举例二(补画图形上缺少的半圆)

2. 命令启动途径

(1) 功能区面板:"默认"→"绘图"→⊙(或 ⬭)
(2) 命令栏:Ell(或 Ellipse)

3. 命令选项与说明

执行椭圆命令后,命令栏显示信息及选项:

指定椭圆的轴端点或[圆弧(A)/中心点(C)]:

指定椭圆的轴端点:(已给定中心时,输入轴端点的结果是输入了椭圆的一半轴长;未给定中心时,输入的端点为椭圆一轴的端点)

中心点(C):(椭圆的中心)

圆弧(A):(画椭圆弧)

4. 操作举例

举例 1:以十字中心线的交点为中心,按图 3-14a 所注尺寸绘制椭圆。

举例 2:以图 3-14b 所示十字中心线长为椭圆长,短轴的轴长绘制椭圆。

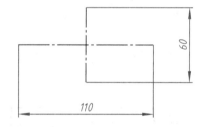

(a) 已知椭圆中心及轴长绘制椭圆   (b) 已知椭圆长短轴端点绘制椭圆

图 3-14 椭圆画法举例

3.3.7 移动(Move)命令

1. 功能

将选中对象移动到某个指定位置。

2. 命令启动途径

(1) 功能区面板:"修改"→✛
(2) 命令栏:M(或 Move)

3. 命令选项与说明

执行移动命令后,命令栏显示信息及选项:

选择对象:(选择需要移动的对象)

指定基点或［位移(D)］<位移>:(为需要移动的对象输入相对位移的基点或距离)

指定第二个点或 <使用第一个点作为位移>:(指定移动的对象位移的目标点)

4. 操作举例

将图 3-15a 中的对象 1 移至交点 O 处,操作结果如图 3-15b 所示。

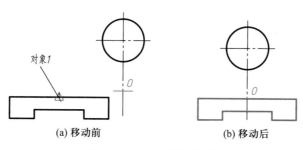

图 3-15　移动命令操作举例

3.3.8　复制(Copy)命令

1. 功能

将选中的对象复制到某个或多个指定位置。

2. 命令启动途径

(1) 功能区面板:"修改"→

(2) 命令栏:Cp(或 Copy)

3. 命令选项与说明

执行复制命令后,命令栏显示信息及选项:

选择对象:(选择需要复制的对象)

(当前设置:复制模式=多个)

指定基点或［位移(D)/模式(O)］<位移>:

其中主要选项含义:

指定基点　为需要复制的对象输入相对位移的基点(默认方式)

位移(D)　选择该选项为需要复制的对象输入相对距离值

模式(O)　可以设定复制多次还是只复制一次

指定第二个点或［阵列(A)］<使用第一个点作为位移>:

其中主要选项含义如下:

指定第二个点　为需要复制的对象输入目标位置

阵列(A)　对被选择对象做阵列

4. 操作举例

复制图 3-16a 左上角小圆至矩形其他三角点处,操作结果如 3-16b 所示。

(a) 复制前　　　　　　　　　　(b) 复制后

图 3-16　复制命令操作举例

3.3.9　镜像(Mirror)命令

1. 功能

通过一条镜像线(指定两点方式或选择对象的方式确定)产生与源对象镜像的对象。

2. 命令启动途径

(1) 功能区面板:"修改"→
(2) 命令栏:Mi(或 Mirror)

3. 命令选项与说明

执行镜像命令后,命令栏显示信息及选项:

选择对象:(选择需要镜像的对象)

指定镜像线的第一点:(在图中指定镜像线的第一点)

指定镜像线的第二点:(在图中指定镜像线的第二点)

要删除源对象吗? [是(Y)/否(N)] <否>:(默认"否(N)"不删除源对象,如若删除源对象,选择"是(Y)"选项)

4. 操作举例

对图 3-17a 所示的图形做镜像,操作结果如图 3-17b 或图 3-17c 所示。

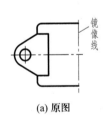
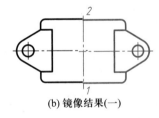
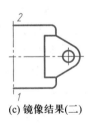

(a) 原图　　　　　(b) 镜像结果(一)　　　　(c) 镜像结果(二)

图 3-17　镜像命令操作举例

3.3.10　偏移(Offset)命令

1. 功能

按指定距离或通过指定点,复制一个与选定对象相同或相似的新对象。

2. 命令启动途径

(1) 功能区面板:"修改"→
(2) 命令栏:O(或 Offset)

3. 命令选项与说明

执行偏移命令后,命令栏显示信息及选项:

(当前设置:删除源=否 图层=源 OFFSETGAPTYPE=0)

指定偏移距离或 [通过(T) / 删除(E) / 图层(L)/多个(M)]< >:

其中主要选项含义如下:

指定偏移距离 输入数值,指定偏移距离(默认方式)。

通过(T) 指定以"通过点"的方式确定对象偏移后的位置。

删除(E) 是否在对象偏移后删除源对象,默认不删除。

图层(L) 是否将偏移后的对象置于当前图层上,默认与源对象图层保持一致。

多个(M) 是否做多次、连续的偏移操作。

4. 操作举例

举例1:已知原图 3-18a,通过指定距离及通过指定点方式偏移对象,操作结果如图 3-18b 所示。

举例2:如图 3-19 所示,对矩形(多段线)及圆做偏移操作,偏移结果如图 3-19b 所示。

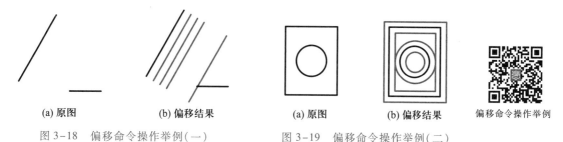

| (a) 原图 | (b) 偏移结果 | (a) 原图 | (b) 偏移结果 | 偏移命令操作举例 |

图 3-18 偏移命令操作举例(一) 图 3-19 偏移命令操作举例(二)

3.3.11 修剪(Trim)命令

修剪、延伸命令集合于"修改"面板上,如图 3-20 所示。本节介绍其中的修剪命令。

图 3-20 "修剪"与"延伸"

1. 功能

按照用户指定的对象边界将其他图线的一部分裁除。

2. 命令启动途径

(1)功能区面板:"修改"→ ⊹

(2)命令栏:Tr(或 Trim)

此命令的操作分两步,系统将两次提示选择对象。

选择剪切边:(第一次要求选择被修剪对象的修剪边界)

选择要修剪的对象:(第二次要求选择要修剪对象的修剪端)

响应第一次"选择剪切边"后,提示:

选择要修剪的对象,或按住 Shift 键选择要延伸的对象,或

[栏选(F)/窗交(C)/投影(P)/边(E)/删除(R)/放弃(U)]:

其主要含义:选择要修剪的对象,默认方式为拾取框点选;或选择"窗交(C)"选项,通过指

定两对角点拉窗框;或选择"栏选(F)"画线成栏。

　　另外,选择"选择剪切边"(对象)时可以同时选择"选择要修剪的对象",再根据实际需要在所有选择的对象中去修剪要修剪的对象。

3. 操作举例

修剪图 3-21a 所示的图形,操作结果如图 3-21b 所示。

(a) 原图　　　　　　　　(b) 修剪结果

图 3-21　修剪命令操作举例

3.3.12　圆角(Fillet)命令

1. 功能

用半径已知的圆弧光滑连接选定的两线段。

2. 命令启用途径

(1) 功能区面板:"修改"→🔲

(2) 命令栏:Fil(Fillet)

3. 命令格式及选项说明

第一次执行圆角命令后,命令栏显示信息及选项:

当前设置:模式=修剪,半径=0.0000

选择第一个对象或 [放弃(U)/多段线(P)/半径(R)/修剪(T)/多个(M)]:

其中主要选项含义如下:

选择第一条直线　选择圆角的第一条线段。

多段线(P)　提示系统所选线段为一条多段线。

半径(R)　输入圆角的半径值,保留原来的赋值,新文件的默认值为"0"。

修剪(T)　做圆角时是否修剪掉部分线段,选项有"是"或"否",选择不同的选项,其执行圆角命令后的结果将不同。

4. 操作举例

执行矩形命令绘制长 72、宽 41 的矩形,再执行圆角命令分别绘制图 3-22 所示的各图形。

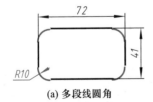
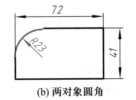
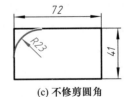

(a) 多段线圆角　　　　(b) 两对象圆角　　　　(c) 不修剪圆角

图 3-22　圆角命令操作举例

提示：① 首先为圆弧半径赋值，再选择做圆角的对象。② 选择对象时，选择对象的位置会影响圆角的结果。③ 对两分离的线段，也可以完成圆角操作。

3.3.13　倒角(Chamfer)命令

1. 功能

将两不平行的直线段用斜线相连。

2. 命令启用途径

(1) 功能区面板："修改"→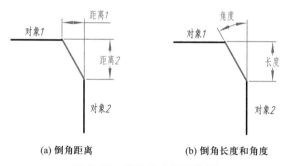

(2) 命令栏：Cha(或 Chamfer)

3. 命令格式与选项说明

第一次执行倒角命令后，命令栏显示信息及选项：

("修剪"模式) 当前倒角距离 1＝0.0000，距离 2＝0.0000

选择第一条直线或［放弃(U)/多段线(P)/距离(D)/角度(A)/修剪(T)/方式(E)/多个(M)］：

其中主要选项含义如下：

选择第一条直线　选择要做倒角的第一条线段。

多段线(P)　提示系统所选线段为一条多段线。

距离(D)/角度(A)　系统有两种做倒角的方式，如图 3-23 所示。"距离(D)"是以图 3-23a 方式为倒角输入距离值；"角度(A)"是以图 3-23b 方式为倒角输入斜线的倾斜角度和斜线的水平或垂直长度值。

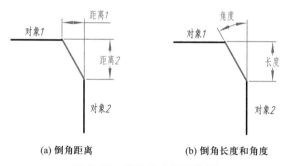

(a) 倒角距离　　　　　(b) 倒角长度和角度

图 3-23　倒角命令操作举例

修剪(T)　做倒角时是否修剪掉部分线段，有两个选项"是"与"否"，选择不同的选项，其倒角的结果不同。

多个(M)　多处做倒角。

4. 操作举例

执行矩形命令绘制矩形，如图 3-24a 所示。应用倒角命令绘制图 3-24b 及图 3-24c 所示。

提示：① 无论采用距离方式还是角度方式倒角都需要先赋值，再选择要倒角的对象。② 斜线两倒角距离不同时，为倒角距离赋值的次序与选择倒角对象的次序应一致。③ 对两分离的线段，也可以实现倒角的操作。

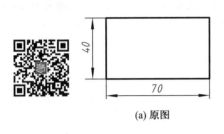 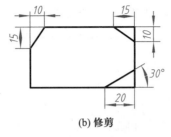 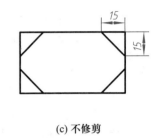

(a) 原图　　　　　　　　　(b) 修剪　　　　　　　　　(c) 不修剪

图 3-24　倒角命令操作举例

3.4　练习要求及注意事项

1. 明确练习的目的,学习矩形、正多边形、圆弧、椭圆等绘图命令的操作方法;学习移动、复制、镜像、偏移、修剪、圆角、倒角等修改命令的操作方法,完成练习前的准备。

2. 灵活应用所学命令,提高利用绘图和修改的组合命令快速绘制平面图形的能力。

3. 充分利用精确绘图工具辅助绘图,以保证作图的准确性。

3.5　课上练习

3.5.1　任务一:设置图层,绘制竖放 A4 图幅、图框及简化标题栏

1. 任务要求

(1) 创建 4 个图层(粗实线层、细实线层、点画线层、虚线层)。参照表 2-4 为图层赋予相应的颜色、线型、线宽。

(2) 绘制不留图纸装订边格式的图框。

(3) 按图 3-25 所示绘制简化标题栏。

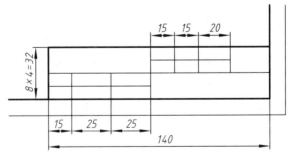

图 3-25　简化标题栏格式

(4) 绘制 5 个 A4 图幅,排列方式如图 3-26 所示。

2. 任务指导

(1) 思维导图

完成任务一的思维导图如图 3-27 所示。

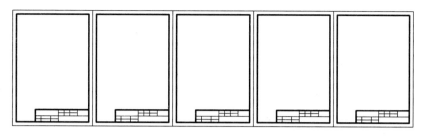

图 3-26 A4 图幅的排列

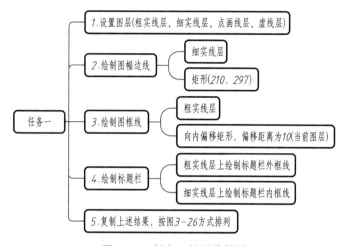

图 3-27 任务一的思维导图

（2）操作提示

① 竖放 A4 图幅,尺寸为 210×297。

② 不留装订边的图纸格式,幅面边线与图框线的四边距离均为 10。

③ 幅面线在细实线层,图框线在粗实线层。

④ 利用复制命令排列 5 个 A4 幅面。基点选择在图幅边框的左下角（或右下角）,偏移距离确定为沿水平方向 210。

另外一种方法:利用矩形阵列命令,本书在后面的章节中具体介绍。

任务一的
作图演示

3.5.2 任务二：绘制图 3-28 所示的各平面图形

1. 任务要求

绘制图 3-28 所示的各平面图形,将各图分别置于任务一所绘的 5 个 A4 图幅内。

2. 任务指导

（1）绘制图 3-28a 所示的平面图形

① 图形特点分析

直线与大椭圆相切;小椭圆倾斜配置,长轴与竖直方向夹角为 60°。

② 作图过程

图 3-28a 所示的平面图形的作图过程见表 3-1。

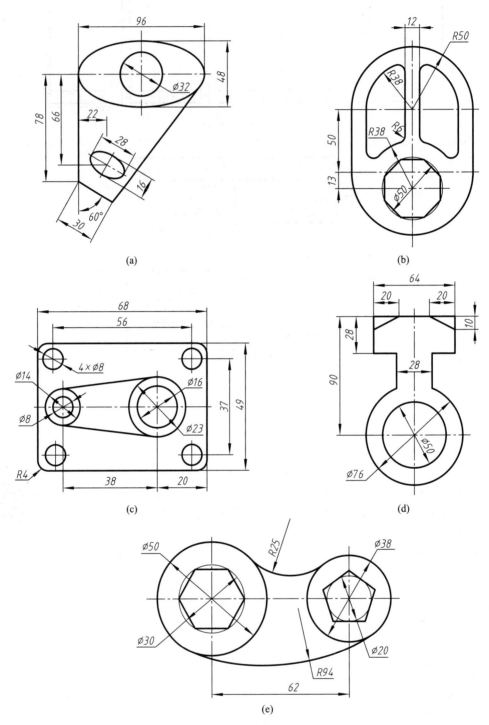

(a)

(b)

(c)

(d)

(e)

图 3-28　任务二中的各平面图形

表 3-1　图 3-28a 所示的平面图形的作图过程

步骤	图示	操作提示	操作演示
0	设置图层:粗实线层、点画线层		
1	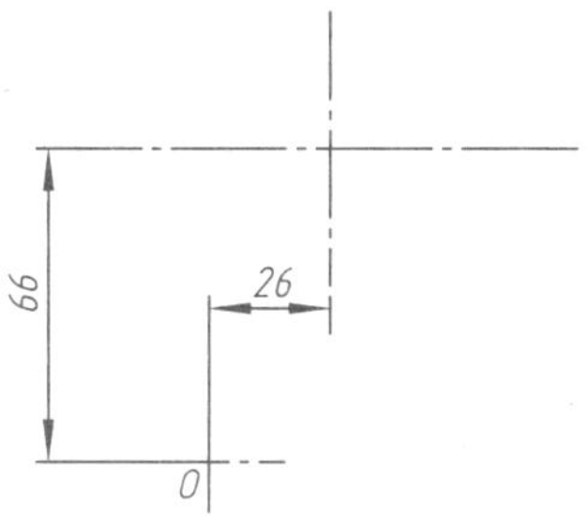	点画线层: 绘制两椭圆的中心线	
2	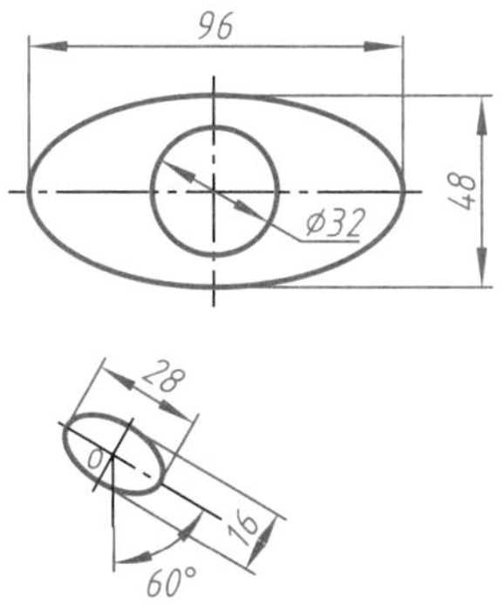	粗实线层: ① 绘制 $\phi 32$ 的圆及 96×48 的椭圆 ② 绘制小椭圆,再将所绘小椭圆及其中心线绕旋转中心 O 旋转至图示位置	
3	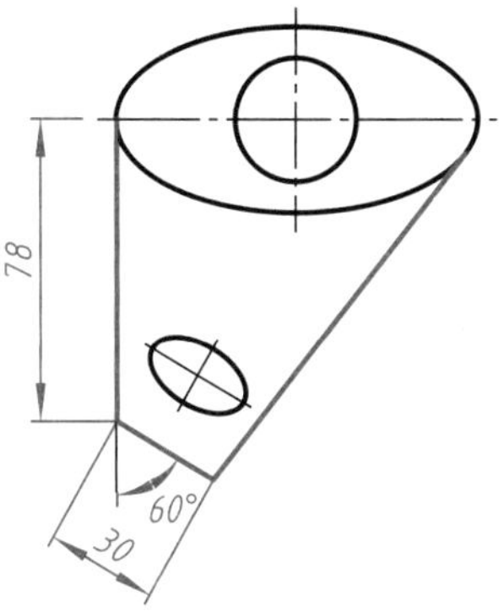	完成图形下部轮廓(设置极轴追踪方向为30°和设置对象捕捉"象限点""切点")	
4	整理图线: ① 中心线超出图形轮廓的长度一般为 3～5 mm ② 中心线线段长短要适中(利用 Ltscale 命令调整)		

(2) 绘制图 3-28b 所示的平面图形

① 图形特点分析

图形左右对称,内部肺叶形图形的线段用圆角过渡。

② 作图过程

图 3-28b 所示的平面图形的作图过程见表 3-2。

表 3-2 图 3-28b 所示的平面图形的作图过程

步骤	图示	操作提示	操作演示
0	设置图层:粗实线层、点画线层、细实线层		
1	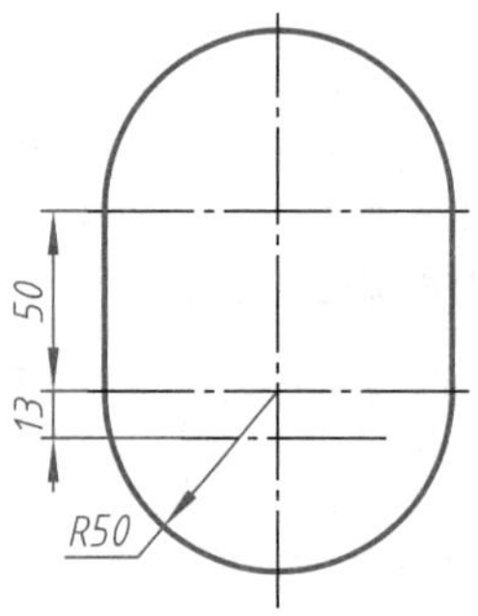	① 点画线层:绘制图形的对称线及定位线 ② 粗实线层:通过"圆心、起点、端点"方式绘制 R50 的半圆并绘制直线	
2	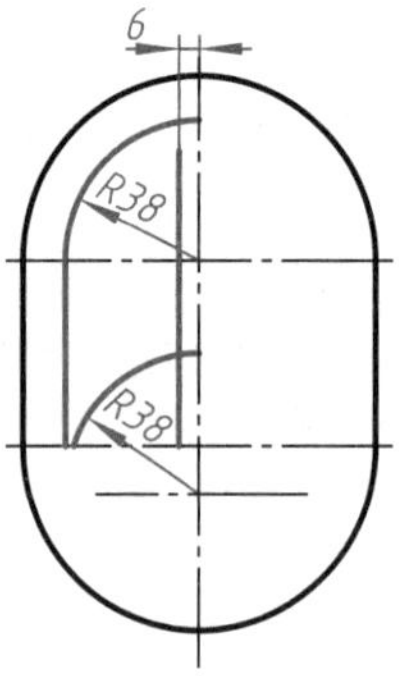	利用直线命令及圆弧命令中的"圆弧起点、端点"方式绘制适当长的直线及圆弧	
3	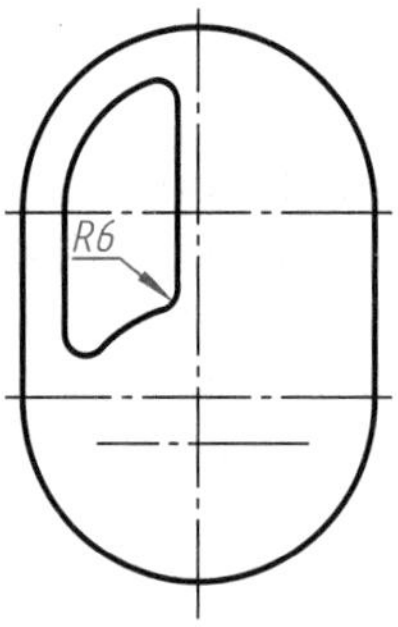	利用圆角命令对相邻线段做 R6 的圆角过渡	
4	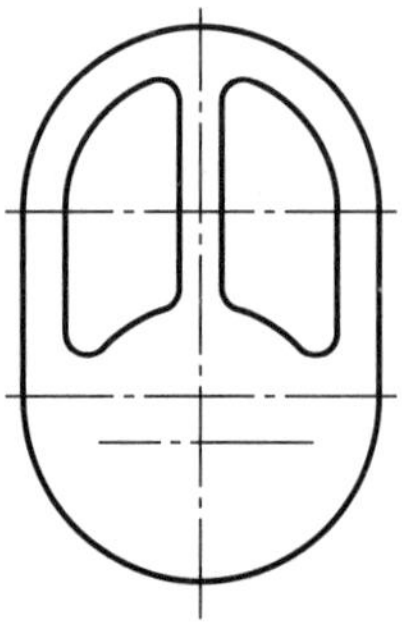	利用镜像命令对步骤 3 所得结果做镜像操作	

续表

步骤	图示	操作提示	操作演示
5	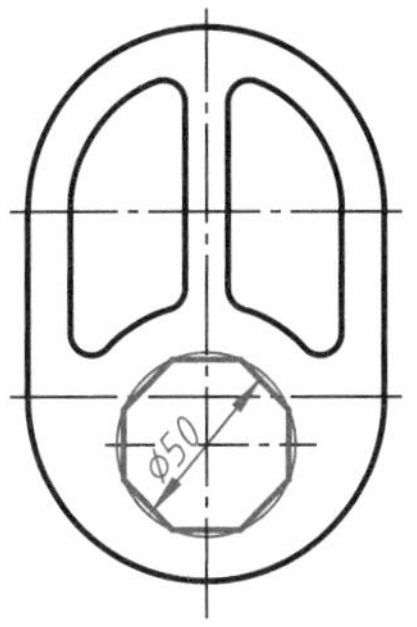	利用正多边形命令绘制内接于圆的正八边形 细实线层绘制 $\phi50$ 的圆	
6	整理图线:中心线超出图形轮廓的长度要适中;中心线长短要适中,可利用 Ltscale 命令调整		

提示:步骤 2 上部所绘 $R38$ 的圆弧及直线可以通过偏移尺寸 12 及 6 获得。$R50$、$R38$ 的圆弧也可以通过绘制圆再修剪的方式获得。

（3）绘制图 3-28c 所示的平面图形

① 图形特点分析

外轮廓为圆角矩形;内部 $\phi14$ 与 $\phi23$ 的圆通过上下两条切线相连。

② 作图过程

图 3-28c 所示的平面图形的作图过程见表 3-3。

表 3-3　图 3-28c 所示的平面图形的作图过程

步骤	图示	操作提示	操作演示
0	设置图层:粗实线层、点画线层		
1	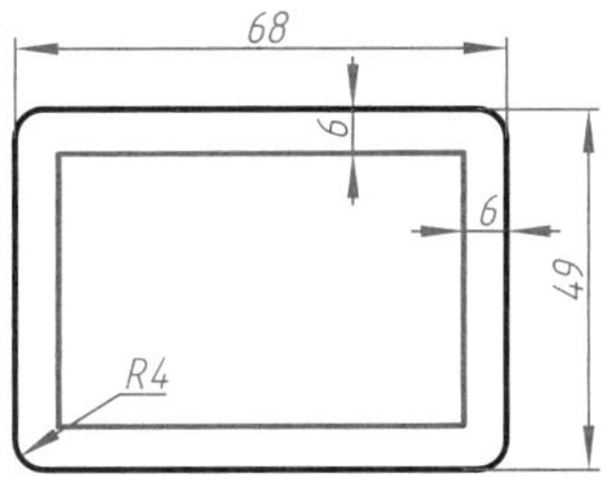	粗实线层: ① 利用矩形命令绘制外轮廓矩形 ② 利用偏移命令向内偏移,距离为 6,偏移后矩形顶点为 4 个小圆的中心位置 ③ 利用圆角命令对外轮廓矩形做 $R4$ 的圆角	
2	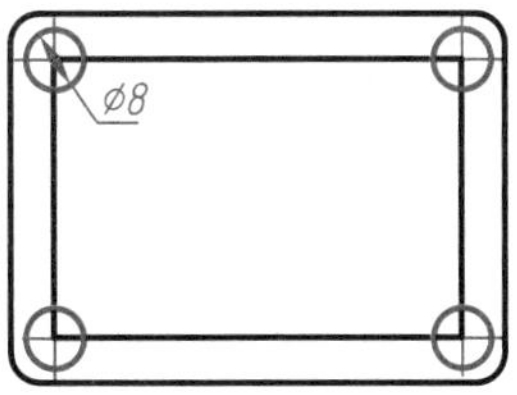	① 点画线层:利用直线命令绘制 $\phi8$ 圆的中心线 ② 粗实线层:利用圆命令绘制 $\phi8$ 圆 ③ 利用复制命令复制 $\phi8$ 圆及中心线至另外三个相应位置	

续表

步骤	图示	操作提示	操作演示
3	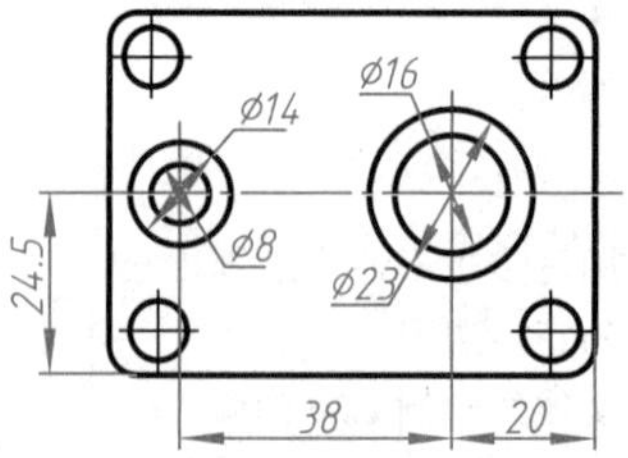	① 删除起辅助作用的矩形 ② 点画线层:绘制中间两圆的定位线 ③ 粗实线层:利用圆命令,绘制各已知圆	
4	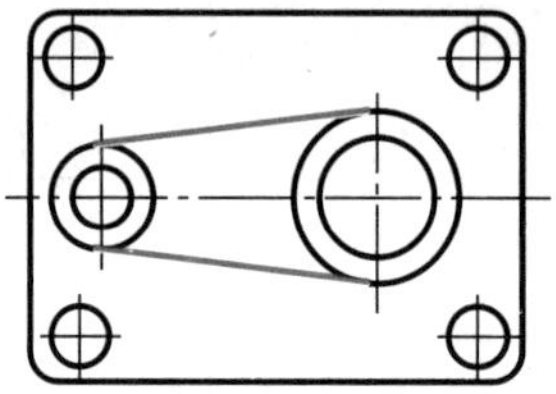	利用直线命令绘制 φ14、φ23 圆的公切线	
5	整理图线:中心线超出图形轮廓的长度要适中;中心线线段长短要适中,可利用 Ltscale 命令调整		

提示:绘制 φ14 与 φ23 圆的公切线时需特别注意:当直线命令提示"指定点"时,先输入"tan",按回车键后,再单击某一圆,提示系统所绘直线的起点与该圆相切;当直线命令再提示"指定下一点"时,仍先输入"tan",按回车键后,再单击另一圆,提示系统所绘直线的另一端点与该圆相切。

（4）图 3-28d 平面图形

① 图形特点分析

图形左右对称;倒角为不修剪形式。

② 作图过程

图 3-28d 所示的平面图形的作图过程见表 3-4。

表 3-4　图 3-28d 所示的平面图形的作图过程

步骤	图示	操作提示	操作演示
0	设置图层:粗实线层、点画线层		
1	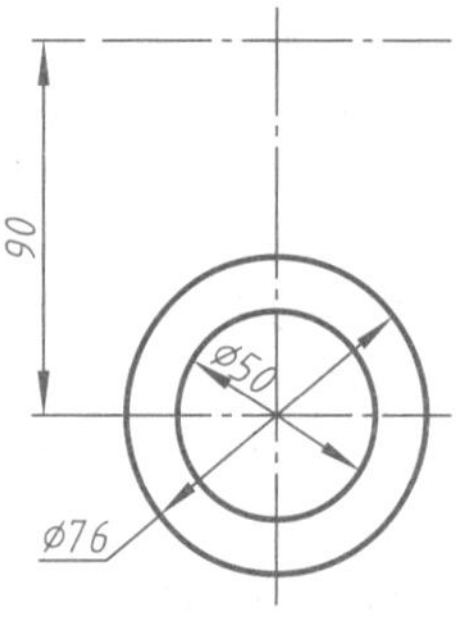	① 点画线层:利用直线命令绘制图形的中心线、定位线 ② 粗实线层:利用"圆心、半径"方式绘制 φ50、φ76 的同心圆	

续表

步骤	图示	操作提示	操作演示
2	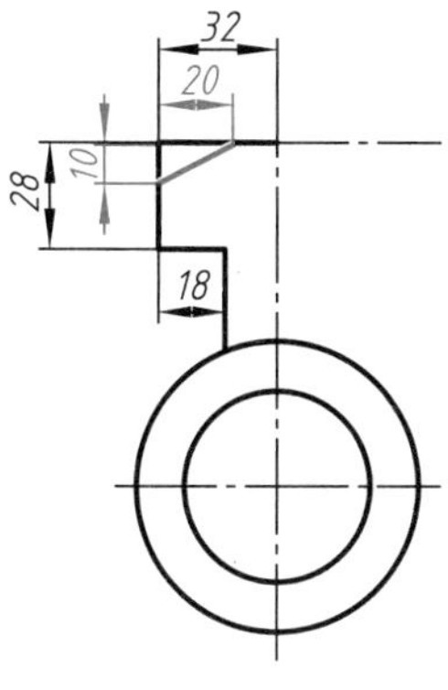	① 利用直线命令由上部对称线开始绘制直线(从右向左32、向下28、向右18、向下止于与圆相交) ② 利用倒角命令按图示尺寸绘制倾斜线(不修剪倒角)	
3	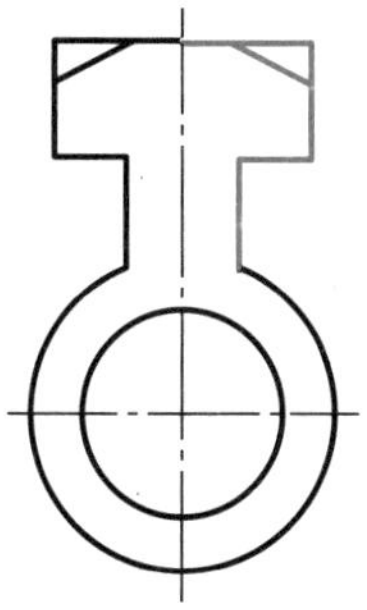	① 利用镜像命令镜像左侧直线部分图形(不删除源对象) ② 利用修剪命令修剪多余圆图线,完成全图	
4	整理图线:中心线超出图形轮廓的长度要适中,中心线线段长短要适中,可利用 Ltscale 命令调整		

提示:绘制倒角时应先赋值,距离的输入次序与单击对象的次序相一致。

(5)绘制图 3-28e 所示的平面图形

① 图形特点分析

连接 R25 的圆弧外切于 φ50、φ38 的两圆;连接 R94 的圆弧内切于 φ50、φ38 的两圆。

② 作图过程

图 3-28e 所示的平面图形的作图过程见表 3-5。

表 3-5 图 3-28e 所示的平面图形的作图过程

步骤	图示	操作要点提示	操作演示
0	设置图层:粗实线层、点画线层、细实线层		
1	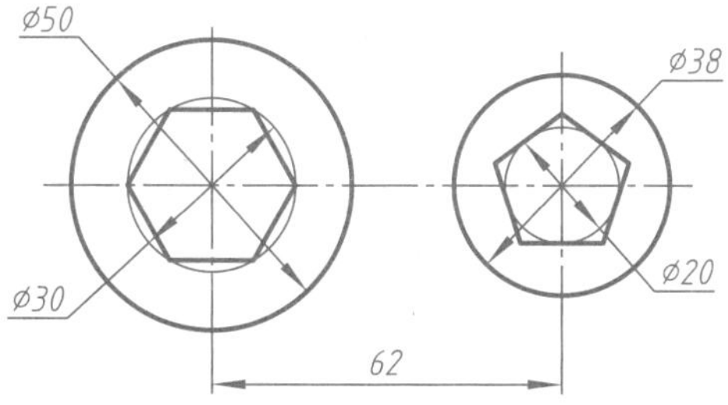	① 点画线层:利用直线命令绘制图形的中心线、定位线 ② 粗实线层:利用圆命令绘制 φ50、φ38 的圆;利用正多边形命令绘制正六边形、正五边形 ③ 细实线图层:绘制 φ30、φ20 的圆	

续表

步骤	图示	操作要点提示	操作演示
2		粗实线层:利用圆命令,"相切、相切,半径"方式分别绘制 R94、R25 的圆	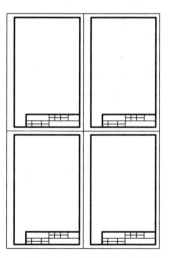
3		利用修剪命令,修剪多余的连接圆弧,得最终结果	
4	整理图线:中心线超出图形轮廓的长度要适中;中心线线段长短要适中,利用 Ltscale 命令调整		

提示:左侧正六边形"内接于 $\phi30$ 的圆";右侧正五边形外切于 $\phi20$ 的圆;步骤 2 绘制 R94 的圆时,选择相切对象的位置不同会影响所绘相切圆的结果。

3.6　课后练习

3.6.1　任务一:绘制竖放 A4 图幅、图框及简化标题栏

1. 任务要求

(1)设置 4 个图层数目(粗实线层、细实线层、点画线层、虚线层),可参照表 2-4 为图层赋予相应的颜色、线型、线宽。

(2)A4 图框格式为留装订边,并按图 3-29 所示的布局 A4 图幅。

(3)将任务要求(2)的结果保存,文件的命名方式:学号—姓名—3.6.1。

2. 任务指导

(1)图纸为留装订边格式,装订边侧幅面边线与图框线的距离为25 mm;其余 3 边的距离均为 5 mm。

(2)简化标题栏格式参见图 3-25。

(3)通过复制命令快速完成 4 个 A4 图幅的布局。

图 3-29　A4 图幅的排列

3.6.2 任务二：绘制图 3-30 所示的各平面图形

1. 任务要求

绘制图 3-30 所示各平面图形,将各图分别置于 3.6.1 节任务一所绘制的 4 个 A4 图幅内。

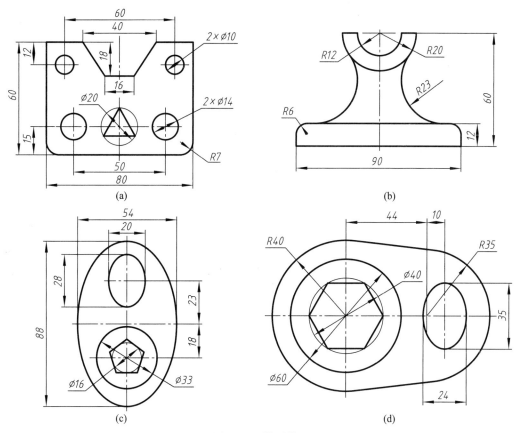

图 3-30　课后练习

2. 任务指导

各练习的操作要点及提示见表 3-6。

表 3-6　各练习的操作要点及提示

图号	图题	操作提示	操作演示
图 3-30a		图层:点画线层、细实线层、粗实线层 绘图命令:直线、圆、正多边形 修改命令:圆角、倒角(复制、镜像)	

续表

图号	图题	操作提示	操作演示
图 3-30b		图层:点画线层、粗实线层 绘图命令:直线（矩形）、圆(圆弧) 修改命令:圆角、修剪	
图 3-30c		图层:点画线层、粗实线层、细实线层 绘图命令:圆、椭圆、正多边形 修改命令:偏移	
图 3-30d		图层:点画线层、粗实线层、细实线层 绘图命令:圆、椭圆、正多边形、直线 修改命令:偏移	

3.7　常用的捕捉快捷键

AutoCAD 的对象捕捉是有优先原则的。当中心点、端点、象限点、切点等捕捉模式同时打开时,若画圆弧的切线,其切点是很难捕捉到的。有时为了捕捉到切点就不得不在对象捕捉模式列表中把其他的捕捉模式去掉。因此熟悉常用的对象捕捉模式的快捷键,在绘图时可根据需要输入相应的快捷键完成对象捕捉。表 3-7 中列出了常用的捕捉快捷键(注:大小写均可)。

表 3-7 常用的捕捉快捷键

捕捉模式	快捷键	捕捉模式	快捷键
临时跟踪点	TK	捕捉到最近点	NEA
捕捉自	FROM	捕捉到外观交点	APP
捕捉到端点	END	捕捉到延长线	EXT
捕捉到中点	MID	捕捉到垂足点	PER
捕捉到圆心点	CEN	捕捉到平行线	PAR
捕捉到象限点	QUA	捕捉到插入点	INS
捕捉到切点	TAN	捕捉到节点	NOD
捕捉到交点	INT	无捕捉	NO

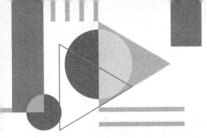

第4章
二维绘图与编辑——高级操作

本章的教学目的是通过完成相应的练习深入学习相关编辑命令,进一步提高快捷绘制平面图形的方法和技巧。

4.1 教学目标

1. 知识目标

能够归纳分析常用绘图命令、修改命令的作用及功能,加深对绘图编辑操作的理解。

2. 能力目标

(1) 能够正确运用旋转、缩放、阵列、延伸、拉伸、打断、分解等命令完成图形的编辑与修改。

(2) 能够综合运用绘图、修改及辅助精确绘图工具快速完成复杂的平面图形。

4.2 本章导图

本章内容及结构如图 4-1 所示。

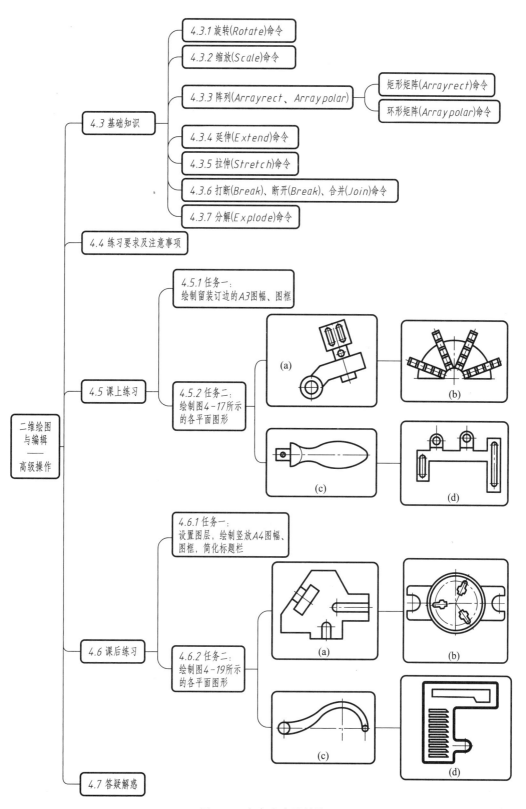

图 4-1　本章内容及结构

4.3 基础知识

4.3.1 旋转(Rotate)命令

1. 功能

既可绕选定基点旋转对象,也可实现复制旋转。

2. 命令启动途径

(1) 功能区面板:"修改"→ ↻

(2) 通过命令栏:Ro(或 Rotate)

3. 命令格式与选项说明

执行旋转命令后,命令栏显示信息及选项:

(UCS 当前的正角方向:ANGDIR=逆时针 ANGBASE=0)

选择对象:(选择需要旋转的对象)

指定基点:(确定对象的旋转中心)

指定旋转角度或[复制(C)/参照(R)]:(默认输入旋转角度,也可以通过"复制(C)"选项复制并旋转所选对象;"参照(R)"是指定两相交直线并由系统自动计算出其夹角,以此作为所选对象的旋转方向和旋转角度)

4. 操作举例

(1) 将图 4-2a 中的图形绕其竖直线的端点 O 顺时针旋转 30°,旋转结果如图 4-2b 所示。

(2) 复制图 4-2a 并绕其竖直线的端点 O 逆时针旋转 50°,旋转结果如图 4-2c 所示。

(3) 将图 4-2d 图形绕端点 O 旋转至竖直位置,旋转结果如图 4-2a 所示。

 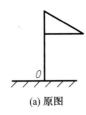 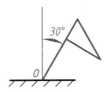 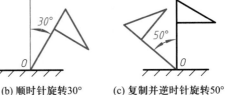 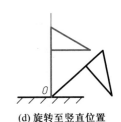

| (a) 原图 | (b) 顺时针旋转30° | (c) 复制并逆时针旋转50° | (d) 旋转至竖直位置 |

图 4-2 旋转命令操作举例

4.3.2 缩放(Scale)命令

1. 功能

放大或缩小选定对象。

2. 命令启用途径

(1) 功能区面板:"修改"→ ▣

(2) 命令栏:Sc(或 Scale)

3. 命令格式与选项说明

执行缩放命令后,命令栏显示信息及选项:

选择对象:(选择需要缩放的对象)

指定基点:(确定对象的缩放中心)

指定比例因子或〔复制(C)/参照(R)〕:(默认输入比例因子(如 2),选项"复制(C)"指对对象复制再缩放,选项"参照(R)"指使用参照法由系统自动计算缩放比例因子来缩放对象)

4. 操作举例

(1)将图 4-3a 所示的原图形以中心点为基点缩小一半,结果如图 4-3b 所示。

(2)将图 4-3a 所示的原图形复制并以其中心点为基点缩小一半,结果如图 4-3c 所示。

(3)将图 4-3d 所示的图形以中心点为基点进行缩放,缩放至圆的半径为 20 mm。

(a)原图　　　(b)缩小一半　　　(c)复制并缩小一半　　　(d)缩放为指定大小

图 4-3　缩放命令操作举例

4.3.3　阵列(Arrayrect、Arraypolar)命令

1. 功能

按一定规律复制多个选定的对象。

阵列类型有矩形阵列、路径阵列、环形阵列三种形式,它们集合在同一命令集下,其命令图标如图 4-4 所示。

本节仅介绍矩形阵列、环形阵列的操作要点。

2. 命令启动途径

(1)功能区面板:"修改"→ 矩形阵列图标(或 环形阵列图标)

图 4-4　阵列对象

(2)命令栏:A̲r 选择 Arrayrect(矩形矩阵)或 Arraypolar(环形阵列)

命令

3. 功能面板

无论是执行矩形阵列命令还是环形阵列命令,选择对象后在功能区都会出现数个与矩阵有关的功能区面板,有关阵列对象的参数、特性等都可以在相关面板上设置。

4. 矩形阵列举例及操作说明

矩形矩阵(Arrayrect, 矩形阵列图标),是以行和列的形式阵列选定对象的。

执行矩形阵列命令后,首先提示"选择对象",对象选择结束后会弹出"矩形阵列"面板,在"行""列"面板上的文本框内修改相应的参数即可完成一个矩形阵列的操作。

举例:将图 4-5 所示的源对象做 2 行 4 列的矩形阵列,行距为 35,列距为 40。阵列后的结果如图 4-5b 所示。

操作过程:选择源对象后,功能区的显示面板如图 4-6a 所示,其中的参数为修改前系统默认参数。按题意修改矩阵的行数、列数、行距、列距,如图 4-6b 所示。

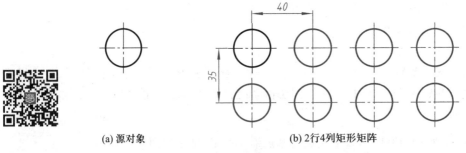

(a) 源对象　　　　　　　　(b) 2行4列矩形矩阵

图 4-5　矩形阵列命令操作举例

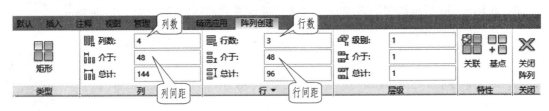

(a) 参数修改前

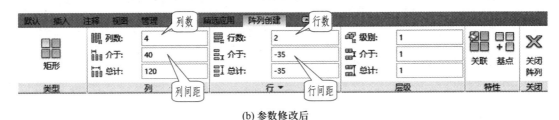

(b) 参数修改后

图 4-6　矩形阵列面板

提示:① 行距、列距与 x、y 轴同向时数值为“+”(如列距 40);与 x、y 轴反向时数值为“-”(如行距-35)。② 功能区“特性”面板上选择“关联”,则阵列后的矩阵为一个整体。

5. 环形阵列操作举例与说明

环形阵列(Arraypolar,⬚),是通过围绕指定的中心点复制选定对象来创建阵列对象的。

执行环形阵列命令后,首先提示“选择对象”“选择阵列中心”,随后会弹出“环形阵列”面板,在其中“项目”面板内的“项目数”及“填充”文本框内修改旋转对象的“数目”及填充“范围”参数,即完成一个环形阵列的操作。

举例:将图 4-7a 所示的源对象绕点 O 做环形阵列(逆时针),填充角度为 180°,数目为 3个。操作结果如图 4-7b 所示。

操作过程:选择图 4-7a 所示的源对象,指定阵列中心 O,随后会弹出“环形阵列”面板,如图4-8a 所示。将环形阵列的参数在“项目”面板内设置:项目数设置为 3、填充角度设置为 180°,如图 4-8b 所示。即完成了环形阵列的操作,操作结果如图 4-7b 所示。

提示:选择“启用”特性面板上的旋转项目及选择“默认旋转方向”(逆时针)阵列后的结果如图 4-7b 所示,选择“不启用”旋转项目及不选择“默认旋转方向”(顺时针)阵列后的结果如图4-7c 所示。

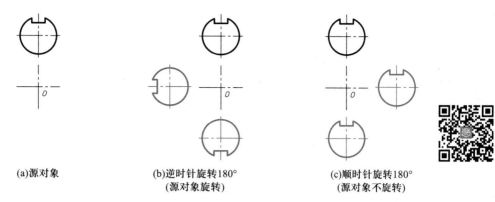

(a)源对象　　　　　　(b)逆时针旋转180°　　　　　(c)顺时针旋转180°
　　　　　　　　　　　　　(源对象旋转)　　　　　　　　　(源对象不旋转)

图 4-7　环形矩阵操作举例

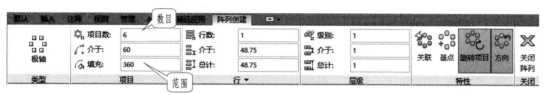

(a) 参数修改前(默认)

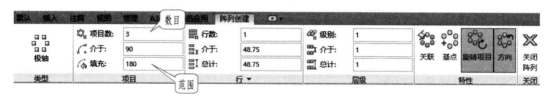

(b) 参数修改后

图 4-8　"环形矩阵"面板

4.3.4　延伸(Extend)命令

本节介绍"修改"面板中的延伸命令(图 4-9)。

1. 功能

使指定的对象精确地延伸到其他对象定义的边界处。

2. 命令启动途径

（1）功能区面板:"修改"→ ⌐⁄

（2）命令栏：Ex(或 Extend)

图 4-9　延伸命令

3. 命令格式及选项说明

执行延伸命令后,命令栏显示信息及选项:

(选择边界的边...)

选择对象或 <全部选择>:(首先选择延伸至的边界对象)

选择要延伸的对象,或按住 Shift 键选择要修剪的对象,或

[栏选(F)/窗交(C)/投影(P)/边(E)/放弃(U)]:(选择要延伸的对象。对象选择的方式默认是拾取框点选,或指定对角点拉窗口"窗交(C)",或画线成栏"栏选(F)")

4. 操作举例

将图 4-10a 所示的原图通过延伸命令操作,变成图 4-10b 所示的图形。

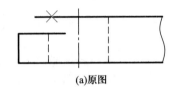

(a)原图　　　　　　　　　　　　(b)延伸与修剪对象

图 4-10　延伸命令操作举例

提示:延伸对象既可以作为剪切边,也可以是被修剪的对象。

延伸对象时可以不退出延伸命令。另外,按住 Shift 键的同时选择要修剪的对象(图 4-10b)。

4.3.5　拉伸(Stretch)命令

1. 功能

拉伸与选择窗口交叉的对象,移动完全包含在窗口中的对象。

2. 命令启动途径

(1) 功能区面板:"修改"→

(2) 命令栏:S(或 Stretch)

3. 命令格式及选项说明

执行拉伸命令后,命令栏显示信息及选项:

(以交叉窗口或交叉多边形选择要拉伸的对象…)

选择对象:(指定窗口的第一个角点)

选择对象:(指定窗口的另一个对角点)

指定基点或 [位移(D)] <位移>:(指定拉伸对象位移的起点)

指定第二个点或 <使用第一个点作为位移>:(指定拉伸对象位移的终点)

4. 操作举例

已知 A4 图幅及简化标题栏(图 4-11a),通过拉伸操作将其改为 A3 图幅(图 4-11c)。

提示:必须采用虚边框窗口方式选择对象;拉伸与窗口交叉的对象部分,移动完全包含在窗口中的对象部分,窗口外的对象部分保持不动。

4.3.6　打断(Break)、断开(Break)、合并(Join)命令

打断、断开、合并三命令集合于"修改"面板展开后的部分,如图 4-12 所示。

1. 打断命令

(1) 功能

切除对象两点之间的部分。

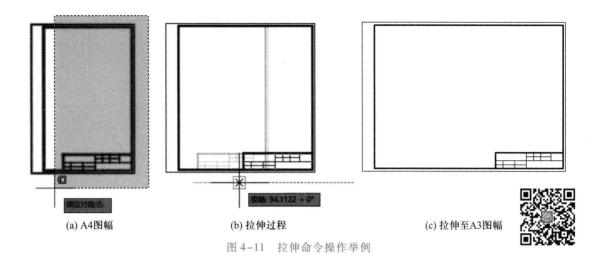

(a) A4图幅   (b) 拉伸过程   (c) 拉伸至A3图幅

图4-11 拉伸命令操作举例

（2）命令启动途径

① 功能区面板："修改"→

② 命令栏：Br(或 Break)

（3）命令格式及选项说明

执行打断命令后,命令栏显示信息及选项:

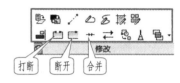

图4-12 打断、断开、合并命令

选择对象：(通过光标选择一个要打断的对象)

指定第二个打断点或［第一点（F）］：(光标选择对象时的单击处作为第一个断点时,光标再单击处即是第二个断点。第二个断点可以在指定对象上,也可以在对象外侧。若光标选择对象时的单击处不作为第一个断点时,选择"第一点(F)"选项,可以重新指定第一个断点)

（4）操作举例

将图4-13a 所示的线段打断,截断线段的中间某处,结果如图4-13b 所示。从某一端部截短线段,结果如图4-13c 所示。

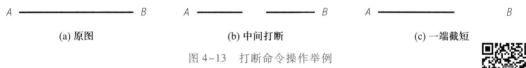

(a) 原图   (b) 中间打断   (c) 一端截短

图4-13 打断命令操作举例

2. 断开命令

（1）功能

从对象的指定点处将该对象拆分成两部分。

（2）命令启动途径

① 功能区面板："修改"→

② 命令栏：Br(或 Break)

（3）命令格式及选项说明

执行打断命令后,命令栏显示信息及选项:

选择对象：(通过光标选择一个要打断的对象)

指定第一个打断点：(指定所选对象的断点)

指定第二个打断点：(@ 默认第二断点与第一断点重合。其中"@"意为两断点的相对坐标为零)

（4）操作举例

将图 4-14a 所示的线段一分为二,结果如图 4-14b 所示。

(a) 原图　　　　　　　　　　　(b) 结果

图 4-14　断开命令操作举例

3. 合并命令

（1）功能

将分离的同类对象连接在一起。

（2）命令启动途径

① 功能区面板："修改"→ ➤➤

② 命令栏：J(或 Join)

（3）命令格式及选项说明

执行合并命令后,命令栏显示信息及选项：

选择源对象或要一次合并的多个对象：(选择两个以上的分离的同类对象)

（4）操作举例

将图 4-15a 所示的两个线段合为一体,结果如图 4-15b 所示。

(a) 原图　　　　　　　　　　　(b) 结果

图 4-15　合并命令操作举例

4.3.7　分解(Explode)命令

1. 功能

把一个组合的对象转化成相应的独立部分。

2. 命令启动途径

（1）功能区面板："修改"→

（2）命令栏：Expl(或 Explode)

3. 命令格式及选项说明

执行分解命令后,命令栏显示信息及选项：

选择对象：(选择一个或多个组合对象(如多段线、多边形))

4. 操作举例

将利用矩形(或多边形)命令绘制的图形(图 4-16a)分解成为多条独立线段的集合,如图 4-16c 所示。

提示：也可用分解命令分解块或标注。

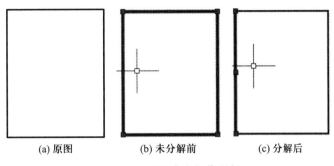

(a) 原图　　　　　(b) 未分解前　　　　　(c) 分解后

图 4-16　分解命令操作举例

4.4　练习要求及注意事项

1. 明确练习目的,完成练习前准备。

2. 分析平面图形的构成特点,思考绘图思路,寻找便捷的绘图途径,切勿不加思考的盲目操作。

3. 作图规范,充分利用 AutoCAD 提供的辅助精确绘图工具保证作图的准确性。

4.5　课上练习

4.5.1　任务一:绘制留装订边的 A3 图幅、图框。

任务一:绘制
留装订边的
A3 图幅、图框

1. 任务要求

A3 图幅横放,留装订边图框格式。

2. 任务指导

方法一:见 4.3.5 节拉伸命令举例,将已有的竖放 A4 图幅拉伸至 A3 幅面大小。

方法二:(1) 细实线层执行矩形命令,绘制图幅外边框。

(2) 依次执行偏移、分解、移动、修剪命令绘制图框,并更换其至粗实线层。

方法三:(1) 细实线层执行矩形命令绘制图幅外边框。

(2)粗实线层执行矩形命令,通过临时追踪点"from"定位内框一端点位置。

4.5.2　任务二:绘制图 4-17 所示的各平面图形

1. 任务要求

(1) 绘制图 4-17a 中的导向块平面图形。要求:绘图比例为 1∶2,图层应用要正确。

(2) 绘制图 4-17b 中的环形导向槽平面图形。要求:绘图比例为 1∶1,图层应用要正确。

(3) 绘制图 4-17c 中的手柄平面图形。要求:绘图比例为 2∶1,图层应用要正确。

(4) 绘制图 4-17d 中的安装卡片平面图形。要求:自定义绘图比例,图层应用要正确。

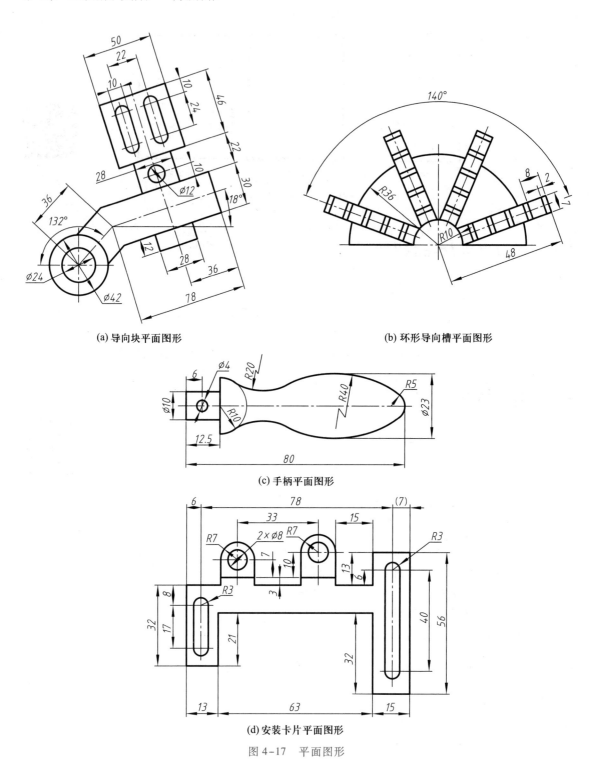

(a) 导向块平面图形　　　　　　　　　　(b) 环形导向槽平面图形

(c) 手柄平面图形

(d) 安装卡片平面图形

图 4-17　平面图形

2. 任务指导

（1）绘制图 4-17a 所示的导向块平面图形

① 图形特点分析

图形倾斜,主要直线相互垂直。

② 绘图技巧

为方便绘图将倾斜部分转正,待图形完成后再回转相应角度。

③ 作图过程

导向块平面图形的作图过程见表 4-1。

表 4-1　导向块平面图形的作图过程

步骤	图示	操作提示	操作演示
0	设置粗实线层、点画线层		
1	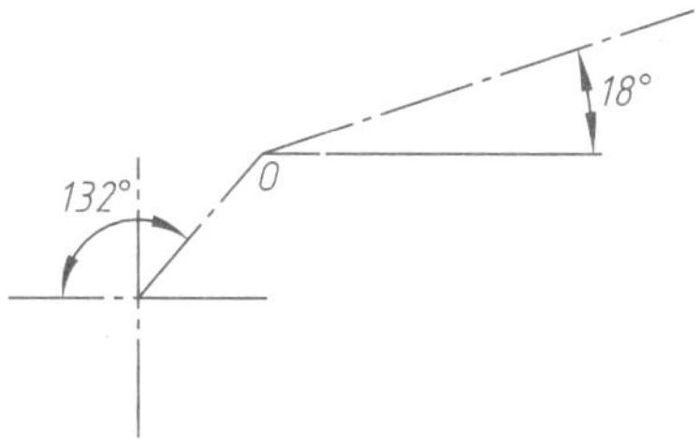	点画线层: ① 绘制同心圆的中心线及 132°、18° 中心线	
	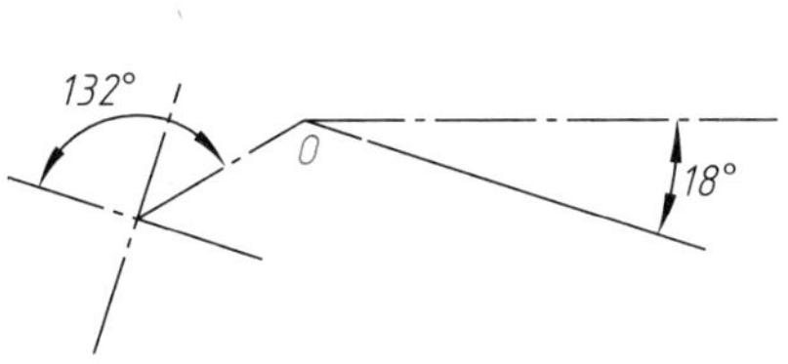	② 利用旋转命令将所绘中心线绕 O 点顺时针旋转 18°	
	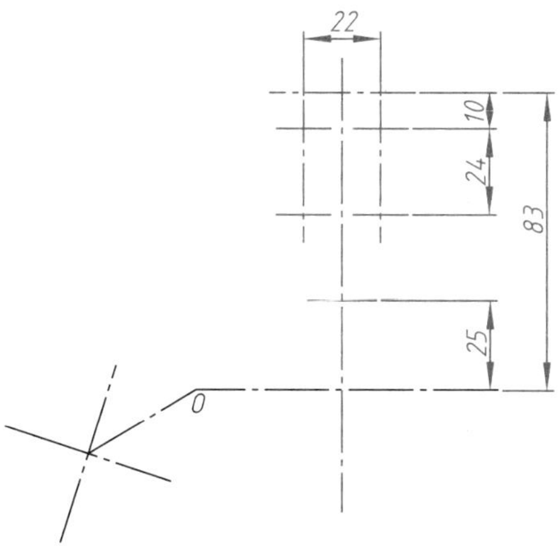	③ 执行直线、偏移命令,完成其他定位中心线	

步骤	图示	操作提示	操作演示
2	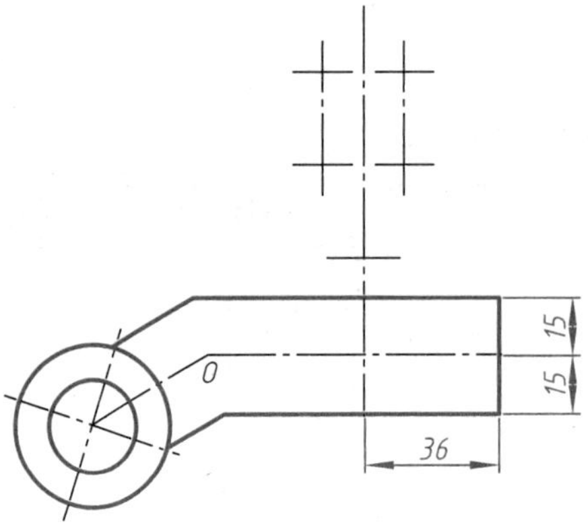	粗实线层： ① 绘制左侧同心圆 ② 分别将 132°、18° 中心线向两侧偏移 15，连接最右端 ③ 修剪多余图线并更换图层至粗实线层	
	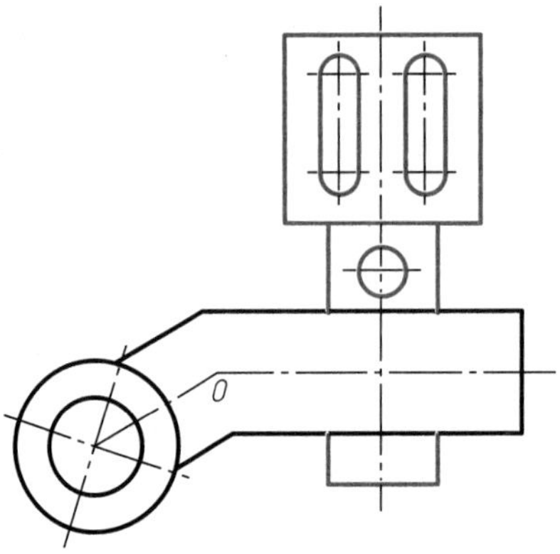	④ 依据尺寸，执行直线、圆、修剪等组合命令完成其他图线	
3	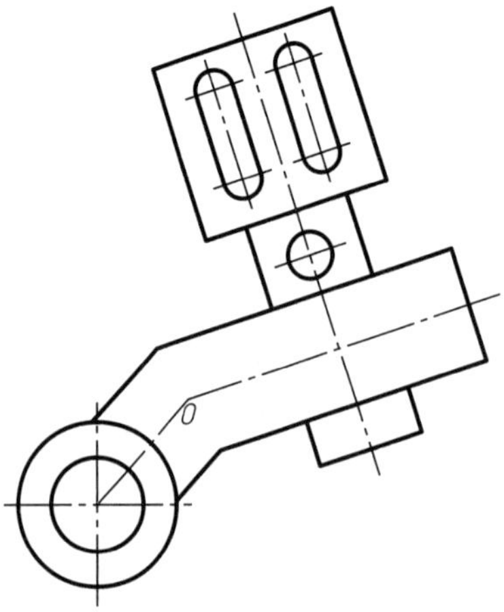	① 利用旋转命令将图形绕 O 点反向（逆时针）旋转 18° ② 最后执行缩放命令将图形缩小 0.5 倍	
4	整理图线：中心线超出图形轮廓的长度要适中；利用 Ltscale 命令调整中心线线段长度，使之长短适中		

提示：系统默认设置，逆时针旋转为"正"，顺时针为"负"。

（2）绘制图4-17b所示的环形导向槽平面图形

① 图形特点分析

每一导向槽内的两平行直线的距离是有规律的，4个导向槽按圆周方向是均布的。

② 作图技巧

按一定规律均匀分布的图形可通过执行阵列操作一次完成。

③ 作图过程

环形导向槽平面图形的作图过程见表4-2。

表4-2　环形导向槽平面图形的作图过程

步骤	图示	操作提示	操作演示
0	设置粗实线层、点画线层		
1	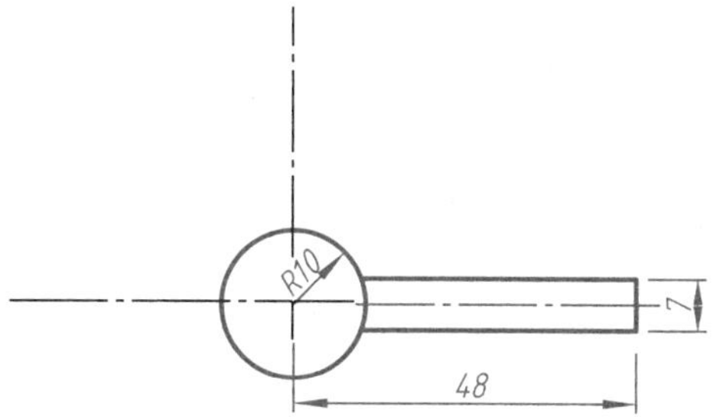	① 点画线层：绘制中心线 ② 粗实线层：绘制R10的圆及导向槽外轮廓	
2	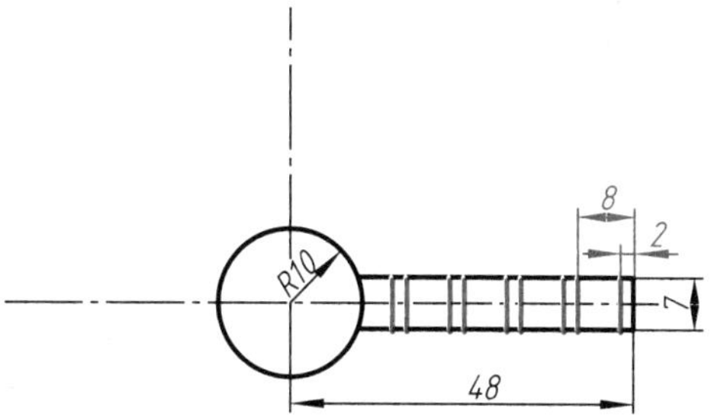	执行直线、矩形阵列命令，完成一个完整的导向槽	
3	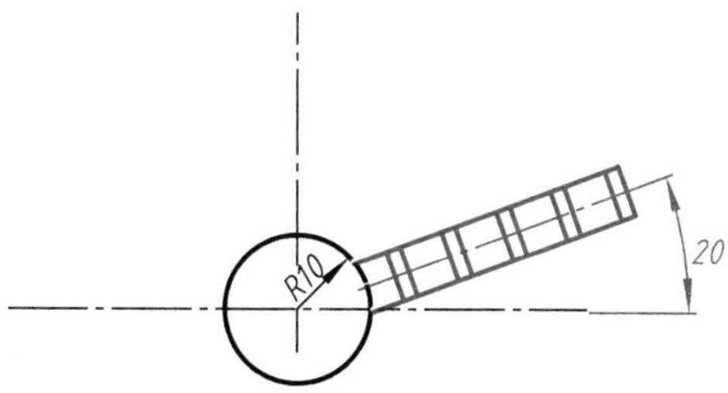	执行旋转命令，将导向槽绕图形中心逆时针旋转20°	

步骤	图示	操作提示	操作演示
4	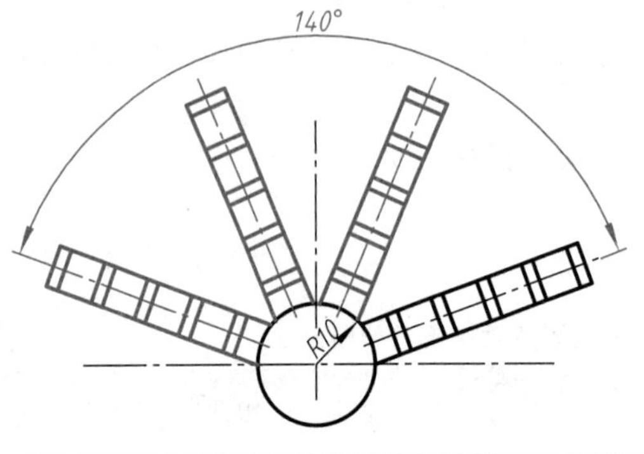	执行环形矩阵命令，按图中范围环形阵列导向槽	
5	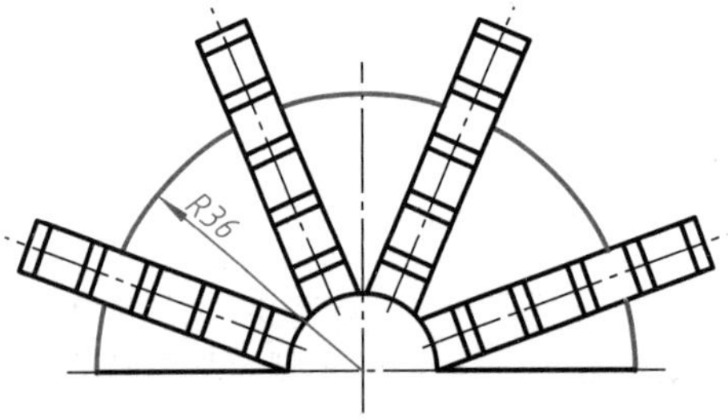	绘制 R36 的圆弧。修剪，完成全图	
6	整理图线：中心线超出图形轮廓的长度要适中；利用 Ltscale 命令调整中心线线段长度，使之长短适中		

提示：① 步骤 2 从右向左对对象执行"矩形阵列"操作时，距离值前加"-"。

② 步骤 4 中"环形阵列"的范围是原位置到逆时针 140°的位置。

（3）绘制图 4-17c 所示的手柄平面图形

① 平面图形分析

R10、R5 为两已知圆弧，它们之间分别由上下对称的两条圆弧线段光滑连接。其中 R40 为中间线段，R20 是连接线段。

② 作图过程

手柄平面图形的作图过程见表 4-3。

表 4-3 手柄平面图形的作图过程

步骤	图示	操作提示	操作演示
0	设置粗实线层、点画线层		
1	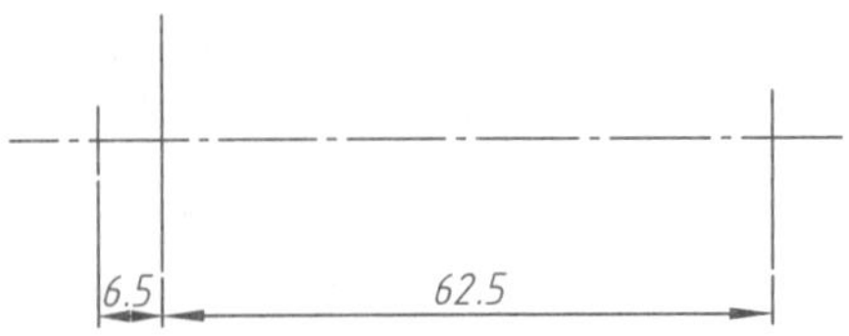	点画线层：绘制中心线	

步骤	图示	操作提示	操作演示
2	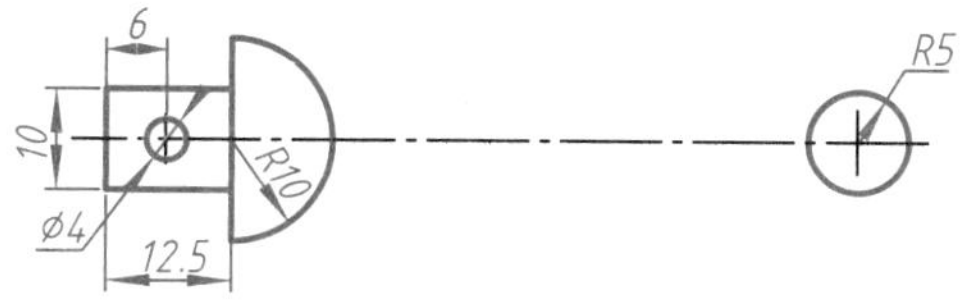	粗实线层:绘制已知线段	
3	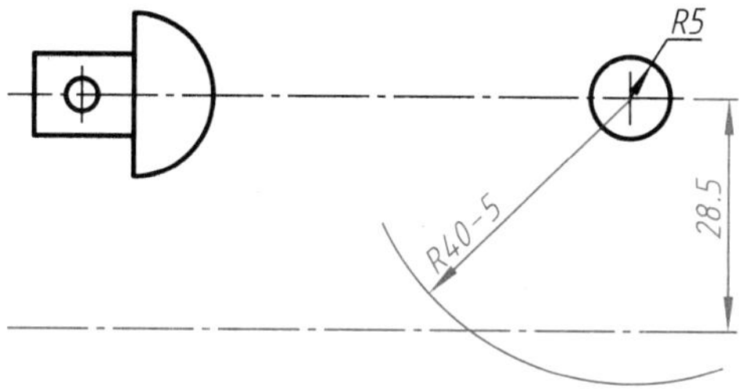	绘制中间线段: ① 确定 R40 圆弧的圆心 ② 通过"圆心、半径"方式绘制 R40 圆	
4	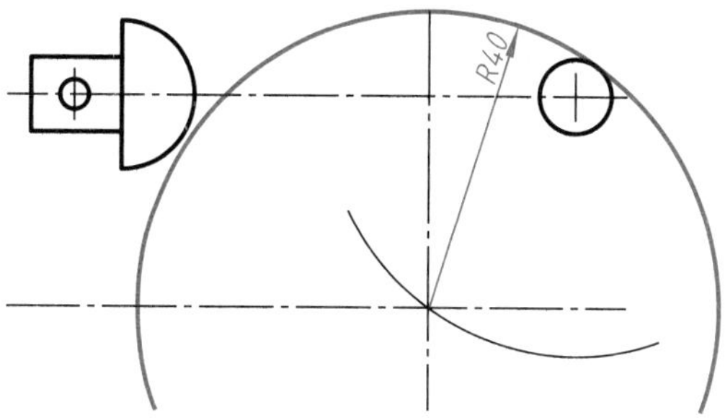		
5	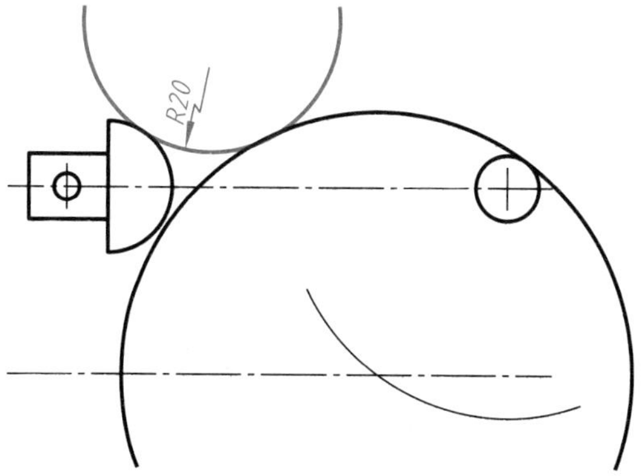	绘制连接线段: 通过"相切、相切、半径"方式绘制 R20 的圆	

续表

步骤	图示	操作提示	操作演示
6		修剪 $R20$、$R40$ 圆弧，去除辅助作图线	
7		① 执行镜像、修剪命令，完成全图 ② 执行缩放命令，将图形放大 2 倍	
8	整理图线：中心线超出图形轮廓的长度要适中；利用 Ltscale 命令调整中心线线段长度，使之长短适中		

提示：当两已知线段间有多条圆弧（或直线）线段相切过渡时，只有一条能作为连接线段。绘制各线段的次序：已知线段、中间线段、连接线段。绘制中间线段时，需要根据圆弧连接的几何关系确定中间线段的位置。

（4）绘制图 4-17d 所示的安装卡片平面图形

① 图形特点分析

图形可分成直线轮廓、2 个马蹄形弯卡、2 个腰形卡槽 3 个部分。2 个马蹄形弯卡与 2 个腰形卡槽只是高度（或者说长度）不同。

② 作图技巧

从粗实线层开始，打开正交模式绘制图形外轮廓。

对于形状相似的马蹄形弯卡与腰形卡槽，它们各自只是单方向尺寸不同，可采用拉伸操作减少绘图工作量。

③ 作图过程

安装卡片平面图形的作图过程见表 4-4。

表 4-4　安装卡片平面图形的作图过程

步骤	图示	操作提示	操作演示
0	设置粗实线层、点画线层。		
1		粗实线层：绘制卡片外轮廓	

续表

步骤	图示	操作提示	操作演示
2	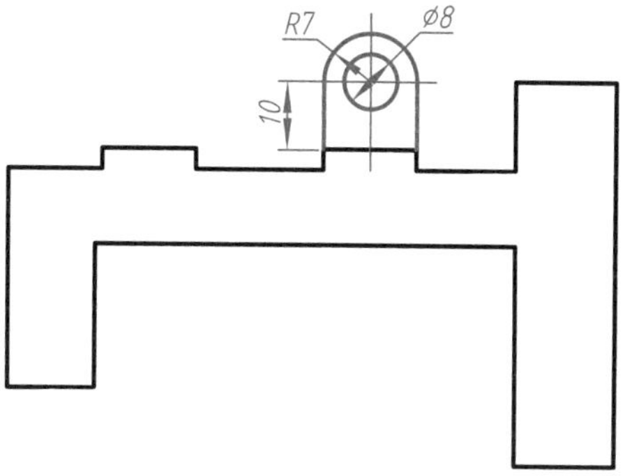	在点画线层、粗实线层上绘制右端马蹄形图形	
3	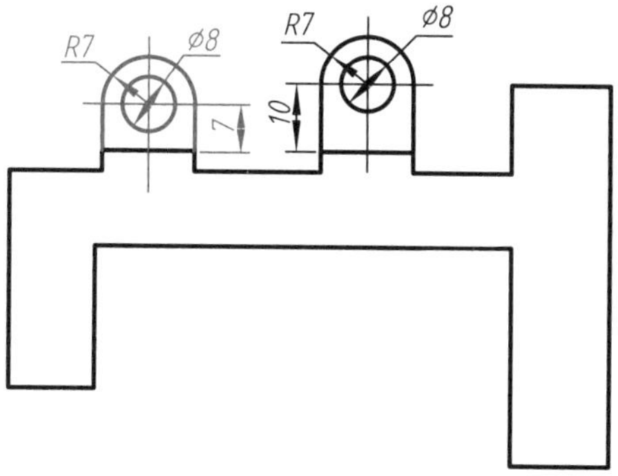	① 复制右端马蹄形图形于左端位置 ② 拉伸复制后的马蹄形图形,由高 10 变为高 7	
4	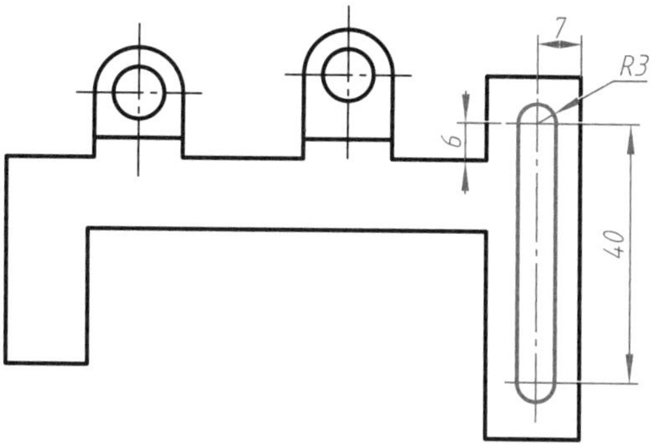	绘制右侧腰形槽图形	
5	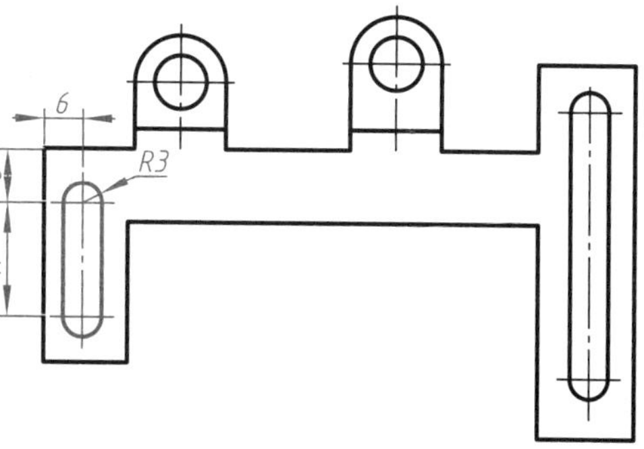	完成左侧腰形槽: ① 复制右侧腰形槽图形到左侧位置 ② 拉伸腰形槽图形由长度 40 至 17	
6	整理图线:中心线超出图形轮廓的长度要适中;利用 Ltscale 命令调整中心线线段长度,使之长短适中		

提示：① 根据图形特点确定是否从中心线开始绘图。② 相似图形，若只是单一方向尺寸不同时，利用拉伸命令完成图形绘制是个快捷的作图方法。③ 拉伸对象的窗口选择方向和范围是完成操作的关键。

4.6 课后练习

4.6.1 任务一：设置图层，绘制竖放 A4 图幅、图框、简化标题栏

（1）设置 3 个图层（粗实线层、细实线层、点画线层）。

（2）将原已绘制的 A3 图幅通过拉伸命令修改至 A4 大小，再按图 4-18 所示布局。

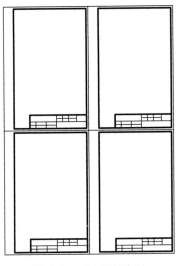

图 4-18 A4 图幅布局

4.6.2 任务二：绘制图 4-19 所示的各平面图形

1. 任务要求

绘制图 4-19 所示的各平面图形，将各图分别置于 4.6.1 任务一所绘的 4 个 A4 图幅内。（绘图比例自定）。

2. 任务指导

（1）新建图形文件，绘制新图要从创建图层开始，并正确应用图层。

（2）绘制各图形应从分析图形的构成特点入手，灵活应用各种绘图命令及编辑命令，快速准确地完成绘图。

（3）在指定图幅内绘制指定图形时，应根据图形的大小和复杂程度确定适当的绘图比例，绘图比例值的选择应符合国家标准的规定（如原值比例为 1：1；优先放大比例 5：1、2：1，优先缩小比例 1：2、1：5；可选放大比例 4：1、2.5：1，可选缩小比例 1：2.5、1：4……）。详见技术制图国家标准 GB/T 14690—1993《技术制图 比例》。

（4）各图形绘图分析及操作指导见表 4-5。

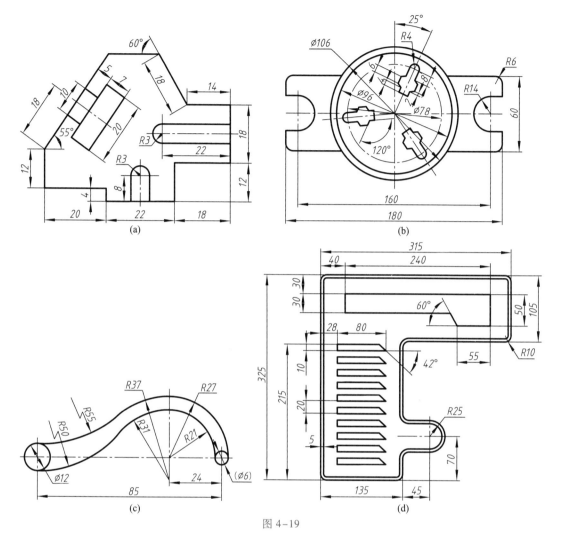

图 4-19

表 4-5 各图形绘图分析及操作指导

题号	原图	操作提示	操作演示
图 4-19a		① 先绘制外轮廓（设置30°增量角） ② 绕O点顺时针旋转图形使倾斜55°的外轮廓线至水平，并绘制与其垂直部分，再将图形逆时针旋转55° ③ 分别绘制两处马蹄形图形 ④ 缩放图形（参考比例2∶1） ⑤ 移动图形至A4幅面内	

续表

题号	原图	操作提示	操作演示
图 4-19b		① 从绘制图形对称中心线开始 ② 左右对称部分可按对称绘制 ③ 中间三个环形均布的小图形可从上部的那个开始,先按其竖直位置绘制,然后顺时针旋转 25°,再做 360° 范围的阵列 ④ 缩放图形(参考比例 1:2) ⑤ 移动图形至 A4 幅面内	
图 4-19c		① 绘制中心线 ② 绘制已知圆、圆弧(ϕ12、ϕ6 的圆,R21、R27 的圆弧) ③ 确定 R31 及 R37 的圆心,绘制相应圆弧 ④ 通过圆的"_tan"方式绘制 R50、R55 的连接圆 ⑤ 修剪对象,完成绘图 ⑥ 将图形移至 A4 幅面内	

续表

题号	原图	操作提示	操作演示
图 4-19d	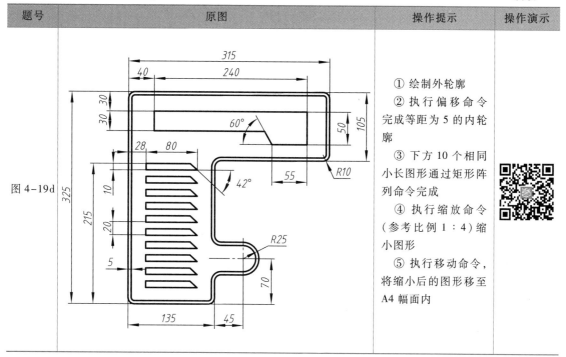	① 绘制外轮廓 ② 执行偏移命令完成等距为 5 的内轮廓 ③ 下方 10 个相同小长图形通过矩形阵列命令完成 ④ 执行缩放命令（参考比例 1∶4）缩小图形 ⑤ 执行移动命令，将缩小后的图形移至 A4 幅面内	

4.7　答疑解惑

1. 对源对象做阵列操作后,阵列的结果为一整体是何原因?

【答】做阵列操作时,在"特性"面板上选择了"关联"按钮,如图 4-20 所示。

图 4-20

2. 已完成一阵列操作,阵列结果是一个整体,若要使阵列的结果修改为各个独立部分应如何操作?

【答】选择阵列结果,执行分解命令操作即可。命令图标如图 4-21 所示。

3. 对源对象做缩放操作,不知道缩放比例只知道缩放后的结果,如何操作? 如何绘制图 4-22 中的平面图形?

【答】执行缩放命令,选择"参照(R)"选项。命令图标如图 4-21 所示。

4. 对源对象做旋转操作,不知道旋转角度只知道对象旋转后的位置,如何操作?

将图 4-23a 所示的手柄,由位置 1 绕其中心 O 旋转至位置 2(图 4-23b),如何操作?

【答】执行旋转命令,选择"参照(R)"选项。命令图标如图 4-21 所示。

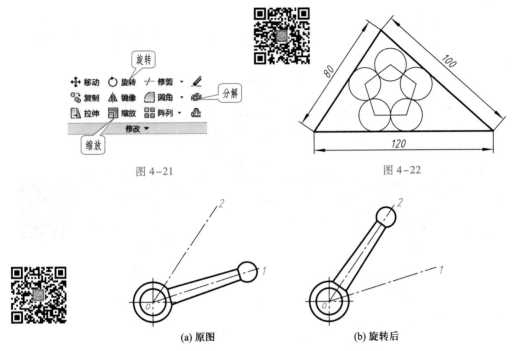

图 4-21

图 4-22

(a) 原图　　　　　　　(b) 旋转后

图 4-23　通过"参照"方式旋转对象

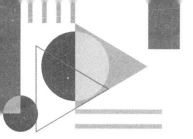

第 5 章
AutoCAD 的文字

文字是工程图样中不可或缺的内容,零件图上的技术要求、装配图上零件明细栏中的文字均可以在 AutoCAD 中完成。AutoCAD 中文版提供了符合国家制图标准的汉字和西文字体。用户在对工程图样注写前首先要选择相应的字体文件、设置相应的文字样式。

5.1 教学目标

1. 知识目标

(1) 能够正确解释 AutoCAD 中文字的概念。

(2) 能够正确阐述工程图样对文字样式的基本要求。

2. 能力目标

(1) 能够正确创建符合工程图样要求的文字样式。

(2) 能够正确完成图样中文字内容的注写。

(3) 能够正确完成图样中文字内容的修改。

5.2 本章导图

本章内容及结构如图 5-1 所示。

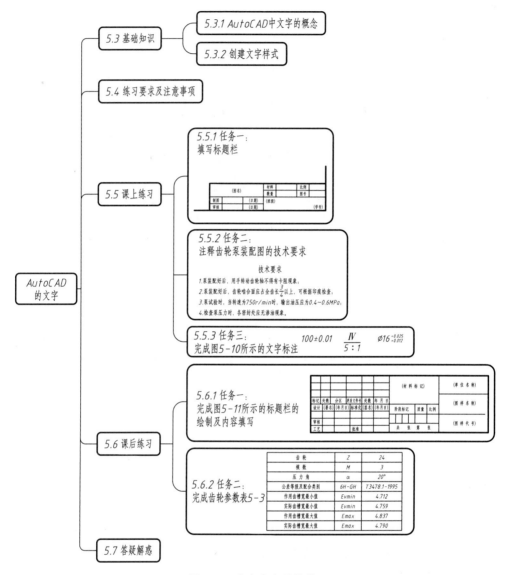

图 5-1　本章内容及结构

5.3　基础知识

5.3.1　AutoCAD 中文字的概念

在 AutoCAD 中,文字包括西文字母、汉字及一些特殊符号,它由相应的字体文件和由用户设定的文字特征来控制。指定文字的注写位置是文字注写时的一个重要操作。文字的注写位置可以通过指定文字的几何位置特征点来实现,这些几何位置特征点可以在顶线、中线、基线、底线上,如图 5-2 所示。注写文字时默认指定文字的左下角为几何位置特征点。

图 5-2 文字的几何位置特征点

5.3.2 创建文字样式

1. 命令执行途径

（1）功能区面板："注释"→"文字"→

（2）命令栏：St（或 Style）

2. 创建文字样式

执行创建文字样式命令后，弹出"文字样式"对话框。单击"新建（N）"按钮创建并命名文字样式（如长仿宋），然后对该样式选择相应的字体文件（如仿宋）及定义文字效果参数（如将文字宽度因子设置为 0.75）。创建"长仿宋"文字样式的步骤如图 5-3 所示。

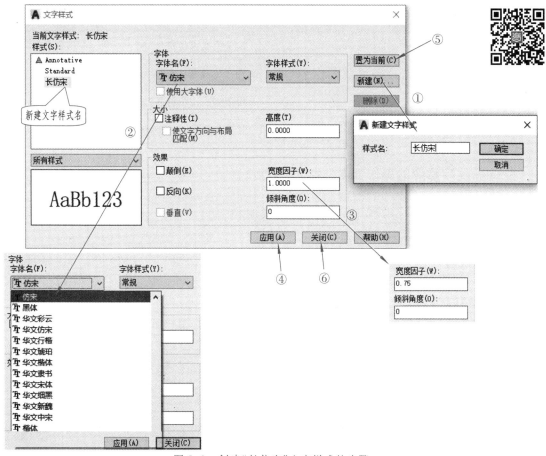

图 5-3 创建"长仿宋"文字样式的步骤

3. 字体文件及参数推荐

AutoCAD 中的文字分为两类:一是用于注写技术要求、填写标题栏、明细栏等的汉字;二是在尺寸标注中的数字与符号。所以,在图形文件中一般定义两种文字样式。表 5-1 为国家制图标准推荐的文字样式。

表 5-1　国家制图标准推荐的文字样式

用途	字体名	大字体样式	备注
数字 (尺寸标注、日期等)	gbenor. shx(直体)	gbcbig. shx	使用大字体
	gbeitc. shx(斜体)		使用大字体 汉字直体,西文斜体
汉字 (标题栏、技术要求)	仿宋(或宋体)		文字的宽度因子为 0.75

在 AutoCAD 中,一些特殊字符是通过输入特定的控制码来获得的。表 5-2 中列出常用特殊字符的控制码。

表 5-2　常用特殊字符的控制码

控制码	相应符号及功能
% % c	用于生成直径符号"φ"
% % d	用于生成角度符号"°"
% % p	用于生成正负符号"±"
% % %	用于生成百分符号"%"

4. 单行文字命令的操作要点及特征

(1) 命令执行途径

① 功能区面板:"注释"→"文字"→"单行文字"

② 命令栏:DT (或 DText,或 Text)

(2) "对正(J)"选项说明

执行单行文字命令后,命令区提示:

输入文字的起点或"对正(J)、样式(S)"

单击"对正(J)"选项后,出现如下 15 种文字的对正方式,用户可以依据设定的对正方式而选择其一(各选项含义见图 5-2 文字的几何位置特征点)。

输入选项[左(L)/居中(C)/右(R)/对齐(A)/中间(M)/布满(F)/左上(TL)/中上(TC)/右上(TR)/左中(ML)/正中(MC)/右中(MR)/左下(BL)/中下(BC)/右下(BR)]:

(3) 操作举例

举例 1:执行单行文字命令,填写图 5-4 所示标题栏内的文字。文字对正方式:"班级"为"左上",学号为"右下",其余均为"正中"。

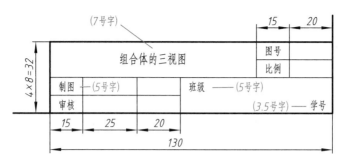

图 5-4 单行文字命令填写标题栏

举例2:执行单行文字命令,注写图5-5所示的一段文字,标题字号为7,内容字号为5。

技术要求

1.铸件焖火;

2.12±0.015与尾架体5的38 j s6组合后磨到50 j s6的尺寸要求;

3.刻字累积误差不大于3′,字高3 mm。

图 5-5 单行文字命令注写技术要求

提示:执行单行文字命令注写的文字无论多少行,每一行都是独立的,可以分别对任一行文字做诸如移动、复制等的编辑修改。

5. 多行文字命令操作要点及特征

(1)命令执行途径

① 功能区面板:"注释"→"文字"→"多行文字"

② 命令栏:T(或 Mtext)

(2)操作要点及特征

首次执行多行文字命令后,命令栏提示信息及选项含义:

(当前文字样式:"Standard" 文字高度:2.5 注释性:否)

指定第一角点:(多行文字是注写在一个矩形区域内的,系统首先要求确定该矩形区域的一个顶点)

指定对角点或[高度(H)/对正(J)/行距(L)/旋转(R)/样式(S)/宽度(W)/栏(C)]:(默认指定矩形的对角点,随后功能区切换至"文字编辑器"模式。其他选项提示可以指定多行文字的"高度(H)"、多行文字的"对正(J)"、文字段落的"行距(L)"、多行文字的"旋转(R)"角度、文字的"样式(S)"、书写文字的矩形区域的"宽度(W)"、多行文字的"分栏(C)"情况。用户根据实际需求选择相应的选项,给定相应的参数和设置)

6. 关于"文字编辑器"

启用多行文字命令并指定文字书写区域后,功能区切换至"文字编辑器"功能区面板(图5-6)。其上包含"样式""格式""段落""插入"……等面板。用户可以在其中对输入的文字做相应的设置。

7. 操作举例

举例1:执行多行文字命令,填写图5-4标题栏内的文字。文字对正方式,"班

多行文字命令
注写标题栏

图 5-6　文字编辑器功能区面板

级"为"左上"、学号为"右下",其余均为"正中"。

举例 2:执行多行文字命令,注写图 5-5 所示文字,标题字号为 7,内容字号为 5。

多行文字命令
注写技术要求

提示:执行"多行文字"命令一次注写的文字无论多少行,都是一个整体,只能对整体文字做诸如移动、复制等的编辑修改。

举例 3:执行多行文字命令,注写图 5-7 所示极限偏差及其他分数形式的标注。

要求:

图 5-7a 基本尺寸为 10 号字,公差带代号的字高与基本尺寸的字高一致。

图 5-7b 分子、分母文字均为 10 号字。

图 5-7c 基本尺寸为 10 号字,极限尺寸的字高为基本尺寸字高的 70%。

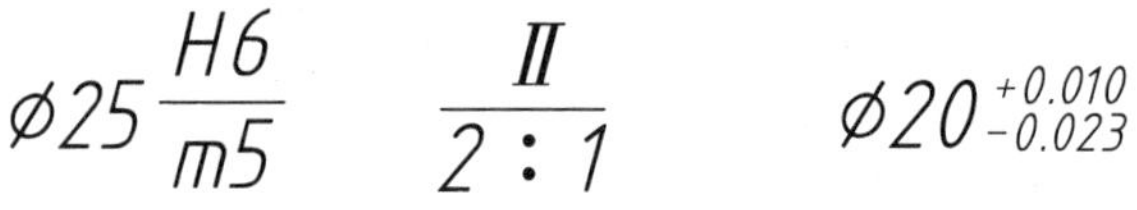

$$\phi 25\,\frac{H6}{m5} \qquad\qquad \frac{II}{2:1} \qquad\qquad \phi 20^{+0.010}_{-0.023}$$

(a)　　　　　　(b)　　　　　　(c)

图 5-7　多行文字命令操作举例

5.4　练习要求及注意事项

1. 阅读 5.3 节的各项内容,做好上机前的准备工作。

2. 在单行文字命令中,文字注写的对齐方式是难点,要认真理解,根据文字注写位置要求选定适合的对正方式。

3. 不要在定义文字样式时定义文字的高度,否则在注写文字的过程中不能再改变其高度。

5.5　课上练习

5.5.1　任务一:填写标题栏

1. 任务要求

(1) 按图 5-8 所示的尺寸绘制标题栏。

(2) 增加文字图层。

(3) 定义字体样式,字体名"仿宋",文字的宽度因子为 0.75。

(4) 文字大小:"图名"为 7 号字,日期、学号为 2.5 号字;其余为 3.5 号字。

(5) 文字对正方式:"班级"为"左上"、学号为"右下",其余均为"正中"。

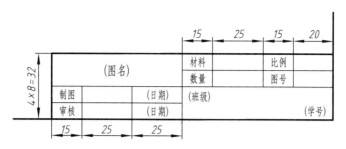

图 5-8　绘制简化标题栏并填写其中内容

2. 任务指导

完成任务一的操作过程如下：

（1）设置 3 个图层：粗实线层、细实线层、文字层。

（2）定义字体样式（参见 5.3.2 节创建文字样式，过程参见图 5.3）。

（3）绘制标题栏。

（4）在文字图层注写标题栏内容（操作演示参见 5.3.2 节单行文字举例 1）。

5.5.2　任务二：注释齿轮泵装配图的技术要求

1. 任务要求

（1）在"文字"图层注写图 5-9 所示的内容。

（2）字体文件为"仿宋"，文字的宽度因子为 0.75。

（3）标题"技术要求"为 7 号字，其余内容为 5 号字。

技术要求

1.泵装配好后，用手转动齿轮轴不得有卡阻现象；

2.泵装配好后，齿轮啮合面应占全齿长3/4以上，可根据印痕检查；

3.泵试验时，当转速为750 r/min时，输出油压应为0.4~0.6 MPa；

4.检查泵压力时，各密封处应无渗油现象。

图 5-9　多行文字命令注写技术要求

2. 任务指导

（1）执行多行文本命令注写全部内容，随后根据题目要求更改文字大小及排版。

（2）通过"堆叠"操作将"3/4"修改成"$\frac{3}{4}$"。

5.5.3　任务三：完成图 5-10 所示的文字标注

1. 任务要求

执行多行文字命令，注写图 5-10 所示的极限偏差及其他分数形式的标注。其中：

图 5-10a 中文字高度为 3.5 号字。

图 5-10b 中分子、分母文字均为 5 号字。

图 5-10c 中基本尺寸 $\phi16$ 为 3.5 号字，极限尺寸的字高为基本尺寸字高的 70%。

$$100\pm0.01 \qquad \frac{IV}{5:1} \qquad \phi16^{+0.025}_{+0.012}$$

(a)　　　　　(b)　　　　　(c)

图 5-10　多行文字命令操作练习

2. 任务指导

（1）增加文字图层。

（2）定义文字样式（字体名：gbenor. shx（直体），大字体名 gbcbig. shx）。

（3）分别执行多行文字命令，注写图 5-10a、b、c 所示的文字。

（4）注意"±"与"φ"可以在展开的"插入"面板上的"@符号"的列表中选择。

（5）通过输入法中的输入方式打开软键盘，在中文状态下输入相应的罗马数字。

（6）在图 5-10b 中的分子、分母间加"/"，再进行"堆叠"操作。

（7）在图 5-10c 中的上下极限偏差之间加"^"，再进行"堆叠"操作。

5.6　课后练习

5.6.1　任务一：完成图 5-11 所示的标题栏的绘制及内容填写

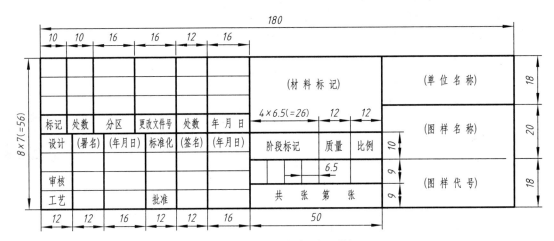

图 5-11　绘制并填写标题栏

1. 任务要求

（1）增加文字图层。

（2）定义文字样式（字体名：gbenor. shx（直体），宽度因子：0.75，大字体名：gbcbig. shx）。

（3）文字大小：5 号字。

（4）文字对正方式："正中"。

2. 任务指导

（1）设置图层：粗实线层、细实线层、文字层。

（2）标题栏的外框线为粗实线、内分割线的粗、细如图 5-11 所示。

（3）按任务要求（2）定义字体样式。

（4）在文字图层注写标题栏内容。

5.6.2　任务二：完成齿轮参数表 5-3

1. 任务要求

（1）增加文字图层。

（2）定义文字样式；字体名：仿宋。

（3）文字大小：3.5 号字。

（4）文字对正方式：正中。

表 5-3　齿轮参数表

$8 \times 7 = 56$	齿　数	z	24	
	模　数	m	3	
	压 力 角	α	20°	
	公差等级及配合类别	6H-GH	GB/T 3478.1—2008	
	作用齿槽宽最小值	Ev_{min}	4.712	
	实际齿槽宽最小值	Ev_{min}	4.759	
	作用齿槽宽最大值	E_{max}	4.837	
	实际齿槽宽最大值	E_{max}	4.790	
	50	20	30	

2. 任务指导

（1）设置图层：细实线层、文字层。

（2）定义字体样式，（字体名：仿宋，文字宽度因子：0.7 或 0.75）。

（3）绘制表格（细实线）。

（4）在文字层注写齿轮参数表的内容。

5.7　答疑解惑

1. 如何修改注释完成后文字的内容、大小、属性？

【答】（1）快速修改文字内容　左键双击需要修改的文字，出现文本框或文字编辑器后直接更换内容即可。

文字内容属性的修改

（2）修改文字大小　选中需要修改的文字，单击鼠标右键出现快捷菜单，选择"快捷特性"，在"快捷特性"对话框中修改文字大小（在该对话框中还可以修改文字的图层、字体样式等属性）。

（3）通过文字的"特性"列表修改所选文字的内容、大小、属性等。

2. AutoCAD 常用的特殊字符控制码是什么？

【答】通过单行文字命令书写文字或在尺寸标注过程中手动在文本框中输入文字时，一些特殊符号只能通过输入控制码来完成。如直径"φ"、正负号符号（±）、度符号（°）等。常用特殊符号的控制码见表 5-4。

表 5-4　常用特殊符号的控制码

控制码	功能	举例	
％％c	直径符号（φ）	％％c50	φ50
％％p	正负号符号（±）	％％p0.000	±0.000

控制码	功能	举例	
%%d	度符号(°)	45%%d	45°
%%%	百分号	68%%%	68%
%%u	文字下方加下画线	%%u 内容	<u>内容</u>
\u+2220	角符号	\u+222060	∠60
\u+2260	约等于符号	\u+22483	≈3

3. 如何将多个零散文字对象按指定对齐方式对齐?

【答】执行文字对齐(Textalign)命令,可实现多个文字对象的垂直、水平或倾斜对齐,同时可以指定需要对齐的文字组的间距。

举例:三组文字对象无规则配置(图 5-12a),通过执行文字对齐(Textalign)命令,三组文字按垂直对齐方式配置,且文字行间距保持一致(图 5-12b)。

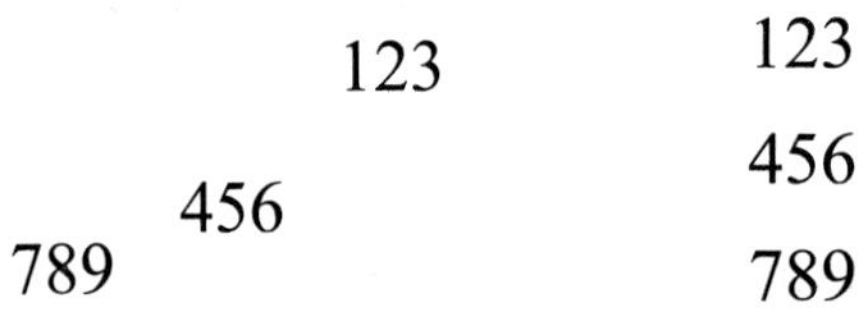

(a) 文字无规则配置   (b) 垂直均匀间隔排列

图 5-12 对齐文字对象

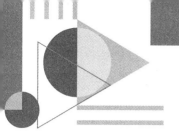

第6章
尺寸样式与尺寸标注

用于指导生产的图样尺寸是必不可少的。尺寸标注要符合国家标准规定及行业技术规范。AutoCAD 提供了一套完整的尺寸标注命令,可以根据图样的标注要求创建尺寸标注样式,完成尺寸的标注与编辑修改。

6.1 教学目标

1. 知识目标
(1) 能够正确阐述工程图样对尺寸标注的要求。
(2) 能够正确阐述 AutoCAD 中尺寸标注类型。

2. 能力目标
(1) 能够正确创建符合国标要求的尺寸样式。
(2) 能够综合运用尺寸标注方法快速、正确地完成图形的尺寸标注。
(3) 能够正确完成对已标注尺寸的修改和编辑。

6.2 本章导图

本章内容及结构见图6-1。

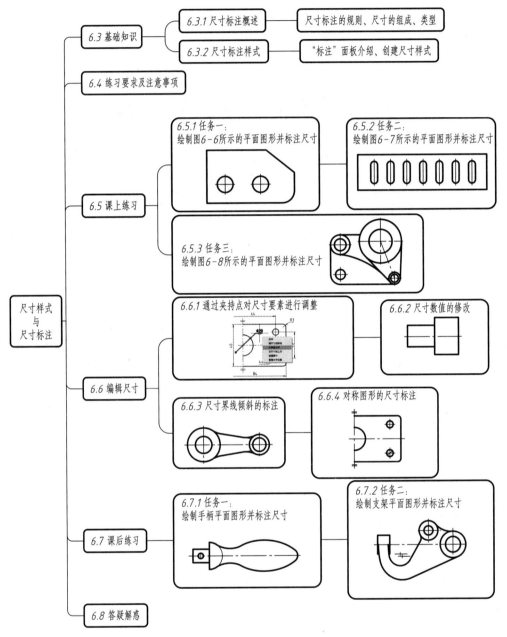

图 6-1　本章内容及结构

6.3　基础知识

6.3.1　尺寸标注概述

1. 尺寸标注的规则

机械制图与技术制图国家标准中有关尺寸标注的规定如下：

（1）以图样上标注的尺寸数值为依据。

（2）不以"毫米"为单位时必须加注计量单位符号。

（3）无说明者一律认为所注是机件的最后完工尺寸。

（4）机件的尺寸一般只标注一次。

2. 尺寸的组成

完整的尺寸包括尺寸界线、尺寸线、尺寸终端、尺寸数值等,如图6-2所示。

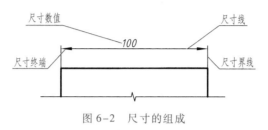

图6-2 尺寸的组成

3. 尺寸的类型

尺寸的常见类型有线性标注(水平标注、垂直标注)、对齐标注(倾斜标注)、直径标注、半径标注、角度标注、基线标注、连续标注等,如图6-3所示。

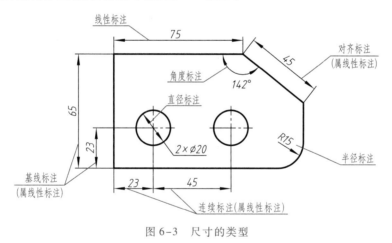

图6-3 尺寸的类型

6.3.2 尺寸标注样式

1. "标注"面板介绍

尺寸标注的相关命令集合于"标注"面板内。可以通过"注释"选项卡→"标注"面板调出。"标注"面板如图6-4所示。

2. 创建尺寸样式

图6-4 【标注】面板

创建尺寸样式要通过"标注样式管理器"的"新建（N）"命令。单击"新建（N）"按钮后出现"创建新标注样式"对话框,输入新的尺寸样式名并确认后会出现"新建标注样式"对话框,在该对话框中有"线""符号和箭头""文字""调整""主单位""换算单位""公差"7个选项卡,用户可根据需要对各选项卡内的要素进行设置和修改。图6-5所示是对常用尺寸标注形式进行的设置,其中参数的设置是以 A3、A4 图幅为例而定,仅供学习时的参考。

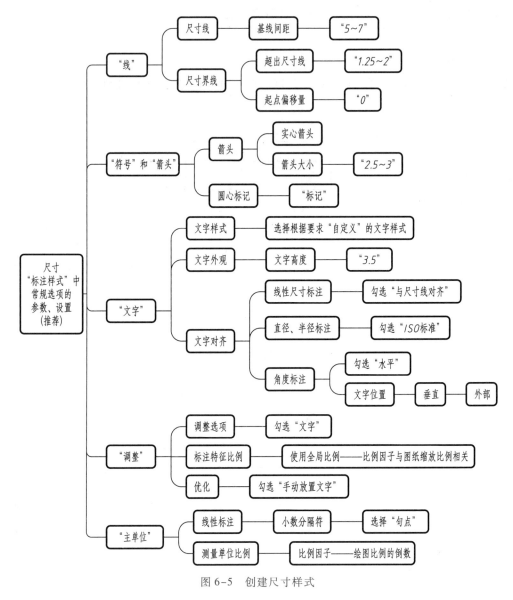

图 6-5　创建尺寸样式

6.4　练习要求及注意事项

1. 巩固已学尺寸标注的基础知识,如规则、组成、类型等。
2. 掌握创建尺寸样式的过程,熟悉各选项卡中主要项目的含义及修改要求。
3. 能根据工程图样的要求熟练创建尺寸样式。
4. 掌握常见尺寸类型的标注方法,熟练、正确地标注图形尺寸。
5. 掌握常见尺寸的修改方法。

6.5 课上练习

6.5.1 任务一：绘制图6-6所示的平面图形并标注尺寸

1. 任务要求

按1∶1比例绘制图6-6所示的平面图形,创建尺寸样式,按与图相同的尺寸样式标注尺寸。

2. 任务指导

（1）尺寸标注样式分析

① 尺寸类型:线性尺寸、对齐尺寸、直径尺寸、半径尺寸、角度尺寸。

② 文字字体:gbenor. shx（直体）、gbcbig. shx（大字体）。

（2）创建尺寸样式要点

① 创建文字样式,字体文件名:gbenor. shx（直体）、大字体文件 gbcbig. shx（大字体）。

② 新建尺寸样式名:"图6-6尺寸样式"。

③ "文字"选项卡中的文字样式:选择步骤①所创建的文字样式。

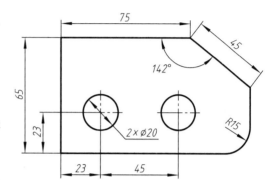

图6-6 创建尺寸样式并标注尺寸

④ "文字"选项卡中的对齐方式:线性尺寸为基础样式,文字对齐勾选"与尺寸线对齐";直径、半径标注以线性尺寸为基础样式,文字对齐勾选"ISO 标准";角度数值以线性尺寸为基础样式,文字对齐勾选"水平"、文字位置设置为"外侧"标注。

⑤ "主单位"选项卡中的测量比例因子仍为1。

其他参数值的选择参照图6-5中所列数值。

（3）完成过程

① 按1∶1比例抄绘平面图形。

② 创建尺寸样式［参见以上任务指导（2）创建尺寸样式要点］。

③ 完成尺寸标注。

④ 检查、修正。

设置尺寸样式

标注尺寸

6.5.2 任务二：绘制图6-7所示的平面图形并标注尺寸

1. 任务要求

按1∶2比例绘制图6-7所示的平面图形,创建尺寸样式,按与图相同的尺寸样式标注尺寸。

2. 任务指导

（1）尺寸标注样式分析

① 尺寸类型全部为线性标注（连续标注、基线标注）。

② 文字字体:gbenor. shx（直体）、大字体文件 gbcbig. shx。

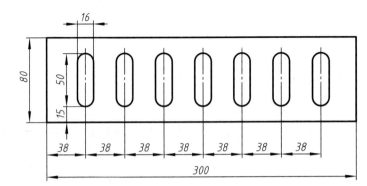

图6-7　平面图形的尺寸样式及标注

③ 文字对齐方式:线性尺寸,文字"与尺寸线对齐"方式。

（2）创建尺寸样式要点

① 创建文字样式,字体文件名:gbenor. shx(直体)、gbcbig. shx(大字体)。

② 尺寸样式名:"图6-7尺寸样式"。

③ "文字"选项卡中的文字样式。

选择步骤①所创建的字体样式,其他大小、距离参数值参照图6-7。

④ "文字"选项卡中的对齐方式:线性尺寸为基础样式,文字对齐勾选"与尺寸线对齐"。

⑤ "主单位"选项卡中的测量比例因子修改为2。

（3）完成过程

① 按1:1比例抄绘平面图形。

② 执行比例缩放命令缩小所绘图形,缩放比例因子设置为0.5。

③ 创建尺寸样式[参见以上任务指导(2)创建尺寸样式要点]。

④ 完成尺寸标注。

⑤ 检查、修正。

6.5.3　任务三：绘制图6-8所示的平面图形并标注尺寸

1. 任务要求

按1:1比例绘制图6-8所示的平面图形,创建尺寸样式,按与图相同的尺寸样式标注其尺寸。

2. 任务指导

（1）尺寸分析

① 尺寸类型:线性尺寸、对齐尺寸、直径尺寸、半径尺寸、角度尺寸。

② 采用字体文件名:gbeitc. shx(斜体)、选用大字体文件 gbcbig. shx(大字体)。

③ 文字对齐方式:线性尺寸为与尺寸线对齐方式;直径标注、半径标注为在尺寸界线外水平标注;角度尺寸为在尺寸线外水平标注。

（2）创建尺寸样式

① 创建文字样式,字体文件名:gbeitc. shx(斜体)、gbcbig. shx(大字体)。

② 尺寸样式名:"图6-8尺寸样式"。

③ "文字"选项卡中的文字样式:选择步骤①新定义的文字样式。

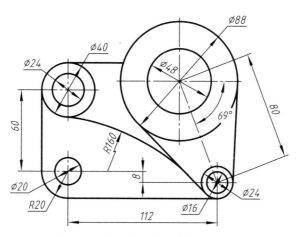

图 6-8　平面图形的尺寸样式及标注

④"文字"选项卡中的文字对齐:线性尺寸为基础样式,文字对齐勾选"与尺寸线对齐";直径、半径标注以线性尺寸为基础样式,文字对齐方式勾选"ISO 标准"。角度数值以线性尺寸为基础样式,文字对齐方式勾选为"水平"标注,文字位置是"外部"。

⑤"主单位"选项卡中的测量比例因子为1。

（3）完成过程

① 按 1∶1 比例抄绘平面图形。

② 创建尺寸样式[参见以上任务指导(2)创建尺寸样式要点]。

③ 完成尺寸标注。

④ 检查、修正。

6.6　编辑尺寸

6.6.1　通过夹持点对尺寸要素进行调整

选中对象,通过夹持点对尺寸要素进行调整,包括尺寸标注的范围、尺寸数值的位置、尺寸界线的长短等。如图 6-9 所示,选中尺寸 $\phi20$,通过对尺寸数值夹持点的操作改变其位置。

6.6.2　尺寸数值的修改

图 6-10 中 $\phi19$、$\phi33^{+0.027}_{0}$ 的标注,可以在尺寸标注过程中通过"T"或"M"选项修改输入文字内容来完成,也可以在完成线性尺寸标注后通过双击尺寸修改文字内容。

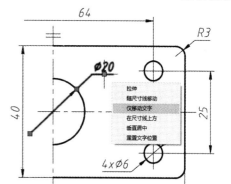

图 6-9　利用夹持点修改尺寸位置

6.6.3　尺寸界线倾斜的标注

图 6-11 中线性尺寸 21、10 是在完成线性标注后,通过对尺寸做倾斜编辑实现的。

1．启动尺寸界线倾斜命令的途径

（1）功能区面板："注释"→"标注"→ H（图 6-12）。

（2）命令栏：DIMEDIT。

2．操作过程

（1）执行尺寸界线倾斜命令。

（2）选中需要编辑的尺寸。

（3）按提示确定尺寸界线倾斜的方向（角度）后，按回车键即可。

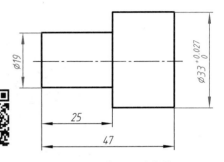

图 6-10　修改尺寸数值

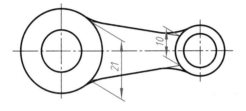

图 6-11　尺寸界线倾斜命令的操作举例

图 6-12　标注面板展开

6.6.4　对称图形的尺寸标注

图 6-13 为对称图形的简化画法，符合国家标准《技术制图　简化表示法》。图中 φ20、84、64 三个尺寸是图形长度方向的整体尺寸，是按照国家标准中规定的技术制图和机械制图简化表示法的尺寸注法要求标注的。

在 AutoCAD 中，这样的标注可以通过"特性"对话框，对尺寸的尺寸界线、尺寸线、尺寸终端的外观形状及尺寸数字做修改来获得。

打开"特性"对话框的途径，操作步骤如下：

① 功能区面板："默认"→"特性"→ ↘（特性面板右下角）。

② 选中需要编辑的尺寸单击鼠标右键，在随后出现的快捷菜单中选择"特性"菜单项。

③ 命令栏：PROPERTIES。

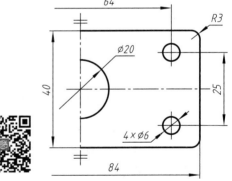

图 6-13　对称图形简化画法的尺寸标注

6.7　课后练习

6.7.1　任务一：绘制手柄平面图形并标注尺寸

1．任务要求

绘图比例为 1∶1，分析图 6-14 中的平面图形的尺寸，创建相应的尺寸样式并按相同样式标注。

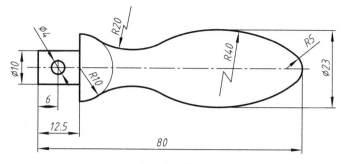

图 6-14　手柄平面图形

2. 任务指导

（1）尺寸标注样式分析

① 文字字体：gbeitc. shx（斜体）、gbcbig. shx（大字体）。

② 尺寸类型：线性型、直径型、半径型、折断型。

③ 文字对齐方式：均为"与尺寸线对齐"样式。

④ 有两处线性尺寸数值前需要加"φ"直径符号。

（2）尺寸样式特点

① 创建文字样式，文字字体名：gbeitc. shx（斜体）、gbcbig. shx（大字体）。

② 因为没有角度型尺寸，直径、半径尺寸的文字对齐样式也均是"与尺寸线对齐"，所以尺寸样式只设一个基础样式即可。

（3）尺寸标注提示

① 折断尺寸 R20、R40 的标注分 4 步。

② φ10、φ23 的标注，可以在尺寸标注过程中通过单行文字"T"选项或多行文字"M"方式在数值前加％％c 来完成。

6.7.2　任务二：绘制支架平面图形并标注尺寸

1. 任务要求

（1）绘制一竖放不留装订边的 A4 图幅，标题栏格式参照图 5-4。

（2）绘制图 6-15 中的支架平面图形并置于 A4 图幅内，比例自定。

（3）创建文字样式，填写标题栏。

（4）创建尺寸样式，为所绘图形标注尺寸。

2. 任务指导

（1）创建文字样式

创建文字样式有如下两种：

① 用于标题栏内容填写的文字样式，文字的字体选"@ 仿宋"。

② 用于尺寸标注的文字样式，其中，文字的字体名：gbenor. shx（直体）、gbcbig. shx（大字体）。

（2）创建尺寸标注样式

图中的尺寸类型包括线性尺寸、直径尺寸、半径尺寸、角度尺寸等。

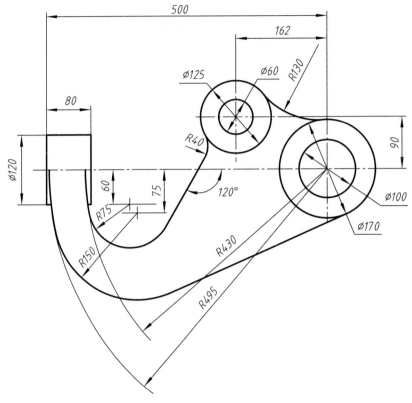

图 6-15　支架平面图形

①"文字"选项卡中文字对齐样式:线性尺寸勾选"与尺寸线对齐";直径、半径标注勾选"ISO 标准";角度数值勾选"水平",文字位置为垂直"外部"。

②"主单位"选项卡中的测量比例因子为绘图比例的倒数。

(3)作图过程

方法一作图过程:

按原图 1∶1 绘制图形,放大 A4 图幅以适合图形大小(假设将图幅放大 5 倍)。

① 设置图层,绘制 A4 图幅、图框、标题栏,并将其放大 5 倍。

② 在放大的 A4 图幅内按 1∶1 的比例绘制支架平面图形。

③ 创建文字样式,填写标题栏(标题栏内的文字高度为常规高度的 5 倍)。

④ 创建尺寸样式,参见图 6-5,但是"调整"选项卡中的"全局比例因子"应为 5;"主单位"选项卡中的"测量比例因子"为 1。

方法二作图过程:

A4 图幅大小不变,改变支架平面图形的绘图比例(假设支架图形的绘图比例为 1∶5)。

① 设置图层,绘制 A4 图幅、图框、标题栏。

② 在 A4 图幅外,按 1∶1 的比例绘制支架平面图形,再将支架平面图形缩小 5 倍后置于 A4 图幅内。

③ 创建文字样式,填写标题栏(标题栏内文字高度参照图 5-4)。

④ 创建常规尺寸样式,其中"主单位"选项卡中的"测量比例因子"为 5(其余各项参数值可

取用图 6-5 中的参考值）

方法一（改变图幅比例）：　　　方法二（改变图形比例）：

6.8　答疑解惑

1. AutoCAD 标注尺寸的方式有哪些？

【答】可以通过两种方式进行尺寸标注。

（1）AutoCAD 新增的智能标注按钮 ▨,智能标注可以根据所选对象自动判断所需标注的尺寸类型。智能标注支持线性对象（水平、垂直、倾斜）、相交对象、圆对象、圆弧对象等,完成线性标注、直径标注、半径标注、角度标注、折弯标注、弧长标注等。

（2）一对一的单项标注。每一标注类型对应一个命令按钮,根据标注对象选择相应的标注命令。

2. 若平面图形的绘图比例为 10∶1,尺寸样式中的"测量单位比例的比例因子"应为多少？

【答】机械制图与技术制图国家标准中规定,要标注实物的实际尺寸,即测量比例因子与图形的绘图比例互为倒数,当平面图形的绘图比例为 10∶1,主单位选项卡中的"测量单位比例的比例因子"应为 0.1。

3. 有一已按常规要求标注尺寸的图,现缩小 10 倍并在 A3 图幅内打印输出,尺寸样式中的全局比例应为多少？

【答】在"调整"选项卡的"标注特征比例"文本框中修改"使用全局比例"为 0.1。

（"全局比例"用于控制尺寸中的数字、箭头、尺寸界线超出尺寸线的距离等外观的尺寸大小,与图形输出的比例相关。）

注:主单位选项卡中的"测量单位比例的比例因子"应为 0。

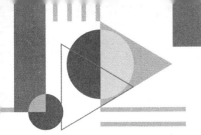

第7章
绘制组合体的三视图

组合体的三视图中两两视图之间要保持"三等"关系,即主视图与俯视图"长对正",主视图与左视图"高平齐",俯视图与左视图"宽相等"的投影关系。利用 AutoCAD 绘制组合体的三视图时必须保持两两视图之间的"三等"关系。

7.1 教学目标

1. 知识目标

(1) 能够解释组合体三视图的概念。

(2) 能够正确阐述利用形体分析法绘制组合体三视图及尺寸标注的基本方法、步骤。

2. 能力目标

(1) 能正确运用 AutoCAD 中辅助操作工具实现正投影的"三等"关系,并根据组合体立体图绘制组合体的三视图。

(2) 能正确识读已知组合体两视图,并根据组合体的两个视图绘制第三个视图。

(3) 能够正确利用样条曲线等命令绘制组合体表面交线。

(4) 能够正确完成组合体的尺寸标注。

7.2 本章导图

本章内容及结构如图 7-1 所示。

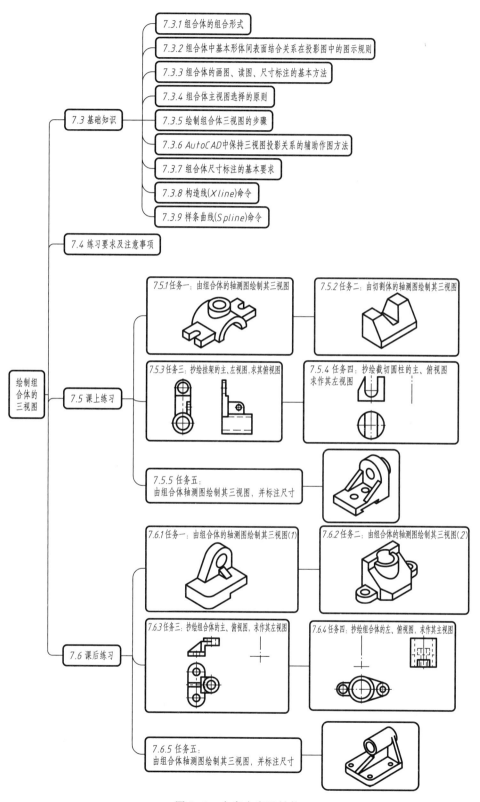

图 7-1　本章内容及结构

7.3　基础知识

7.3.1　组合体的组合形式

组合体的组合形式有叠加、切割、综合 3 种形式。

7.3.2　组合体中基本形体间表面结合关系在投影图中的图示规则

组合体中基本形体间表面结合关系在投影图中的图示规则：
（1）平面间平齐不画线，不平齐要画分界线。
（2）表面相切一般不画切线。
（3）面面相交要画交线。

7.3.3　组合体的画图、读图、尺寸标注的基本方法

组合体画图、看图及尺寸标注的基本方法是形体分析法与线面分析法。一般以形体分析法为主，线面分析法为辅。

7.3.4　组合体主视图选择的原则

组合体主视图选择的一般原则：
（1）安放平稳、自然。
（2）投影反映形体特征。
（3）减少投影图中的虚线。
（4）便于三视图的布图。

7.3.5　绘制组合体三视图的步骤

绘制组合体三视图的一般步骤：
（1）形体分析。
（2）选择主视图的投射方向。
（3）布置视图，确定各视图的画图基准线。
（4）绘图（按先主后次、先大后小、先整体后细节的次序绘图）。
（5）检查整理。

7.3.6　AutoCAD 中保持三视图投影关系的辅助作图方法

在 AutoCAD 中绘图保持三视图投影关系的辅助作图方法：
（1）增加辅助线图层，通过绘制构造线，保证三视图两两视图间的"三等"投影关系。
（2）综合使用辅助精确绘图工具，包括对象捕捉、极轴追踪、对象捕捉追踪等辅助作图。
（3）利用复制、旋转图形等辅助作图。

7.3.7　组合体尺寸标注的基本要求

组合体尺寸标注的基本要求：

（1）正确，即所标注的尺寸符合国家标准的有关规定。

（2）完整，即能够完全确定各形体的形状和相对位置。

（3）清晰，即尺寸排列整齐、位置合理，便于阅读和查找。

7.3.8 构造线(Xline)命令

1. 功能

绘制无限延伸的直线。可以作为参照线或用来对齐分离的对象。

2. 命令启动途径

（1）功能区面板："绘图"→（展开）↙

（2）命令栏：XL(或 Xline)

3. 命令格式与选项说明

执行构造线命令后，命令栏提示信息：

"指定点或［水平(H) 垂直(V)角度(A)二等分(B)偏移(O)］：

其中主要选项含义如下：

指定点　选项为默认项，指通过指定构造线所通过的两个点绘制构造线。

水平(H)或垂直(V)　指通过指定构造线所通过的一个点绘制水平线或垂直线。

角度(A)　指绘制一指定角度的参照线。

二等分(B)　指绘制一指定角度的平分线。

偏移(O)　指创建一平行于另一个对象的参照线。

7.3.9 样条曲线(Spline)命令

1. 功能

通过控制"拟合点"（ ⟋ ）或"控制点"（ ⟋ ）两种方式绘制样条曲线，如图7-2所示。

样条曲线命令

通过"拟合点"方式绘制的样条曲线，每个点都在样条曲线上（图7-2a）；通过"控制点"方式绘制的样条曲线，除端点外其余各点都不在曲线上（图7-2b）。其中，控制点起到控制曲线方向的作用。选中已绘制完成的样条曲线，单击小三角按钮，在出现的列表中选择拟合方式，可以改变曲线的形成方式（图7-2c）。

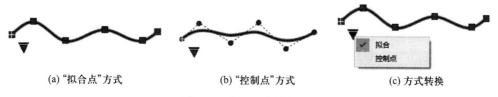

(a)"拟合点"方式　　　　(b)"控制点"方式　　　　(c)方式转换

图7-2 定义两种样条曲线

在组合体的投影图中经常遇到需要绘制曲线的情形（如叠加体表面产生的相贯线、切割体表面产生的截交线，投影后仍然为曲线的情况）。在 AutoCAD 中一般通过样条曲线命令中的"拟合点"（ ⟋ ）方式，绘制样条曲线以表示曲线的投影。

2. 命令启动途径

（1）功能区面板："绘图"→（展开）~

（2）命令栏：SPL（或 Spline）

3. 命令格式与选项说明

执行样条曲线命令后，命令栏提示信息：

当前设置：方式=拟合　节点=弦

指定第一个点或［方式（M）/节点（K）/对象（O）］：

……

输入下一个点或［端点相切（T）/公差（L）/放弃（U）/闭合（C）］

通常，以默认方式不断输入点的坐标（可以通过鼠标拾取点的方式），将不在一条直线上的各点拟合为一条曲线（如波浪线）。其余选项不再赘述。

7.4　练习要求及注意事项

1. 阅读并掌握 7.3 节中所列相关内容。

2. 对组合体视图的画图、读图及尺寸标注的过程中要有形体的概念，思路要清晰。

3. 对于组合体的复杂、细节部分要利用线面分析法分析作图。

4. 图层设置要满足使用要求，如根据需要增加辅助线图层、尺寸标注图层等。

5. 综合应用 AutoCAD 的各种绘图、修改命令及辅助精确绘图工具快速完成组合体三视图的绘制。

7.5　课上练习

7.5.1　任务一：由组合体的轴测图绘制其三视图

1. 任务要求

（1）正确选择主视图的投射方向。

（2）两两视图之间保持"三等"投影关系，绘制组合体（图 7-3）三视图。

2. 任务指导

（1）思维导图

绘制图 7-3 所示的组合体三视图的思维导图如图 7-4 所示。

（2）形体分析及主视图的投射方向选择

形体分析如图 7-5a 所示，主视图的投射方向选择如图 7-5b 所示。

（3）要点提示

① 形体分析法是绘制组合体三视图的最基本方法，必须熟练掌握。

② 绘制三视图要有"形体"的概念，逐一绘制各个形体的三视图。

③ 注意形体间的相对位置和表面过渡关系，根据投影对应关系绘制表面的交线。

④ 两两视图间的"三等"投影关系可以通过 AutoCAD 提供的对象捕捉追踪、对象捕捉、极轴

追踪功能辅助完成,也可以通过绘制辅助构造线来完成。

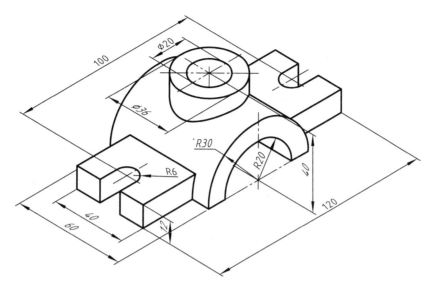

图7-3　组合体的轴测图

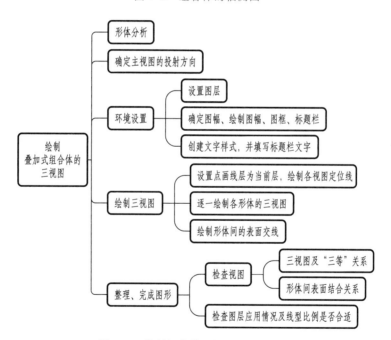

图7-4　绘制组合体三视图的思维导图

（4）作图过程

作图过程及提示见表7-1。

7.5.2　任务二：由切割体的轴测图绘制其三视图

1. 任务要求

正确选择主视图的投射方向,绘制三视图,保持"三等"投影关系。

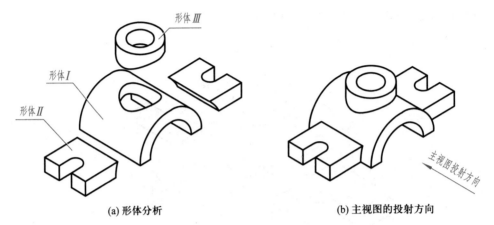

(a) 形体分析　　　　　　　　　　　(b) 主视图的投射方向

图 7-5　组合体的构成分析及主视图投射方向

表 7-1　作图过程及提示

步骤	图示	操作提示	操作演示
0	设置图层:粗实线层、细实线层、点画线层、虚线层、辅助线层		
1		布图,在点画线层绘制三视图的定位线(图中所注尺寸仅供布图参考)	
2		① 粗实线层绘制外轮廓 ② 虚线层绘制不可见轮廓线 ③ 从绘制形体 Ⅰ 的主视图开始,按投影对应绘制其俯视图、左视图	

续表

步骤	图示	操作提示	操作演示
3	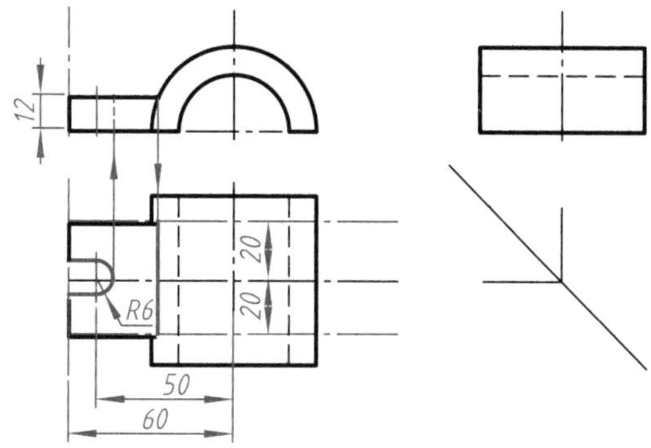	① 绘制形体Ⅱ左侧部分的主、俯视图 ② 按投影对应绘制交线的 H 面投影 ③ 完成缺口的投影	
4	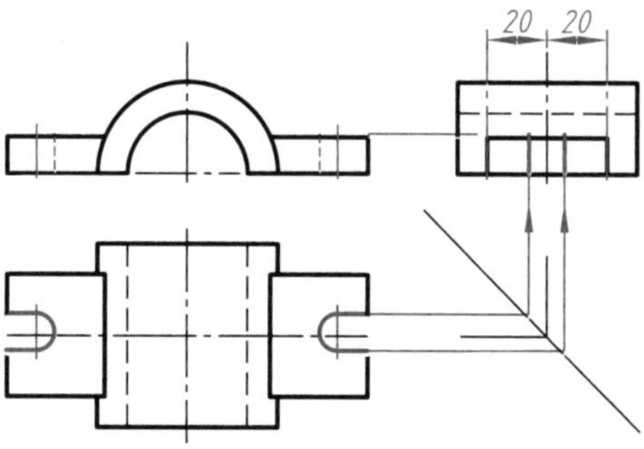	① 镜像得形体Ⅱ右侧部分的主、俯视图 ② 按投影对应完成形体Ⅱ的左视图	
5	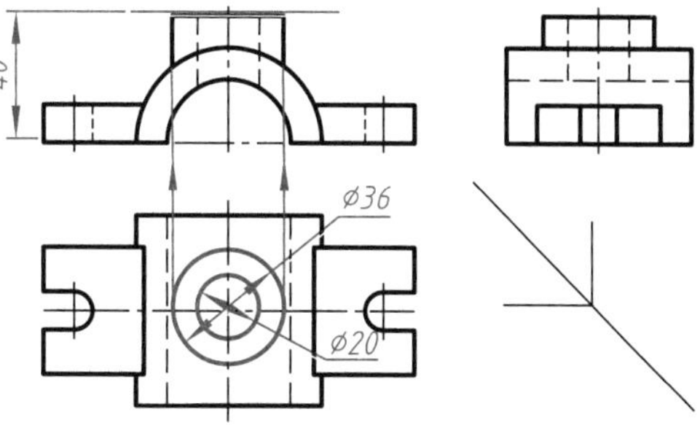	先绘制形体Ⅲ的俯视图,再绘制其主视图与左视图	
6	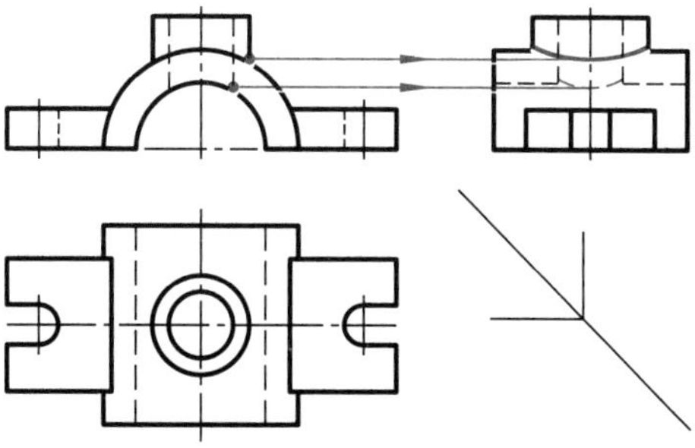	按投影对应绘制交线的 W 面投影	

107

续表

步骤	图示	操作提示	操作演示
7		检查、整理： ① 图层应用是否正确 ② 点画线、虚线线段长短是否适中	

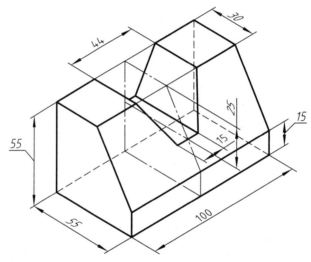

图 7-6　切割体的轴测图

2. 任务指导

（1）思维导图

绘制图 7-6 所示的切割体三视图的思维导图如图 7-7 所示。

（2）形体分析及主视图投射的方向选择

形体分析如图 7-8 所示，主视图的投射方向如图 7-9 所示。

（3）要点提示

① 增加辅助线层。通过在辅助线层绘制构造线，确定三视图的"三等"关系。

② 从原始体开始，然后逐一绘制各截平面截切后所得截面轮廓的投影。

③ 绘制组合平面截切立体的视图，应用线面分析法作图是保证投影结果正确的前提。

（4）作图过程

作图过程及提示见表 7-2。

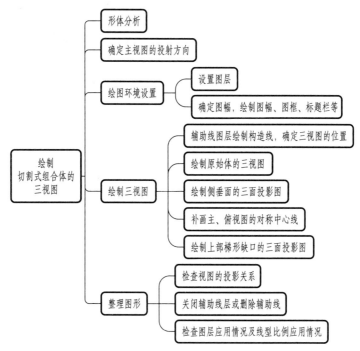

图 7-7 绘制切割体三视图的思维导图

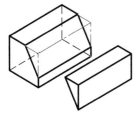

(a) 侧垂面截切

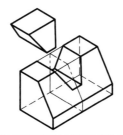

(b) 正垂面和水平面对称截切

图 7-8 形体分析

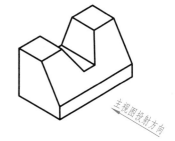

图 7-9 主视图的投射方向

表 7-2 作图过程及提示

步骤	图示	操作提示	操作演示
0	设置图层:粗实线层、细实线层、点画线层、虚线层、辅助线层		
1	*100*　*35*　*55*　*55*　*35*　*55*	① 布图,在辅助线层利用"构造线"命令绘制图形定位网格线 ② 在粗实线层利用矩形命令绘制原始体的三视图	

续表

步骤	图示	操作提示	操作演示
2	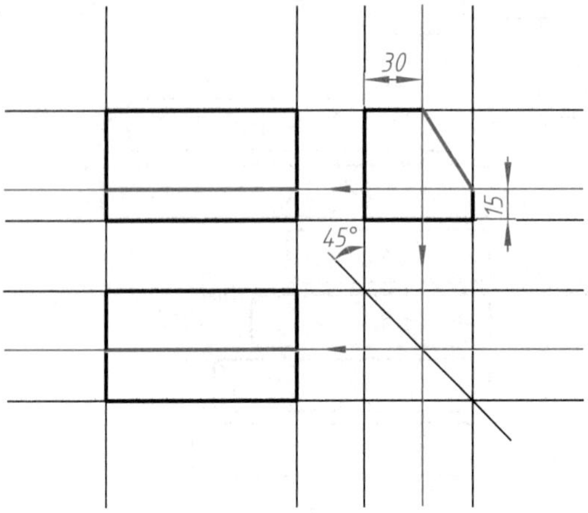	① 在左视图上,通过"偏移"构造线确定侧垂面的位置及投影 ② 完成交线在主、俯视图上的投影	
3	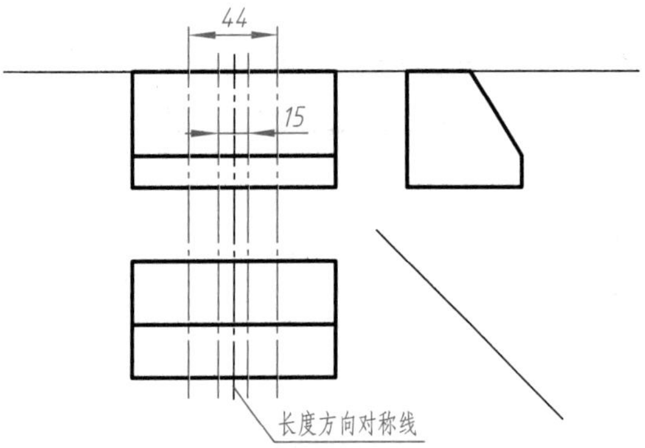	① 绘制主、俯视图长度方向的对称线 ② 按缺口尺寸偏移对称线	
	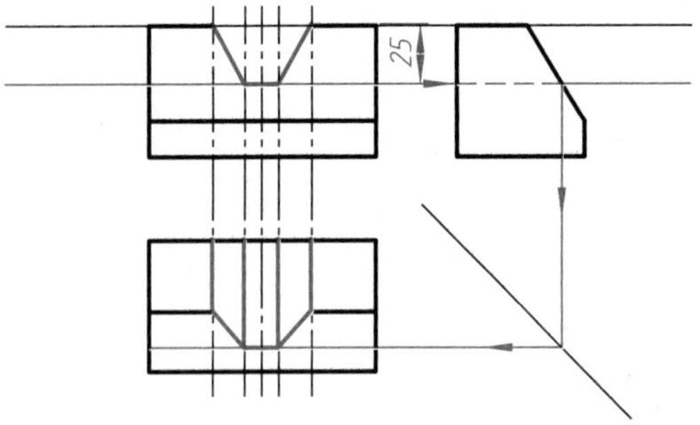	① 主视图上通过偏移构造线确定缺口(深度)水平面的位置及投影 ② 连线完成梯形缺口的三视图	
4	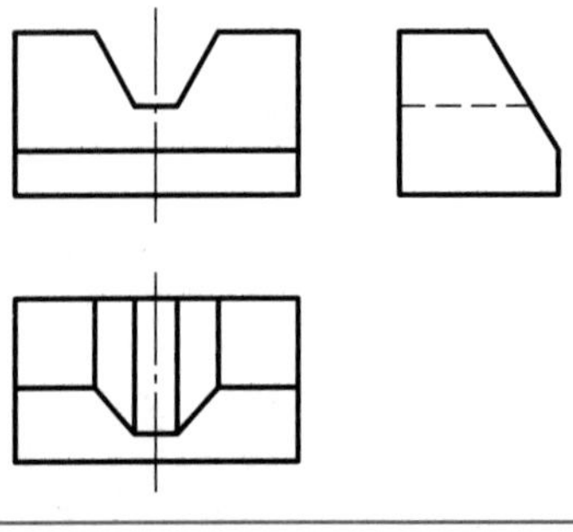	整理图线,完成切割体的三视图	

7.5.3 任务三：抄绘挂架的主、左视图，求作其俯视图

1. 任务要求

抄绘图 7-10 所示的挂架的主、左视图，求作其俯视图。

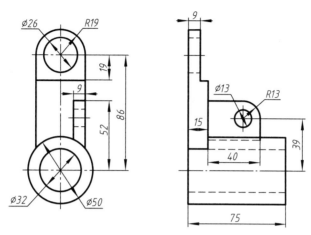

图 7-10 挂架的主视图和左视图

2. 任务指导

（1）思维导图

求作挂架俯视图的思维导图如图 7-11 所示。

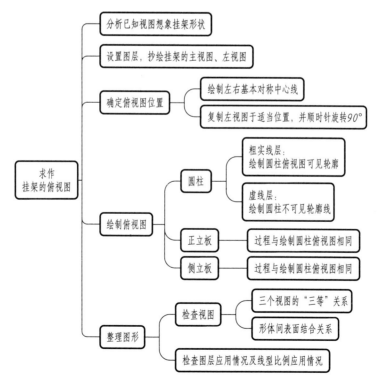

图 7-11 求作挂架俯视图的思维导图

（2）视图分析

通过视图分析可知挂架的空间形状及构成,其轴测图如图 7–12 所示。

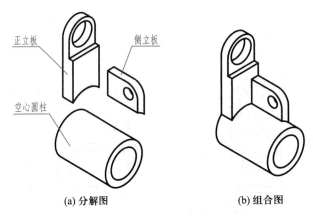

正立板　侧立板

空心圆柱

(a) 分解图　　　　　　(b) 组合图

图 7–12　挂架的轴测图

（3）要点提示

① 绘图之前先读懂组合体的投影图,然后按照形体的概念逐一完成各部分的未知投影。

② 读图能力强、作图熟练者,可以通过 AutoCAD 提供的对象追踪、对象捕捉追踪、极轴追踪功能完成俯视图的绘制,而不需要通过绘制辅助线。

（4）作图过程

作图过程及提示见表 7–3。

表 7–3　作图过程及提示

步骤	图示	操作提示	操作演示
0	设置图层:粗实线层、细实线层、点画线层、虚线层		
1		① 抄绘主视图、左视图 ② 绘制俯视图中心线 ③ 将左视图复制并顺时针旋转 90°	

续表

步骤	图示	操作提示	操作演示
2	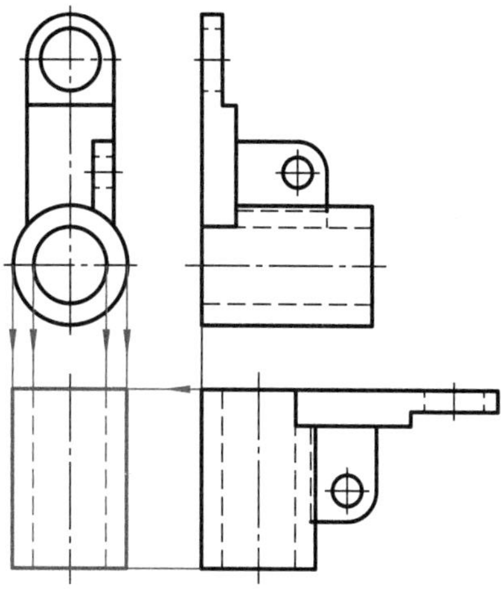	通过辅助绘图工具按长对正、宽相等的关系绘制空心圆柱的俯视图	
3	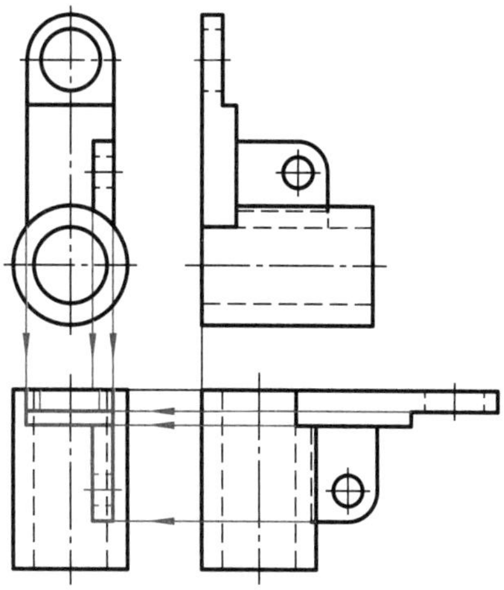	同理,分别完成正立板、侧立板的俯视图	
4	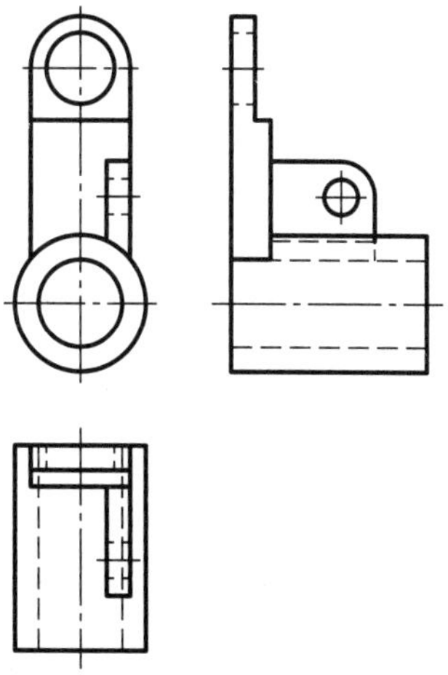	整理图线、图层,完成俯视图的绘制	

7.5.4　任务四：抄绘截切圆柱的主、俯视图，求作其左视图

1. 任务要求

抄绘图 7-13 所示的截切圆柱的主、俯视图，按照投影关系绘制其左视图。

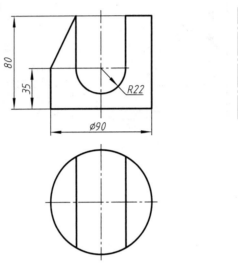

图 7-13　截切圆柱的两视图

2. 任务指导

（1）思维导图

求作截切圆柱左视图的思维导图如图 7-14 所示。

（2）空间形状及交线分析

截切圆柱的空间形状及交线分析如图 7-15 所示。

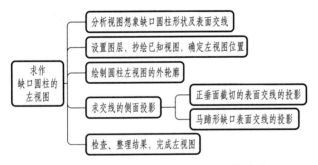

图 7-14　求作截切圆柱左视图的思维导图

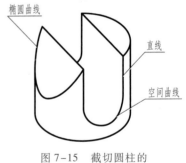

图 7-15　截切圆柱的
空间形状及交线分析

① 圆柱被正垂面截切，圆柱表面产生椭圆弧交线，侧面投影仍为椭圆弧曲线。

② 从上往下挖得马蹄形缺口，圆柱表面产生的交线是空间曲线和直线的组合。

（3）要点提示

相贯线、截交线的投影为曲线时，要先确定曲线上若干点的投影，再利用样条曲线命令连接

各点的投影,拟合该曲线的投影。

（4）作图过程

作图过程及提示见表7-4。

表7-4　作图过程及提示

步骤	图示	操作提示	操作演示
0	设置图层:粗实线层、细实线层、点画线层、虚线层		
1	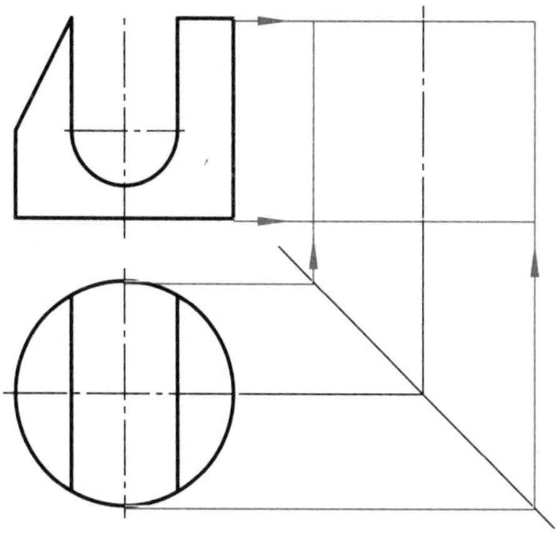	① 根据尺寸抄绘主视图、俯视图 ② 确定左视图的定位线及45°辅助线 ③ 按投影对应绘制左视图的外轮廓	
2	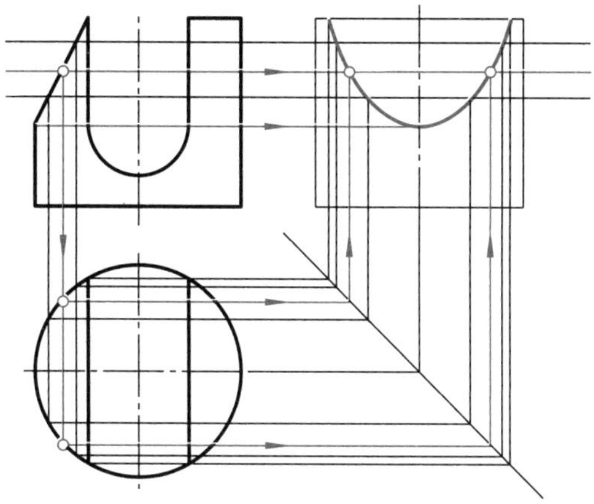	① 通过辅助线按投影对应求截交线上若干点的 W 面投影 ② 利用样条曲线命令依次连接各点拟合该曲线投影	
3	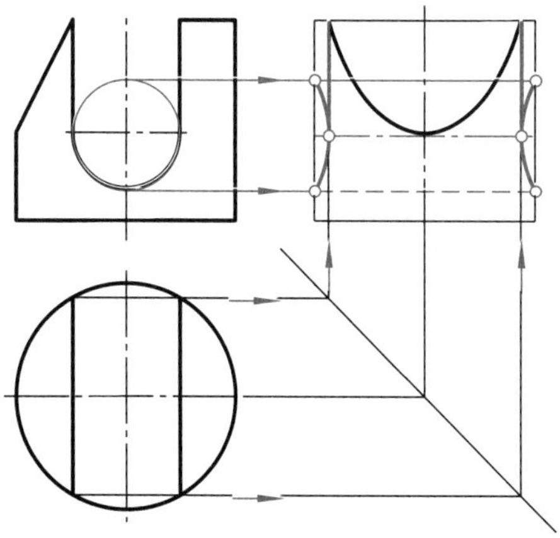	① 绘制半柱孔中心线、马蹄形槽底的轮廓线(虚线) ② 确定相贯线侧面投影的3个特殊点,利用三点方式画圆弧以表达相贯线投影 ③ 绘制直交线的 W 面投影	

续表

步骤	图示	操作提示	操作演示
4		① 修剪圆弧(步骤3 绘制的)上半段 ② 绘制圆柱的其余轮廓线,完成图形	

7.5.5　任务五：由组合体轴测图绘制其三视图，并标注尺寸

1. 任务要求

图 7-16 所示为组合体的三视图及轴测图。按轴测图中所注尺寸绘制其三视图(图7-16a)，绘图比例为 2∶1。试创建尺寸样式,标注该组合体三视图的尺寸。

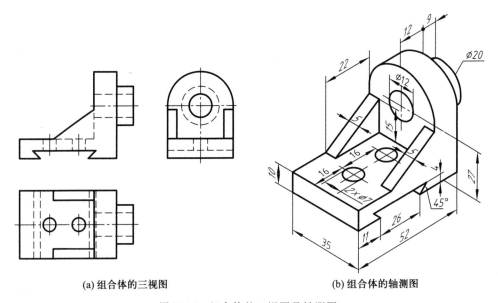

(a) 组合体的三视图　　　　　　　　　(b) 组合体的轴测图

图 7-16　组合体的三视图及轴测图

2. 任务指导

(1) 思维导图

完成任务五的思维导图如图 7-17 所示。

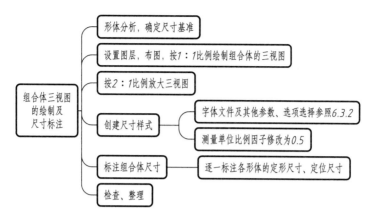

图 7-17　组合体三视图的绘制及尺寸标注的思维导图

（2）形体分析及尺寸基准的选择

组合体的形体分析如图 7-18 所示。尺寸基准的选择如图 7-19 所示。

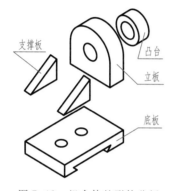

图 7-18　组合体的形体分析

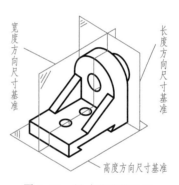

图 7-19　尺寸基准的选择

（3）要点提示

① 先按 1∶1 的比例绘图,随后将图形放大 2 倍。

② 创建尺寸标注样式,其中测量单位比例因子修改为 0.5。

③ 要有形体的概念,应用形体分析法标注尺寸。

④ 要有基准概念,定位尺寸要相对基准标注。

⑤ 注意调整尺寸标注位置。

（4）作图过程

绘制标注过程及提示见表 7-5。

表 7-5　绘制标注过程及提示

步骤	图示	操作提示
0	设置图层:粗实线层、细实线层、点画线层、虚线层、尺寸标注层 绘制三视图并放大 2 倍;尺寸标注图层标注尺寸	

步骤	图示	操作提示
1	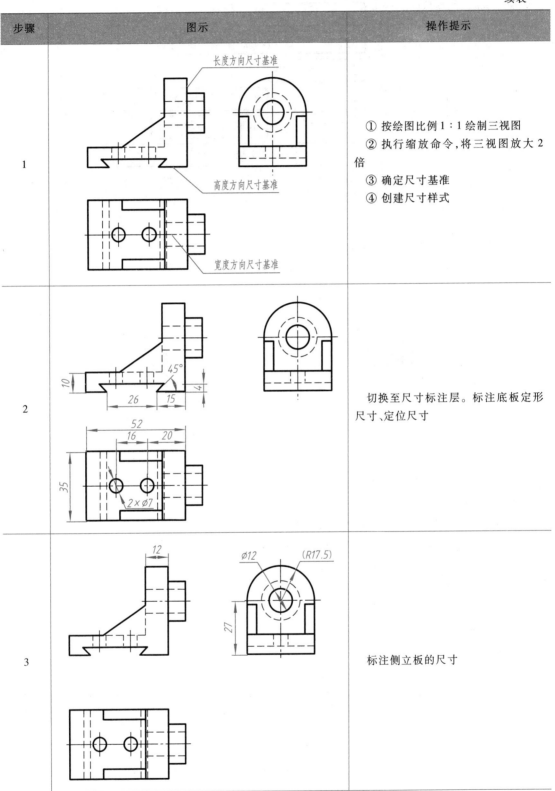	① 按绘图比例 1∶1 绘制三视图 ② 执行缩放命令,将三视图放大 2 倍 ③ 确定尺寸基准 ④ 创建尺寸样式
2		切换至尺寸标注层。标注底板定形尺寸、定位尺寸
3		标注侧立板的尺寸

续表

步骤	图示	操作提示
4	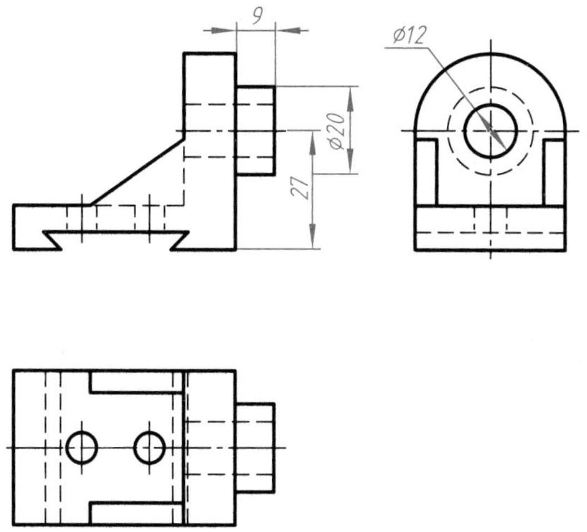	标注圆凸台定形尺寸、定位尺寸
5	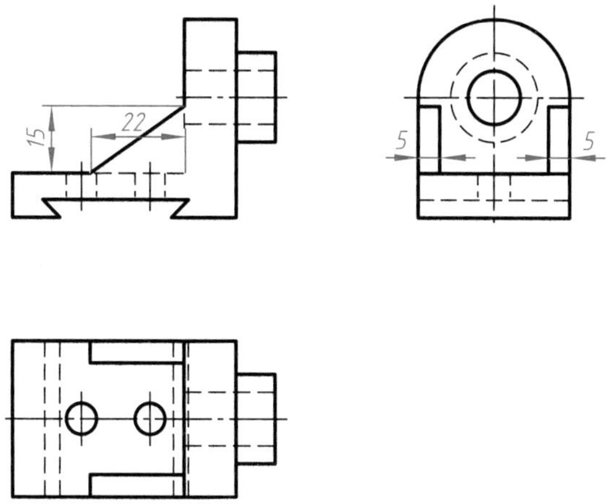	标注三角支撑板尺寸
6	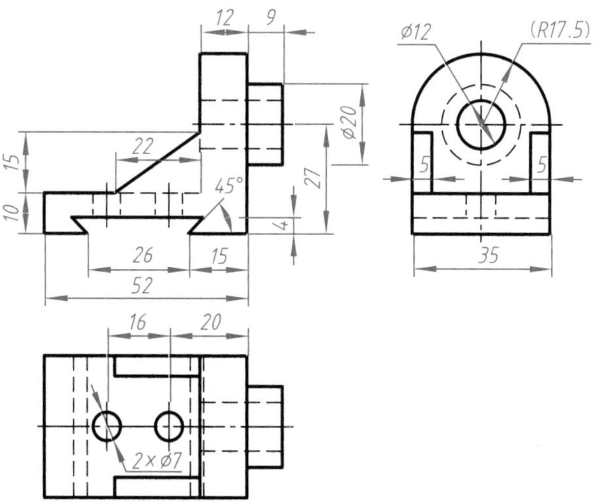	调整、完成尺寸标注

7.6　课后练习

7.6.1　任务一：由组合体的轴测图绘制其三视图(1)

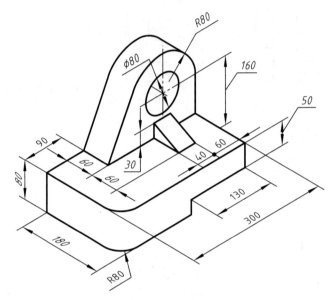

图 7-20　叠加体的轴测图

1. 任务要求

选择主视图的投射方向,绘制图 7-20 所示的组合体的三视图(绘图比例为 1∶5)。

2. 任务指导

(1) 形体分析及主视图投射方向的选择

组合体的形体分析如图 7-21 所示,其主视图的投射方向如图 7-22 所示。

图 7-21　组合体的形体分析

图 7-22　组合体的主视图投射方向

(2) 要点提示

① 绘制三视图时要考虑布图(在作图步骤中给出了参考值)。

② 绘制三视图要有"形体"的概念,然后逐一绘制各个形体的三视图。

③ 注意形体间的相对位置和表面邻接关系,表面的交线按投影对应关系进行绘制。

④ 视图间的"三等"关系可以通过 AutoCAD 提供的对象捕捉、极轴追踪、对象捕捉追踪功能辅助完成,也可以通过绘制辅助构造线来完成。

（3）作图过程

作图过程及提示见表 7-6。

表 7-6　作图过程及提示

步骤	图示	操作提示	操作演示
0	设置图层:粗实线层、点画线层、细实线层、虚线层		
1	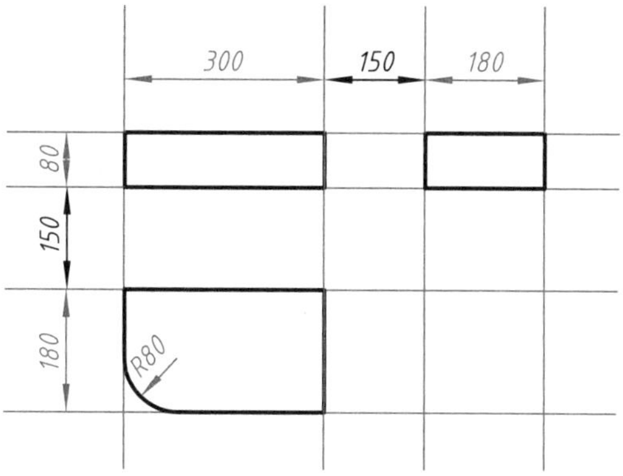	① 布图,按比例 1:1 绘制构造线网（视图间的距离尺寸仅作为绘图时的参考） ② 绘制底板三视图	
2	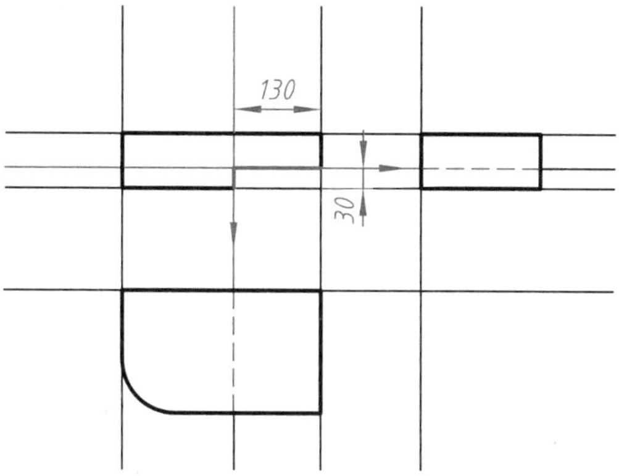	由主视图开始绘制底板豁口三视图	
3	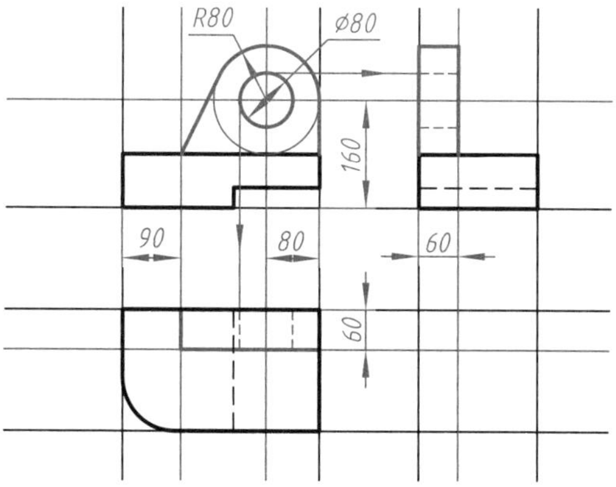	由主视图开始绘制正立板三视图	

121

续表

步骤	图示	操作提示	操作演示
4		由左视图开始绘制三角支撑的三视图	
5		① 整理,完成全图 ② 执行缩放命令,将三视图缩小 5 倍 ③ 调整线型显示比例	

7.6.2 任务二：由组合体的轴测图绘制其三视图(2)

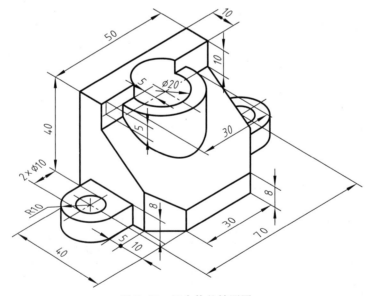

图 7-23 组合体的轴测图

1. 任务要求

选择主视图的投射方向,绘制图 7-23 所示的组合体的三视图,注意表面交线的投影关系要正确。

2. 任务指导

（1）形体分析及主视图投射方向的选择

组合体的形体分析如图7-24所示。

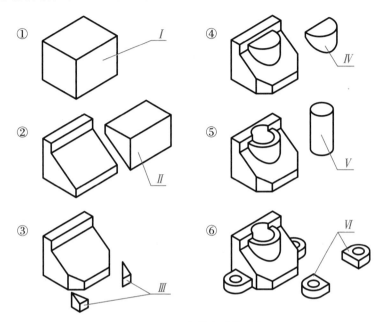

图7-24 组合体的形体分析

① 原始体——长方体Ⅰ。

② 通过正平面、侧垂面切去梯形体Ⅱ。

③ 通过铅垂面切去三角块Ⅲ。

④ 叠加形体Ⅳ。

⑤ 挖去圆柱Ⅴ。

⑥ 叠加马蹄形耳板Ⅵ。

主视图投射方向如图7-25所示。

（2）要点提示

① 绘制三视图时首先要考虑布图。

② 绘制三视图要有"形体"的概念,然后逐一绘制各个形体的三视图。要根据各种位置平面的三面投影图特点绘制各截面的三面投影。

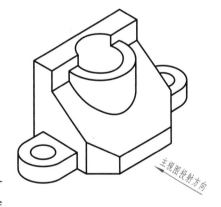

图7-25 主视图投射方向

③ 注意形体间的相对位置和表面邻接关系,表面的交线按投影对应关系进行绘制。如形体Ⅳ凸台圆柱面部分与侧垂面的交线为椭圆曲线,可以通过确定椭圆曲线上若干点的V面投影后利用样条曲线命令光滑连线得到该曲线的V面投影。

④ 视图间的"三等"关系可以通过 AutoCAD 提供的对象捕捉、极轴追踪、对象捕捉追踪功能辅助完成,也可以通过绘制构造线来辅助完成。

（3）作图过程

首先,确定三视图的位置。然后,按形体分析的过程进行绘图。

① 由长方体 I 开始绘制其三视图。

② 绘制由正平面与侧垂面形成的切口的三面投影。

③ 绘制左、右两铅垂面切口的三面投影。

④ 绘制形体 IV 凸台的三面投影。

⑤ 绘制孔 V 的三面投影。

⑥ 由俯视图开始绘制马蹄形耳板 VI 的三视图。

作图过程及提示见表 7-7。

表 7-7　作图过程及提示

步骤	图示	操作提示	操作演示
0	设置图层:粗实线层、点画线层、细实线层(辅助线层)、虚线层		
1	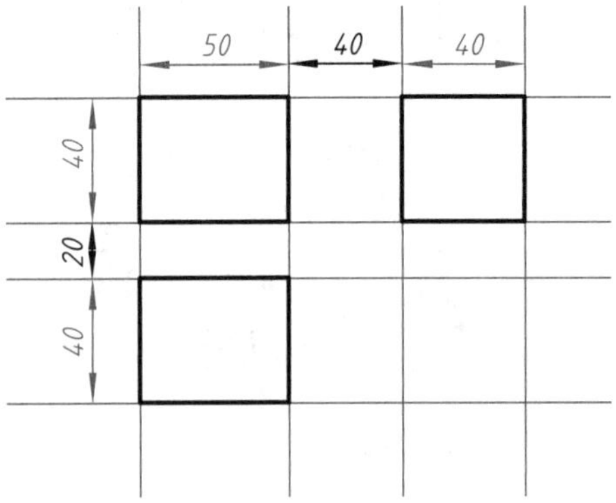	① 布图,绘制构造线 ② 绘制主体长方体的三视图(视图之间的距离尺寸仅作为绘图时的参考)	
2	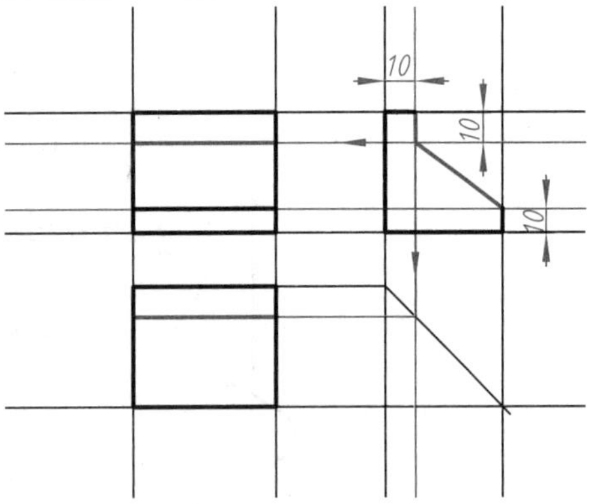	由左视图开始,绘制正平面与侧垂面产生的切口的三面投影	
3	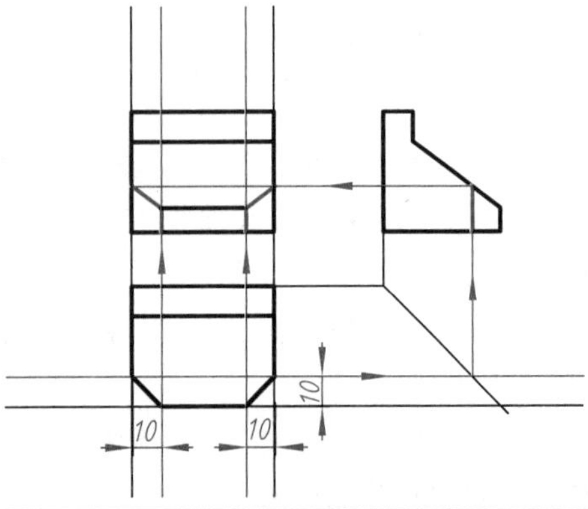	由俯视图开始,绘制两铅垂面的三面投影	

步骤	图示	操作提示	操作演示
4	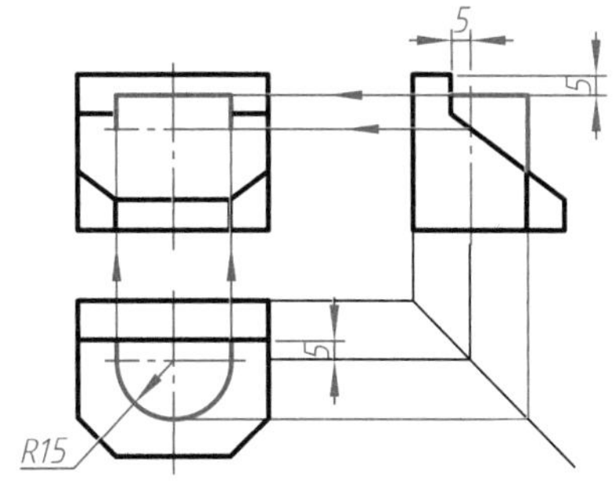 R15 5 5 5	由俯视图开始,绘制形体Ⅳ的三视图	
5	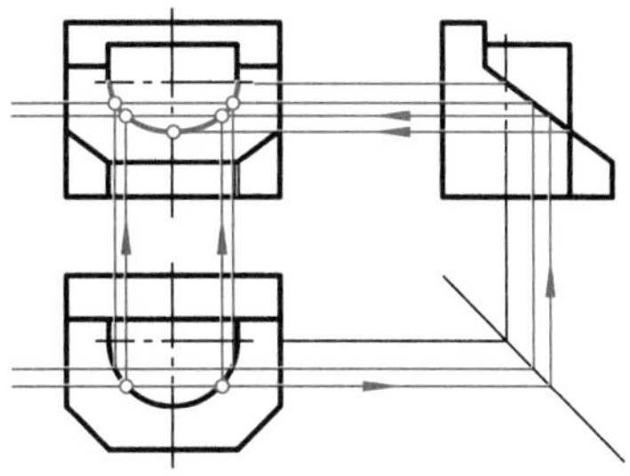	绘制柱面与侧垂面交线的正面投影	
6	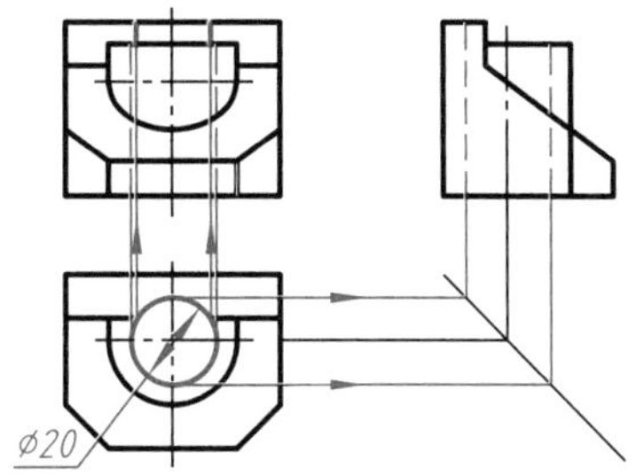 ϕ20	绘制 ϕ20 的圆孔的三面投影及交线的 V 面投影	
7	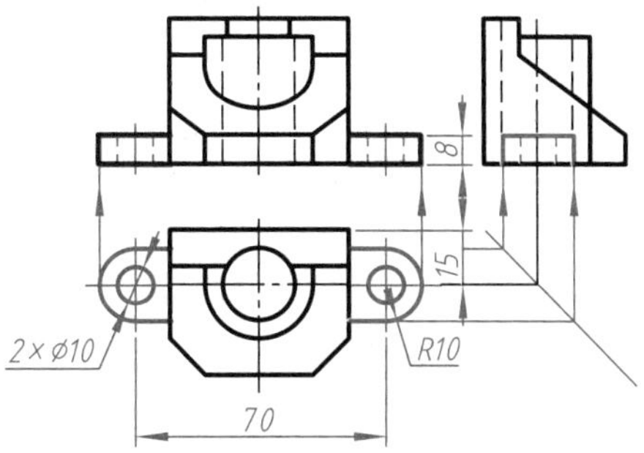 2×ϕ10 R10 70 8 15	绘制左右马蹄形耳板的三视图	
8	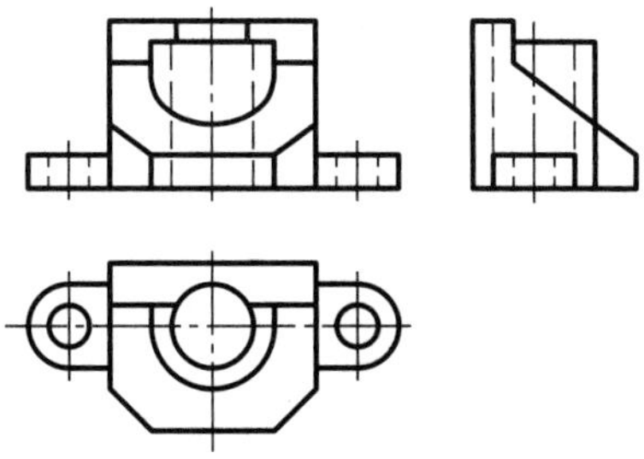	整理图形,完成全图	

7.6.3 任务三：抄绘组合体的主、俯视图，求作其左视图

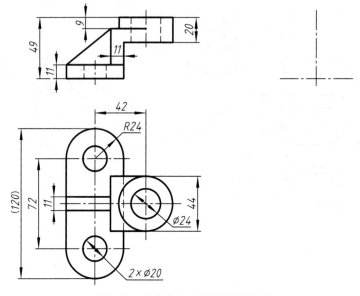

图 7-26 组合体的主视图及俯视图

1. 任务要求

在横放 A3 图幅（留装订边格式）内抄绘组合体的已知视图（图 7-26），并完成其左视图（绘图比例为 1 : 1）。

2. 任务指导

（1）形体分析

由组合体的主视图及俯视图想象其空间形状。组合体的轴测图与分解图如图 7-27 所示。

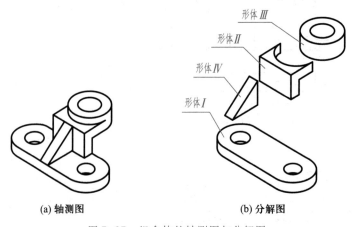

(a) 轴测图　　　　　　　　(b) 分解图

图 7-27 组合体的轴测图与分解图

（2）要点提示

① A3 图纸幅面、图纸格式及尺寸见 GB/T 14689—2008《技术制图　图纸幅面和格式》。

② 绘图前首先根据需要设置图层。

③ 绘图时要有形体的概念,然后逐一完成各部分的未知投影。

④ 读图能力强、作图熟练者,可以通过 AutoCAD 提供的极轴追踪、对象捕捉、对象捕捉追踪功能完成作图,而不需要绘制辅助线。

(3)作图过程

作图过程及提示见表7-8。

表7-8 作图过程及提示

步骤	图示	操作提示	操作演示
0	设置图层:粗实线层、细实线层、点画线层、虚线层、辅助线层		
1	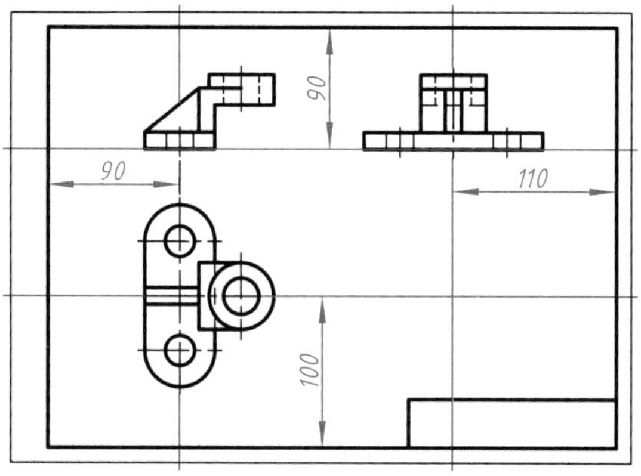	通过构造线的偏移命令绘制构造线进行布图,并绘制作图基准线(定位尺寸为参考尺寸)	
2	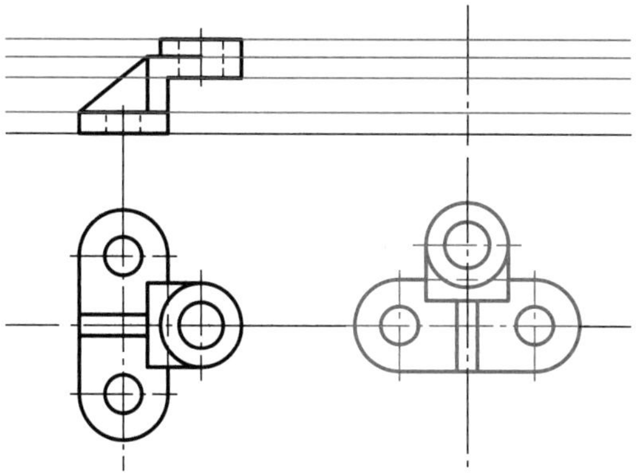	① 抄绘主、俯视图 ② 按高平齐绘制构造线确定形体各部分左视图的高度位置 ③ 复制俯视图并逆时针旋转 90°,置于与左视图中心线对齐的位置	
3	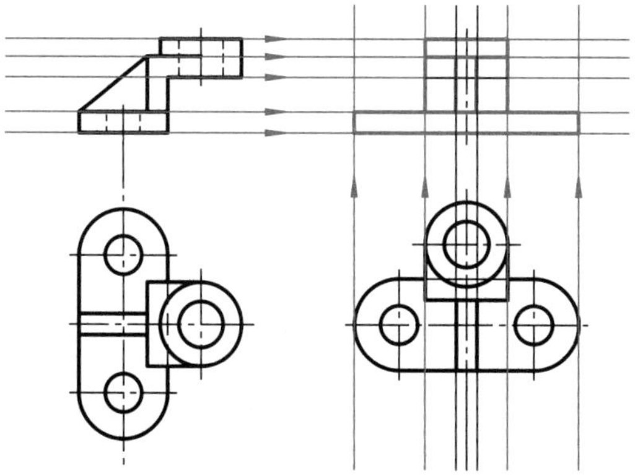	按宽相等绘制竖直构造线,然后在粗实线层绘制形体各部分左视外形图线	

续表

步骤	图示	操作提示	操作演示
4	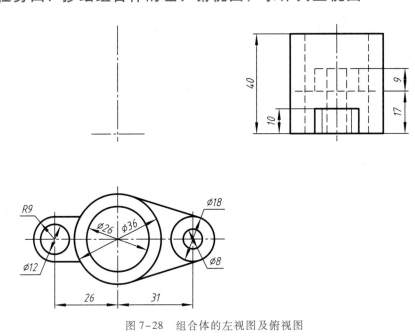	通过复制命令将主视图中各内孔轮廓线及中心线复制至左视图中相应位置 删除辅助视图及辅助作图线后完成全图，结果见步骤 1 所示	

7.6.4　任务四：抄绘组合体的左、俯视图，求作其主视图

图 7-28　组合体的左视图及俯视图

1. 任务要求

在横放 A3 图幅（留装订边格式）内完成其三视图（图 7-28）的绘制（绘图比例自定）。

2. 任务指导

（1）形体分析

由组合体的俯视图及左视图想象其空间形状。组合体的轴测图及分解图如图 7-29 所示。

该组合体由 4 部分构成。由左至右依次叠加于一起，它们有共同的底面及前后对称面。形体 I 前、后两侧面与形体 II 圆柱表面相交，形体 III 前、后侧面分别与形体 II 及形体 IV 圆柱面相切。

(a) 轴测图   (b) 分解图

图 7-29 组合体的轴测图与分解图

（2）要点提示

① A3 图纸幅面、图纸格式及尺寸见 GB/T 14689—2008《技术制图　图纸幅度和格式》。

② 绘图前首先根据需要设置图层。

③ 注意分析右侧形体Ⅳ的高度。

④ 注意分析相邻两形体的表面结合关系的图示规则。

⑤ 根据形体尺寸分析图形大小与图纸图框大小的比例关系，确定图形的缩放比例（选择的缩放比例值应符合国家标准的相关规定），此题目中定为 2∶1 较为适宜。

⑥ 尺寸较多的形体可先按 1∶1 的比例绘图，再利用缩放命令缩放所绘的三视图至设定大小。

（3）作图过程

作图过程及提示见表 7-9。

表 7-9　作图过程及提示

步骤	图示	操作提示	操作演示
0	设置图层：粗实线层、细实线层、点画线层、虚线层、辅助线层		
1		辅助线层：绘制三视图的定位线（构造线）	

续表

步骤	图示	操作提示	操作演示
2	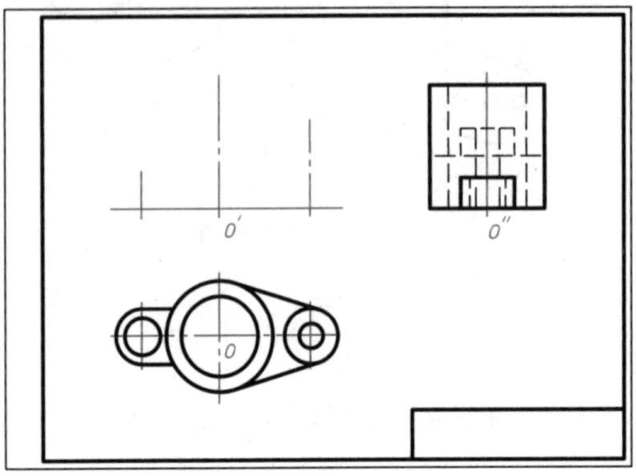	① 根据尺寸按 1∶1 比例抄绘左视图、俯视图 ② 执行缩放命令分别将俯视图、左视图及主视图的定位线以指定位置（O、O'、O''）为基点放大各图形（放大比例为 2）	
3	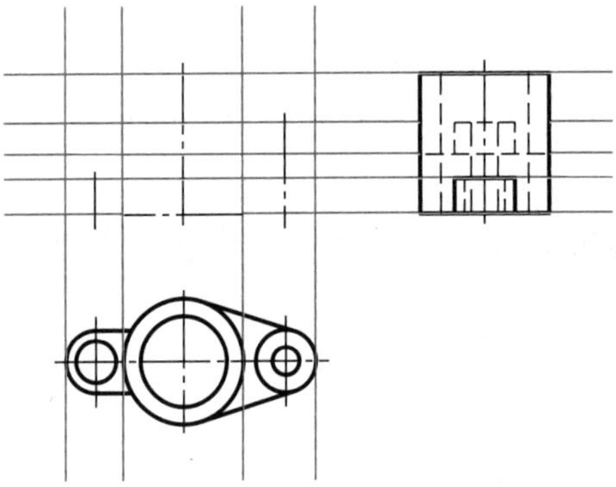	辅助线层:按投影对应关系绘制作图辅助线(构造线)	
4	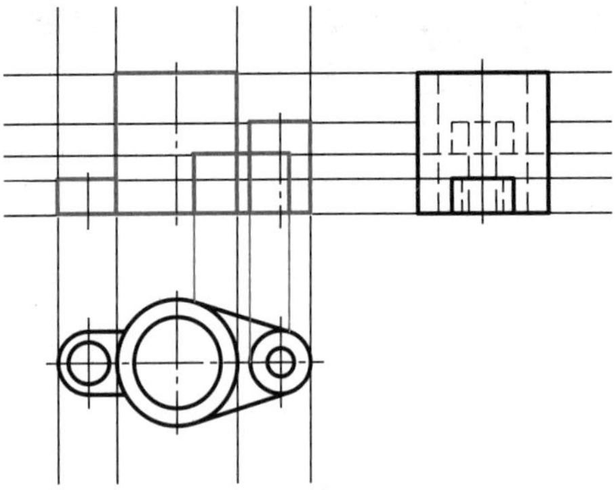	粗实线层:绘制主视图的外轮廓	
5	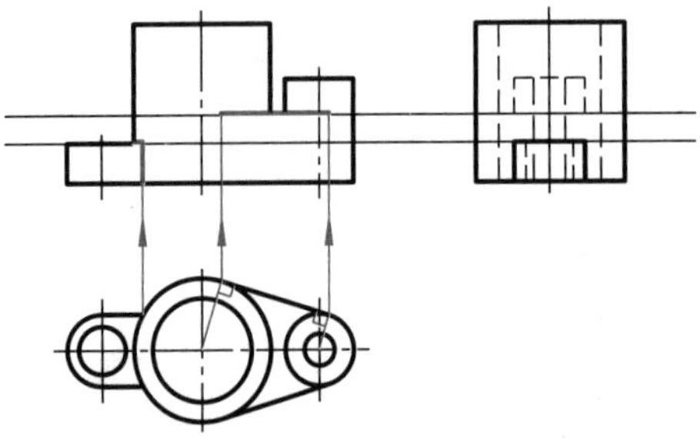	由俯视图按投影对应确定交线及切点的 V 面投影	

步骤	图示	操作提示	操作演示
6		按投影对应绘制各内孔的主视图	
7		整理图形,完成全图	

7.6.5 任务五：由组合体轴测图绘制其三视图，并标注尺寸

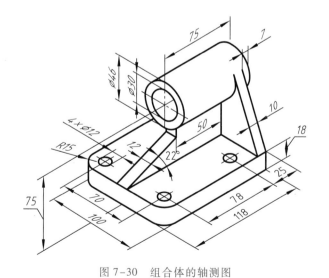

图 7-30 组合体的轴测图

1. 任务要求

由图 7-30 所示的组合体轴测图绘制其三视图(绘图比例为 1∶2),并标注组合体的尺寸。

2. 任务指导

（1）主视图的投射方向及尺寸标注基准的选择

组合体主视图的投射方向如图 7-31 所示，尺寸基准的选择如图 7-32 所示。

图 7-31　主视图的投射方向

图 7-32　尺寸基准的选择

（2）要点提示

① 根据轴测图所注尺寸，按 1∶1 的绘图比例绘制组合体的三视图。

② 执行缩放命令，将所绘的三视图缩小至原图的一半。

③ 创建尺寸样式，其中测量单位比例因子修改为 2。

④ 在尺寸标注图层标注尺寸；要有形体的概念，应用形体分析法标注尺寸；要有基准概念，定位尺寸要相对基准标注。

（3）作图过程

标注过程及提示见表 7-10。

表 7-10　标注过程及提示

步骤	图示	操作提示
0	① 设置图层：粗实线层、点画线层、虚线层、尺寸标注层 ② 创建尺寸样式	
1		① 按 1∶1 比例绘制三视图 ② 执行缩放命令，将所绘的三视图缩小至原图的一半 ③ 将尺寸标注层置为当前图层 ④ 标注底板的定形、定位尺寸

续表

步骤	图示	操作提示
2	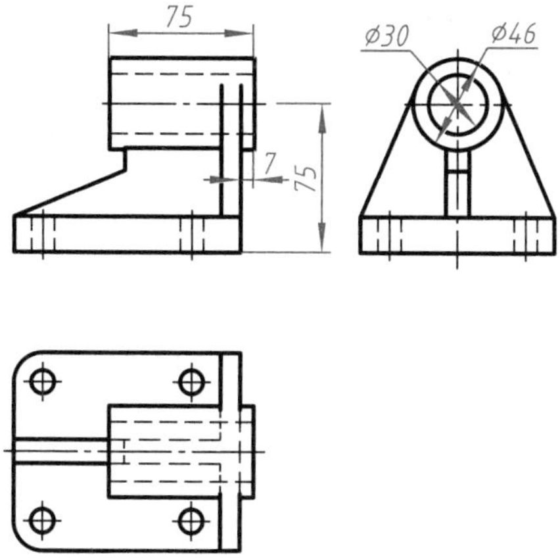	标注空心圆柱的定形尺寸与定位尺寸
3	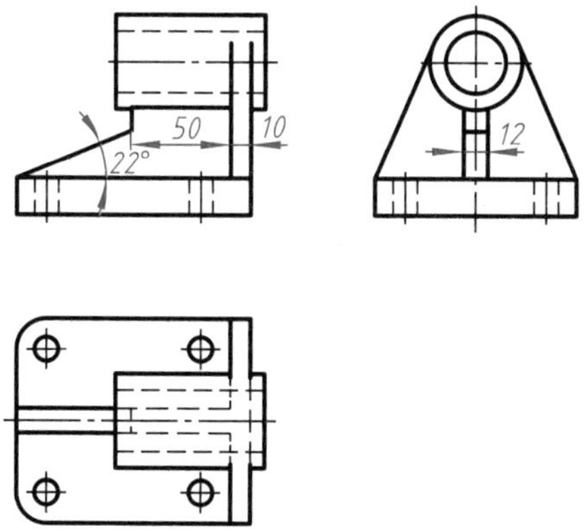	标注支撑板的定形尺寸
4	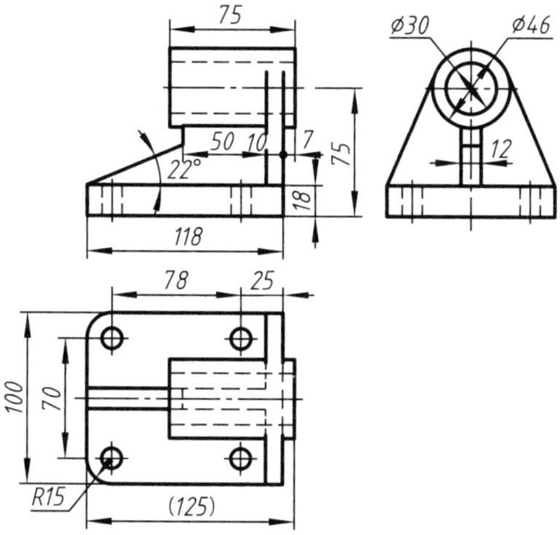	整理后得最终尺寸标注

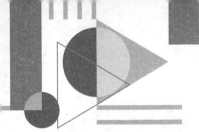

第8章
图案填充与机件表达

机件的形状多种多样,为了完整、清晰而又简便地将它们表达出来,国家标准规定了一系列的表达方法。利用 AutoCAD 将机件要表达的内容绘制完成,就要熟悉 AutoCAD 相关的操作命令。

8.1 教学目标

1.知识目标

(1)能够正确阐述机件表达的相关规定和画法。

(2)能够正确阐述机件表达的基本方法和步骤。

(3)能够合理选择机件的表达方案。

2.能力目标

(1)能够正确运用图案填充操作完成剖面线的绘制。

(2)能够正确利用样条曲线命令完成波浪线的绘制。

(3)能够正确利用多段线命令完成剖切位置符号、投射方向符号的绘制。

(4)能够正确利用多段线命令完成旋转符号的绘制。

(5)能够完成中等复杂程度机件的表达。

8.2 本章导图

本章内容及结构如图 8-1 所示。

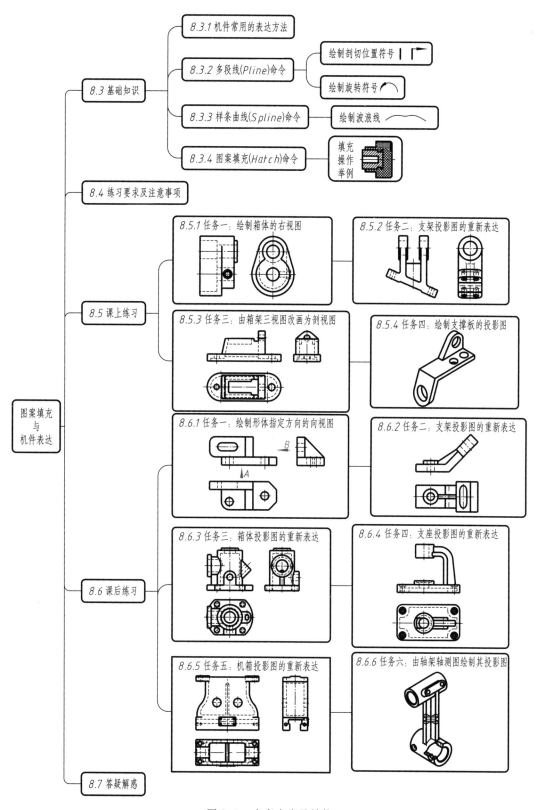

图 8-1　本章内容及结构

8.3　基础知识

8.3.1　机件常用的表达方法

机件的表达方法包括视图、剖视图、断面图、局部放大图及简化画法等,如图 8-2 所示。

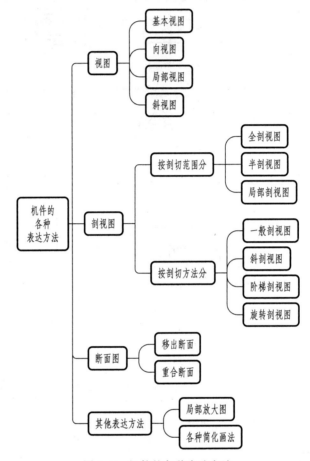

图 8-2　机件的各种表达方法

8.3.2　多段线(Pline)命令

1. 功能

多段线也称为多义线,执行一次多段线命令能绘制出包含直线段、圆弧并定义不同线宽的图线对象。在机件表达中经常被用来绘制剖切面位置线、投射方向线、旋转符号等,如图 8-3 及图 8-4 所示。

2. 命令启动途径

(1) 功能区面板:"绘图"→ ⤵

(2) 命令栏:<u>PL</u>(或 Pline)

3. 命令选项与说明

执行多段线命令后,命令栏提示信息:

指定起点:

(当前线宽为 0.0000)

指定下一个点或[圆弧(A)/半宽(H)/长度(L)/放弃(U)/宽度(W)]:

用户在指定多段线的起点后,可以根据所绘线段的特点选择不同的选项完成多段线的绘制。

4. 操作举例

举例 1:利用多段线( )命令绘制剖切面位置线及投射方向线,如图 8-3 所示。

举例 2:利用多段线( )命令绘制旋转符号,如图 8-4 所示。

在机械制图中将斜视图、斜剖视图旋转摆正时,必须加注旋转符号,用以说明斜视图、斜剖视图旋转的方向和角度。国家标准规定的旋转符号的规范画法如图 8-4 所示。其中,图形旋转符号为半圆形,其半径等于图中文字的字体高度。

图 8-3 剖切符号

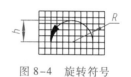

图 8-4 旋转符号

8.3.3 样条曲线(Spline)命令

在工程图样上用波浪线来表达机件的不规则的断裂范围。在 AutoCAD 中一般通过样条曲线命令中的拟合点( )方式绘制波浪线,如图 8-5 所示。

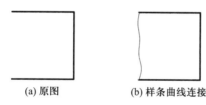

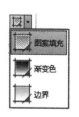

(a) 原图　　　　(b) 样条曲线连接

图 8-5 样条曲线命令操作举例

命令启动途径、选项及操作说明见 7.3.9 节。

8.3.4 图案填充(Hatch)命令

1. 功能

在指定区域内填充指定的图案。

2. 命令启动途径

(1)功能区面板:"绘图"→

(2)命令栏:H(或 Hatch)

3. 命令格式与说明

图 8-6 填充列表

(1)通过单击填充命令图标( )右侧小三角按钮,弹出三个选项(图案填充、渐变色、边界),如图 8-6 所示。用户根据需要选择一个选项,当前选项为"图案填充"。

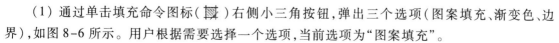

（2）单击"图案填充"按钮，出现"图案填充"面板，其中有若干个命令面板，如图 8-7 所示。

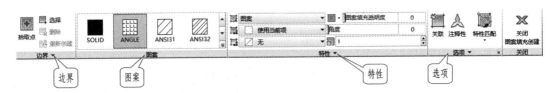

图 8-7　填充功能区面板

其中：① "边界"面板　指定填充边界的形式，有"拾取点"与"选择对象"两种方式，默认为"拾取点"方式，如图 8-8 所示。

"拾取点"方式的光标呈"十"字形，如图 8-9a 所示。

"选择对象"方式的光标呈拾取框"口"字形，如图 8-9b 所示。

图案填充命令的基本操作

图 8-8　边界面板

(a) "拾取点"方式

(b) "选择对象"方式

图 8-9　填充边界的两种形式

② "图案"面板　指定填充的图案。单击"图案"面板右侧向下小三角弹出图案列表，如图 8-10 所示。当前选中的图案代号为"ANSI31"。

③ "特性"面板　在"特性"面板上可以修改所选填充图案的参数。如在角度值文本框及比例值文本框修改所选图案的填充角度与比例；通过图案填充类型列表选择图案填充类型（图 8-11）。在展开的图案填充类型列表中显示有"实体""渐变色""图案""用户自定义"四种类型。当前类型为"图案"。

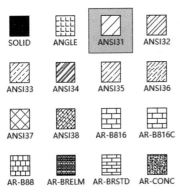

图 8-10　图案列表

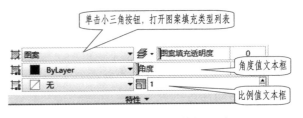

图 8-11　图案填充的"特性"面板

④ "选项"面板（图 8-12）。

选择关联选项后，图案填充范围会随边界的改变而改变。

选择"特性匹配"是提取已存在的图案特性来完成新的图案填充。

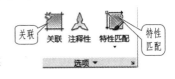

图 8-12　"选项"面板

4. 操作举例

以图 8-13a 原图为例做图案填充命令的操作,其填充结果如图 8-13b 所示。

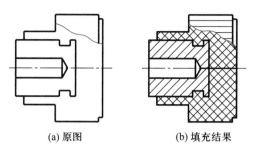

(a) 原图　　　　　　　　(b) 填充结果

图 8-13　图案填充命令的操作举例

8.4　练习要求及注意事项

1. 熟悉机件的各种表达方法及其适用条件、画法要求和标注要求。
2. 掌握图案填充的内容和填充方法。
3. 掌握样条曲线、多段线等命令在绘制机件图样中的应用。

8.5　课上练习

8.5.1　任务一:绘制箱体的右视图

1. 任务要求

按图 8-14 中的尺寸抄绘箱体的主视图和左视图,求作其右视图。

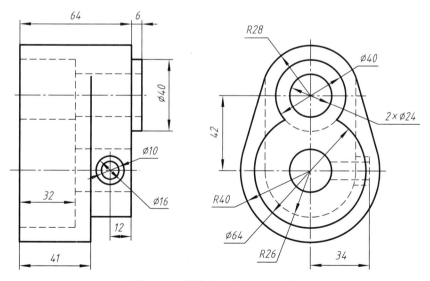

图 8-14　箱体的主视图与左视图

2. 任务指导

（1）思维导图

求作箱体右视图的思维导图如图 8-15 所示。

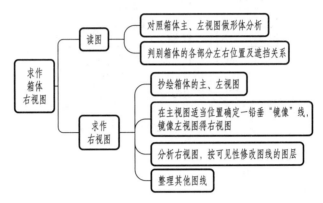

图 8-15　求作箱体右视图的思维导图

（2）视图分析

阅读图 8-14 所示的箱体的视图,分析其空间形状得箱体的轴测图,如图 8-16 所示。

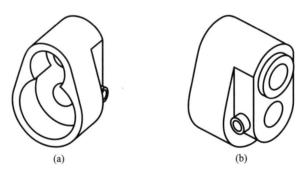

图 8-16　箱体的轴测图

（3）要点提示

求作箱体右视图时应注意以下几点:

① 右视图与左视图投影的对称关系。

② 按投影对应关系读图,分析其右视图与左视图不同的遮挡关系。

③ 要保持右视图、左视图、主视图高平齐的关系。

（4）作图过程

箱体右视图的作图过程见表 8-1。

表 8-1　箱体右视图的作图过程

步骤	图示	操作提示	操作演示
1	设置必要图层,按图 8-14 中尺寸抄绘箱体的主视图和左视图		

续表

步骤	图示	操作提示	操作演示
2		在主视图上确定一条铅垂线作为镜像线,镜像左视图得右视图	
3		分析右视图,按可见性调整图形的图层修剪、整理,完成右视图	

8.5.2　任务二：支架投影图的重新表达

1. 任务要求

根据图 8-17 所示的支架的主视图、左视图,分析支架结构特点并对支架投影图做重新表达。

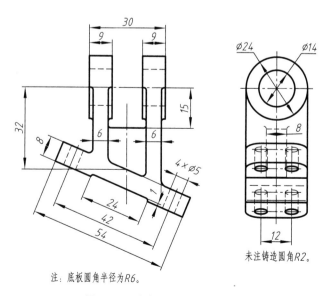

注：底板圆角半径为R6。

未注铸造圆角R2。

图 8-17　支架的主视图、左视图

141

2. 任务指导

（1）思维导图

完成支架表达的思维导图如图 8-18 所示。

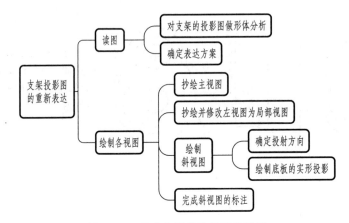

图 8-18 完成支架表达的思维导图

（2）形体分析及表达方法分析

① 形体分析 支架由 4 部分构成：2 个轴撑、2 个相互平行的竖直板、连接板、底部是倾斜于竖直板的长方体安装板，其三维图形如图 8-19 所示。

② 表达方法 如图 8-20 所示，主视图表达机件各部分相对位置；左视图采用局部视图，表达轴撑及竖直板的连接关系；增加反映底板形状的斜视图，表达安装板的实形、安装孔数量、布局及底板下方凹槽。

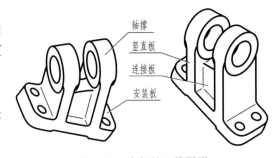

图 8-19 支架的三维图形

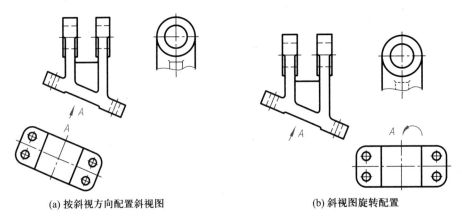

(a) 按斜视方向配置斜视图   (b) 斜视图旋转配置

图 8-20 支架表达方法

（3）要点提示

① 左视图采用局部视图不需要标注，波浪线为细实线。

② 斜视图必须标注,标注斜视图的投射方向、名称(图8-20a)。

③ 斜视图可以旋转摆正,但要绘制旋转符号以表示图形旋转的方向(图8-20b)。

(4)作图过程

支架表达的作图过程见表8-2。

表8-2 支架表达的作图过程

步骤	图示	操作提示	操作演示
1	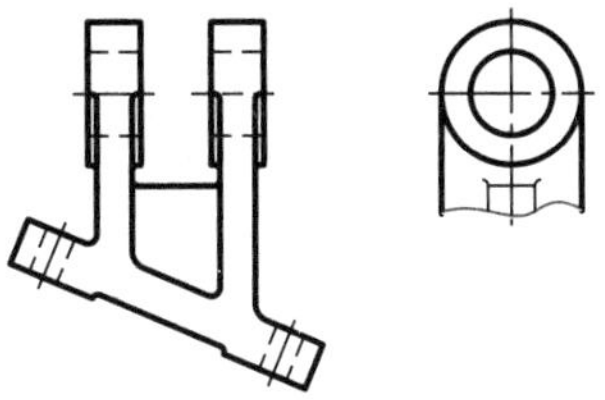	抄绘支架的主视图,将其左视图改画为局部视图	
2	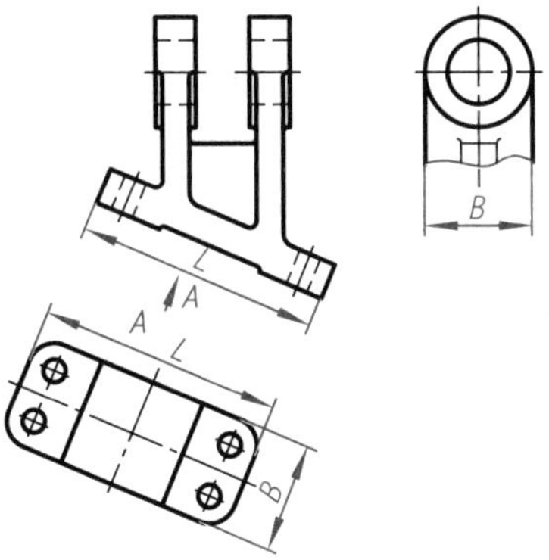	按投影关系绘制底板的斜视图	
3	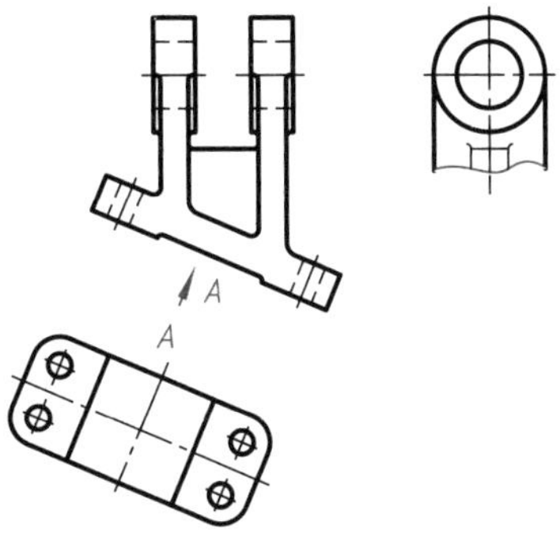	完成支架斜视图的标注	
4	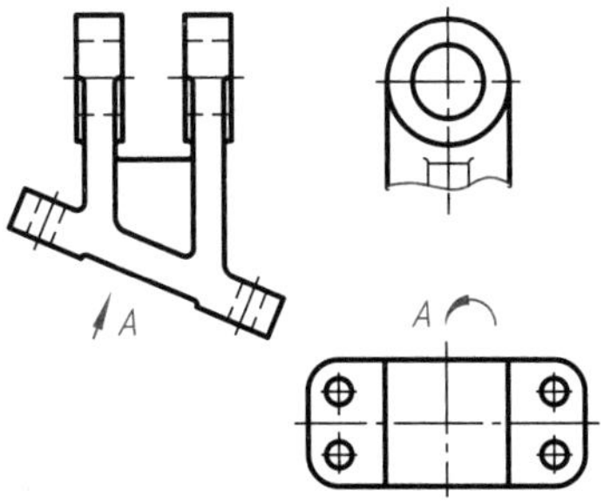	注:可以将 A 向斜视图摆正配置,同时添加旋转符号	

8.5.3　任务三：由箱架三视图改画为剖视图

1. 任务要求

读懂图 8-21 所示的箱架的三视图,按图中所注尺寸抄绘三视图,然后对主视图采用全剖视图,左视图采用半剖视图。

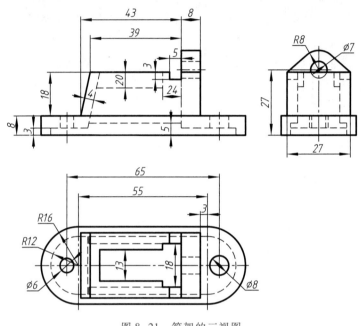

图 8-21　箱架的三视图

2. 任务指导

(1)思维导图

求作箱架剖视图的思维导图如图 8-22 所示。

(2)读图分析

箱架的三维图形如图 8-23 所示。

(3)表达方法

主视图采用 *A—A* 全剖视图,左视图采用 *B—B* 半剖视图。剖切位置及绘图结果如图 8-24 所示。

(4)要点提示

① 增设填充图层,将图案填充置于填充图层,以便于修改。

② 主视图、左视图的图案填充要分别进行。但图案类型、间距、方向应保持一致。

③ 半剖视图中,视图与剖视图部分的分界线为细点画线,图层应用不要错。

④ 按照剖视图的标注规则,本例主视图不需要标注剖切位置和剖视图名称。

(5)作图过程

箱架的剖视图作图过程见表 8-3。

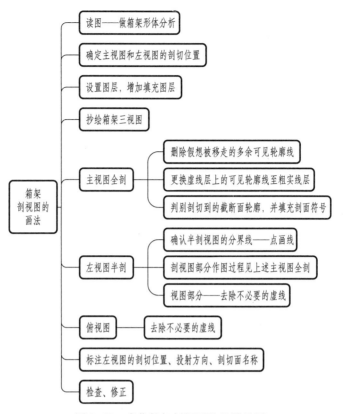

图 8-22 求作箱架剖视图的思维导图

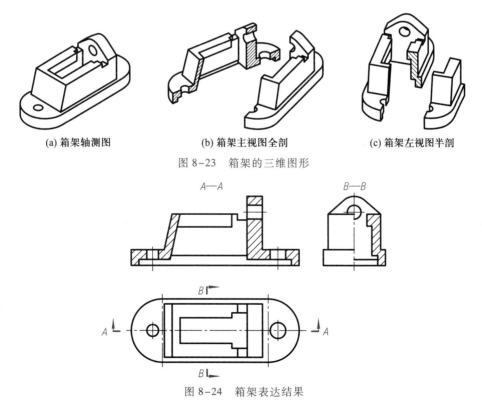

(a) 箱架轴测图   (b) 箱架主视图全剖   (c) 箱架左视图半剖

图 8-23 箱架的三维图形

图 8-24 箱架表达结果

表 8-3　箱架的剖视图作图过程

步骤	图示	操作提示	操作演示
1	设置必要图层,抄绘箱架三视图(俯视图中的标注表达主、左视图的剖切方法) 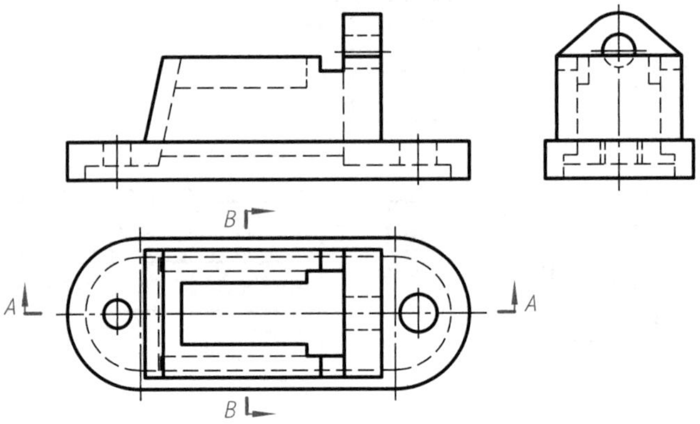 		
2	改画主视图 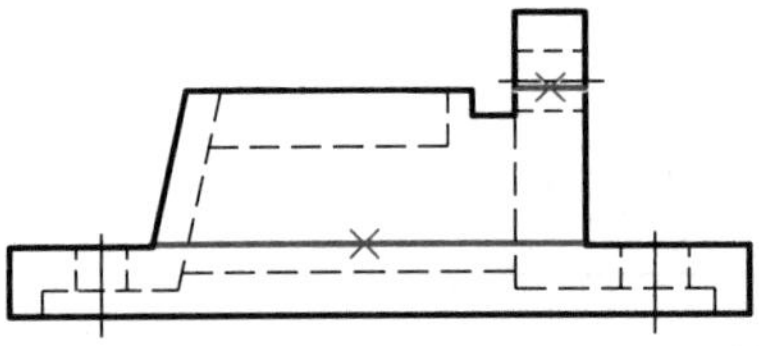 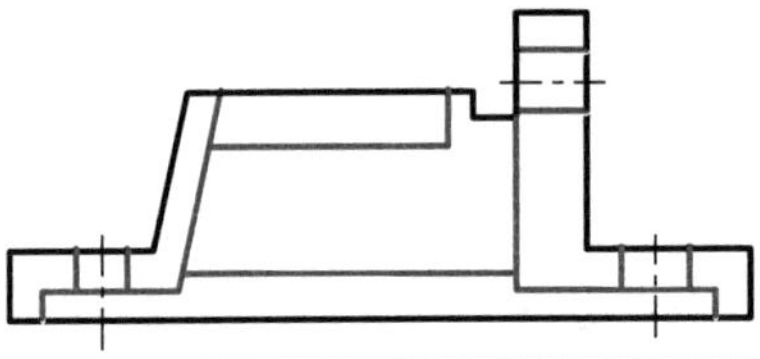 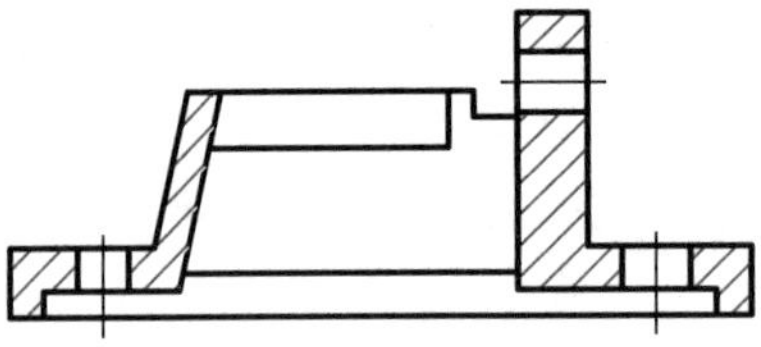 	① 去除假想被移走的多余可见轮廓线 ② 将剖切后虚线层上的可见轮廓线更换至粗实线层 ③ 判断箱架截断面区域,填充剖面符号	
3	改画左视图 视图 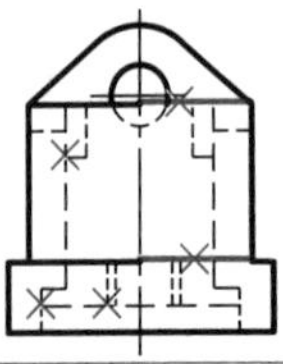 剖视图 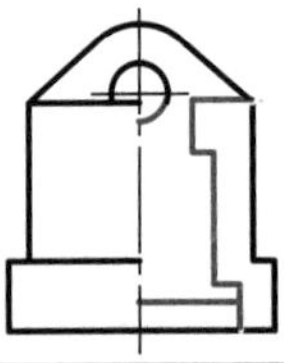	以中心线为界 ① 删除左侧视图部分的虚线 ② 删除右侧假想移走部分的可见轮廓线 ③ 将虚线层上的可见轮廓图层更换为粗实线层 ④ 判断截断面区域,填充剖面符号	

步骤	图示	操作提示	操作演示
3	结果		
4	完成必要的标注,如 *B—B* 剖切(剖切符号的画法参见 8.3.2 节举例 1)		

8.5.4 任务四：绘制支撑板的投影图

1. 任务要求

根据支撑板的轴测图(图 8-25),选择适当的方法表达支撑板的形状,并绘制其投影图(绘图比例为 2∶1)。内部结构不可见时可采用剖视的方法表达。

2. 任务指导

(1)思维导图

绘制支撑板投影图的思维导图如图 8-26 所示。

(2)形体分析

支撑板由水平板、正立板、倾斜立板叠加而成,相对位置关系及主视图的投射方向如图 8-27 所示。

(3)表达方法

通常采用三个视图表达该支撑板,如图 8-28 所示。

主视图采用局部剖,表达三块板的上下、左右位置关系,正立板的端面形状,其余两块板的厚度、夹角大小及板上孔的通透情况。

俯视图常用局部剖,表达水平板的形状及两孔的形状与位置,水平板与正立板的前后位置。

A 向斜视图表达了倾斜板的端面形状。

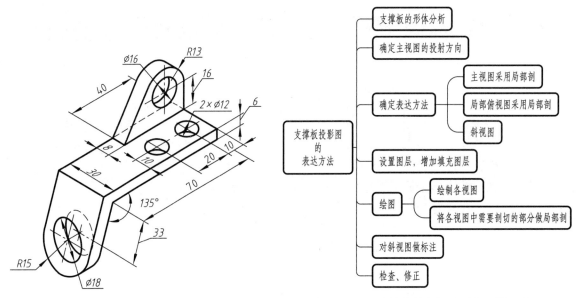

图 8-25　支撑板的轴测图

图 8-26　绘制支撑板投影图的思维导图

（4）要点提示

① 初学者由轴测图绘制剖视图时可先按视图绘制图形，随后在视图的基础上改画为剖视图。

② 尺寸标注完整时，斜视图按转正位置绘制会更方便。

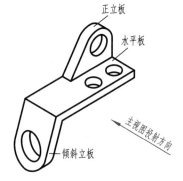

③ 绘制局部剖视图时，先通过绘制波浪线确定剖切范围，再对剖切部分做剖视处理。

④ 波浪线应用细实线绘制，图层应用不要错。

（5）作图过程

绘制支撑板投影图的作图过程见表 8-4。

图 8-27　支撑板的主视图投射方向

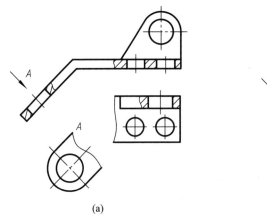

(a)

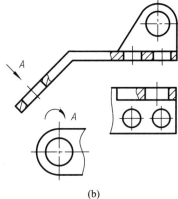

(b)

图 8-28　支撑板的表达方法

表 8-4 绘制支撑板投影图的作图过程

步骤	图示	操作提示
1	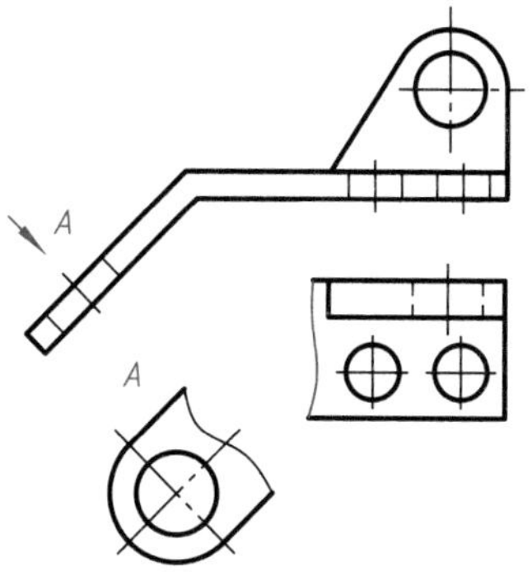	① 抄绘主视图 ② 绘制俯视图上反映形体实形部分的投影 ③ 绘制倾斜部分的实形投影（斜视图） ④ 对斜视图做标注
2	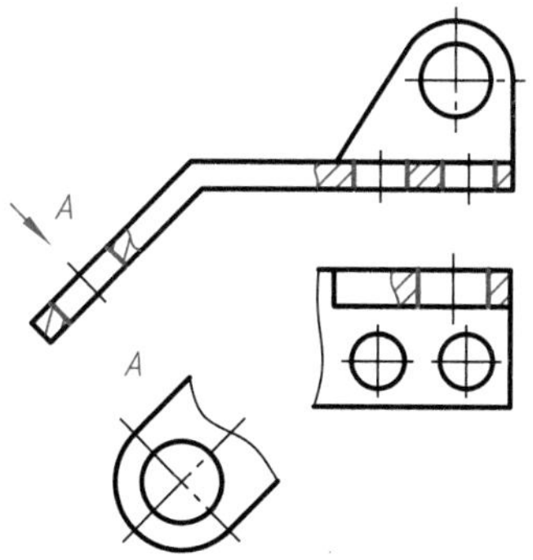	对不可见的内部结构做局部剖视
3	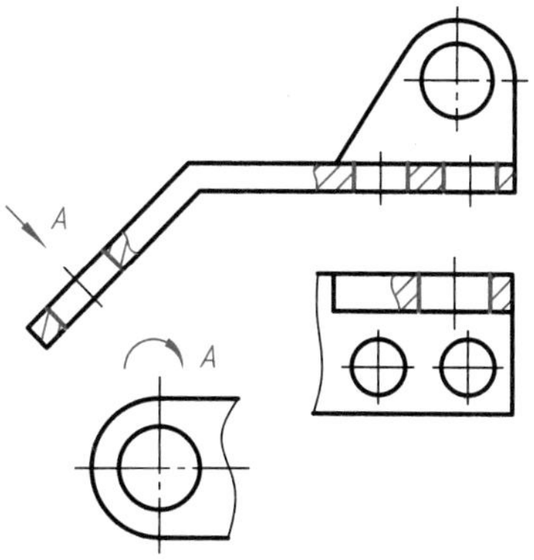	可以将 A 向斜视图旋转摆正配置 按图形旋转方向添加旋转符号

8.6 课后练习

8.6.1 任务一：绘制形体指定方向的向视图

1. 任务要求

根据图 8-29 中所注尺寸抄绘形体的三视图，在指定位置补画形体的 A 向视图与 B 向视图。

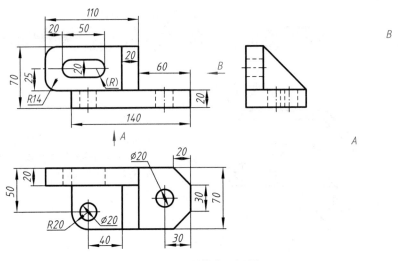

图 8-29　形体的三视图

2. 任务指导

（1）视图分析

形体的构成及相对位置如图 8-30 所示。

(a) 西南等轴测方向　　　　(b) 东南等轴测方向　　　　(c) 分解

图 8-30　形体的构成及相对位置

（2）要点提示

① 忽略可见性差异，A 向视图与俯视图相对于主视图呈上下对称关系。通过镜像操作完成 A 向视图的投影，再根据投射方向判断图线的可见性，调整图线的图层即可。

② 同理，B 向视图与左视图相对于主视图呈左右对称关系。通过镜像操作完成 B 向视图的投影，再根据投射方向判断图线的可见性，调整图线的图层即可。

③ 作图结果

作图结果如图 8-31 所示。

8.6.2　任务二：支架投影图的重新表达

1. 任务要求

根据图 8-32 所示的主、俯视图分析形体的空间形状，并采用适当方法对其重新表达。

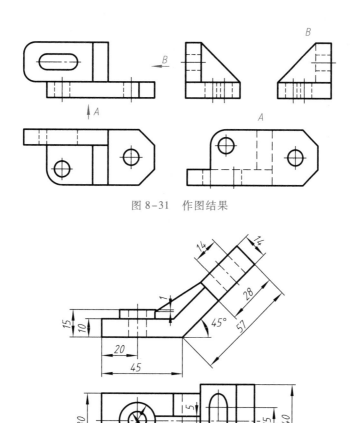

图 8-31 作图结果

图 8-32 形体的主、俯视图

2. 任务指导

（1）表达方法

主视图不变,将俯视图改画为局部视图,绘制 A 向斜视图。结果如图 8-33 所示。

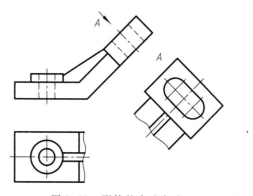

图 8-33 形体的表达方法

（2）要点提示

① 主视图表达各部分的上下、左右相对位置,无形体的非实形投影,照抄原图即可。

151

② 俯视图以波浪线为边界,只抄绘反映形体实形的左侧部分投影。

③ A 向斜视图可按 A 向斜放投影图,宽度尺寸与俯视图保持宽相等。A 向投影图也可以"转正",但要注意根据旋转方向标注旋转符号。

(3)作图过程

支架投影图的作图过程见表 8-5。

表 8-5   支架投影图的作图过程

步骤	图示	操作提示	操作演示
1	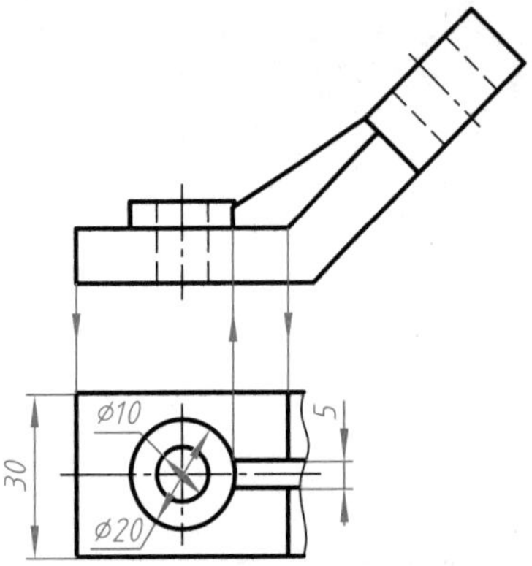	根据尺寸抄绘主视图及俯视图中反映实形的投影部分(波浪线绘制实体断裂线)	
2	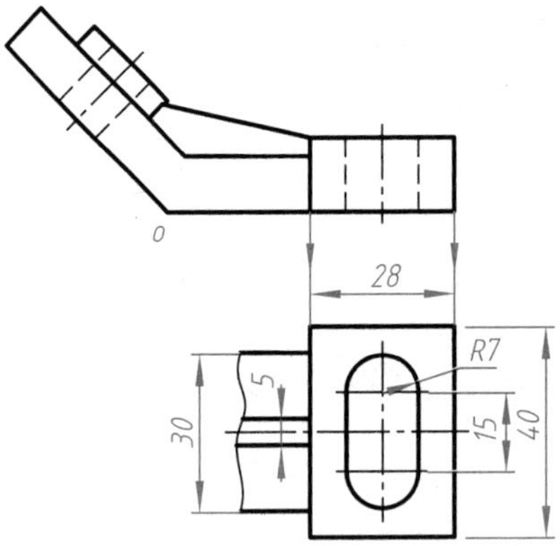	绘制倾斜部分的实形投影(斜视图) 技巧:绕 O 点逆时针旋转 45°,将倾斜部分置为水平位置,随后绘制其实形投影	
3	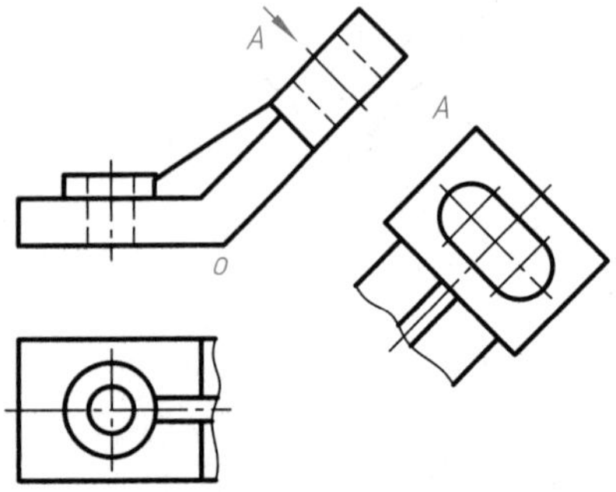	将形体绕 O 点旋转复原,标注斜视方向及名称 A,完成表达	

8.6.3 任务三：箱体投影图的重新表达

1. 任务要求

读懂并抄绘图 8-34 所示的箱体的三视图,分析其结构特点,采用适当的表达方法对箱体重新表达。

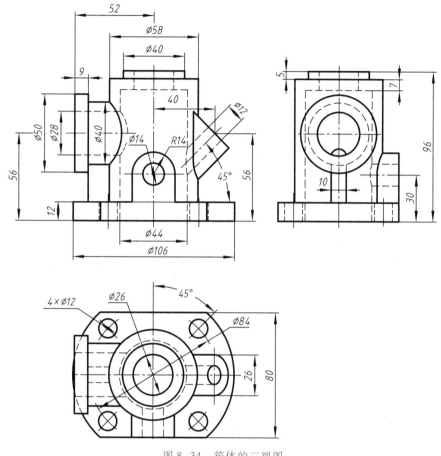

图 8-34 箱体的三视图

2. 任务指导

（1）视图分析

通过视图分析可了解箱体的构成及形状,如图 8-35 所示。

① 箱体各组成部分的形状、相对位置清晰,容易辨认。

② 内部结构较多,形成空腔。

③ 箱体的左右、前后、上下均不对称,且有倾斜结构。

（2）表达方法及要点提示

箱体的表达方法如图 8-36 所示。

① 主视图、左视图、俯视图均采用局部剖;倾斜结构增加斜视图。

② 底板上的孔不在剖切面上,故可采用简化画法剖切以表达通孔特点。

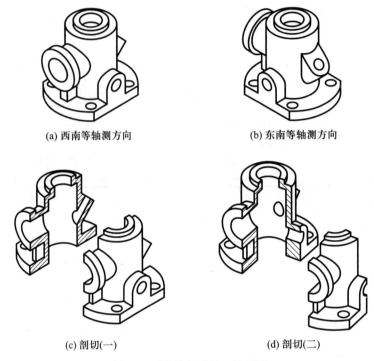

(a) 西南等轴测方向 　　　　　　　　(b) 东南等轴测方向

(c) 剖切(一) 　　　　　　　　　(d) 剖切(二)

图 8-35　箱体机件的三维图形

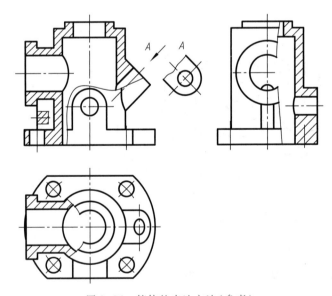

图 8-36　箱体的表达方法(参考)

③ 肋板纵剖不画剖面线。

（3）作图过程

箱体投影图的作图过程见表 8-6。

表 8-6　箱体投影图的作图过程

步骤	图示	操作提示与演示	
1	根据尺寸抄画三视图（重点补画交线的投影）	主视图左侧交线	主视图右侧交线
		俯视图椭圆弧	左视图上方交线

将主视图改画为局部剖视图

步骤			
2	① 确定局部剖的剖切范围,删除被剖去部分的可见轮廓线 ② 删除主视图部分的虚线 ③ 假想将左侧底板上的孔旋转至剖切位置 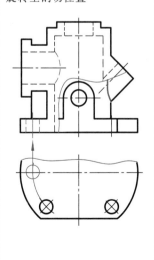	④ 将剖切后内部可见轮廓的虚线更换至粗实线层 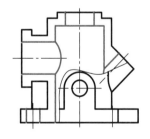	⑤ 判别截断面范围,填充剖面符号（肋板纵剖不填充剖面符号） 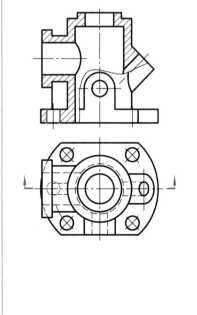

续表

步骤	图示	操作提示与演示
3	将左视图改画为局部剖视图 ① 确定局部剖的剖切范围 ② 删除右侧被剖去部分的可见轮廓线 ③ 删除左侧视图部分的虚线	④ 将波浪线右侧剖到的内部结构的虚线更换至粗实线层 ⑤ 判别截断面范围,在截断面范围填充剖面符号
4	改画俯视图(过程参照步骤 3)	
5	绘制 A 向视图及肋板重合断面	① 绘制右侧斜凸台端面的 A 向斜视图并标注　② 补画肋板重合断面

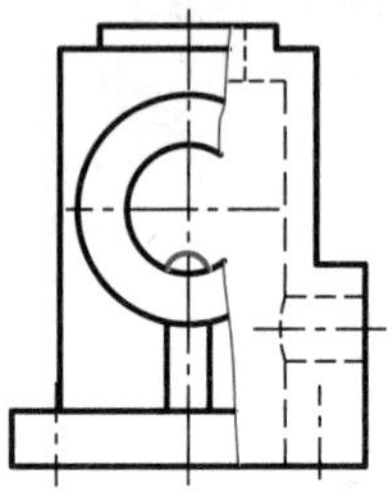

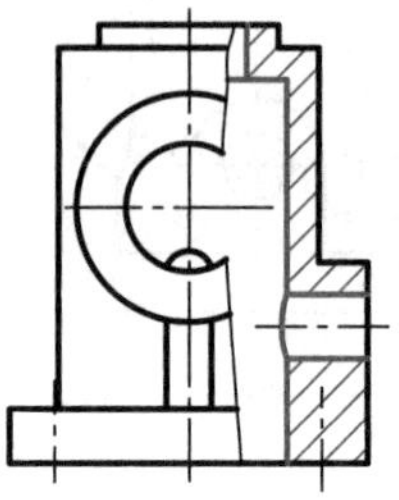

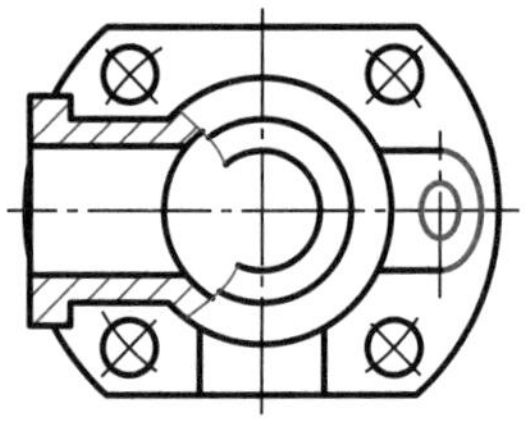

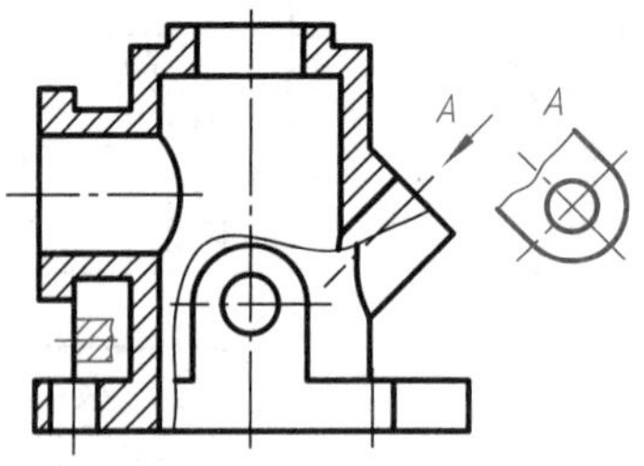

8.6.4　任务四：支座投影图的重新表达

1. 任务要求

抄绘图 8-37 所示的支座的主、俯视图,在已有视图基础上采用适当的表达方法对支座进行重新表达,并标注尺寸。

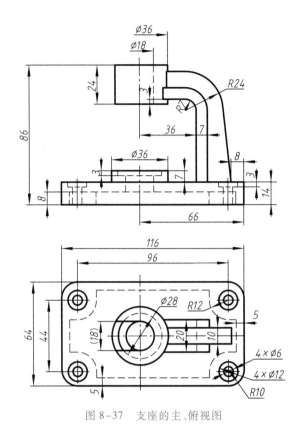

图 8-37　支座的主、俯视图

2. 任务指导

（1）视图分析

支座由 4 部分构成：上部 U 形卡口、中间丁字形支撑柱、下部矩形底板及其上的圆凸台。底板除四个角有阶梯形安装孔外，底部还开有异形凹槽。各部分的位置关系如图 8-38 所示。

(a) 西南等轴测方向　　　　　(b) 东南等轴测方向　　　　　(c) 底板底部凹槽

图 8-38　支座三维图形

（2）表达方法

① 底板底部的异形凹槽需要表达。

② 上部 U 形卡口与底板上的圆凸台俯视方向投影重合，需要明确表达。

③ 不可见结构需要剖切表达。

综合考虑确定支座的表达方法（参考）如图 8-39 所示。

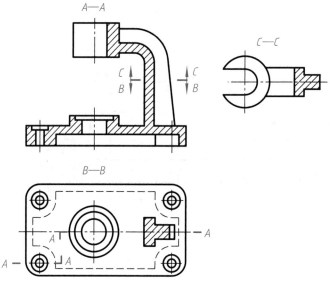

图 8-39　支座的表达方法(参考)

（3）作图过程

观看各剖视图的作图过程可扫描表 8-7 所列的二维码。

表 8-7　支座投影图作图过程

A—A 阶梯剖视图	*B—B* 全剖视图	*C—C* 全剖视图

8.6.5　任务五：机箱投影图的重新表达

1. 任务要求

根据图 8-40 所示的机箱的三视图,分析其结构特点,采用适当的表达方法对机箱重新表达。

要求:抄绘机箱的三视图,在三视图的基础上采用适当的表达方法对机箱重新表达。

2. 任务指导

（1）机箱形状及结构分析

机箱的形状及结构特点如图 8-41 所示。

① 机箱左右对称,空腔中间带一厚度为 15 mm 的竖直隔板。

② 顶部水平板有 4 个带 1 mm 深的圆柱形凹槽安装孔,水平板中部有 5 mm 长方形凸起。

③ 机箱箱体壁厚 15 mm,左右呈曲面过渡;机箱前、后箱体壁上共穿有 4 个直径为 40 mm 的通孔。

④ 机箱底部长方体底座前后宽与箱体相同,左右长略大于箱体底部,与顶部水平板长一致。

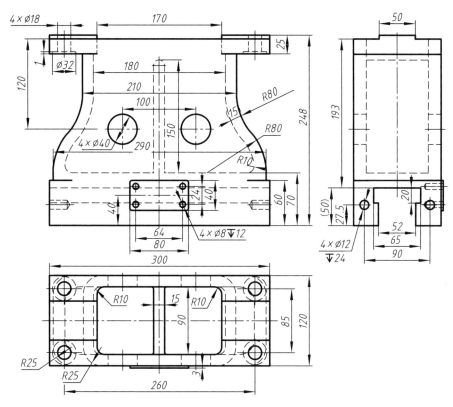

图 8-40 机箱的三视图

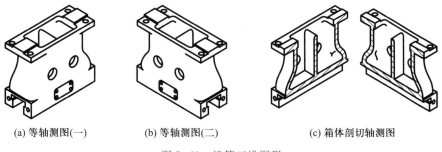

(a) 等轴测图(一)   (b) 等轴测图(二)   (c) 箱体剖切轴测图

图 8-41 机箱三维图形

⑤ 机箱底部左右贯通 T 形凹槽,左右两端各打两个深 24 mm、直径为 12 mm 的盲孔。

⑥ 机箱前壁下方中间位置有一凸出 3 mm 厚的长方形板,四角处打深 12 mm、直径为 8 mm 的盲孔共 4 个。

（2）表达方法及要点提示

机箱的表达方法（参考一）（图 8-42）的要点说明如下:

① 根据图中给出尺寸,绘制完成机箱的三视图,然后对各视图做剖视图的改画。

② 主视图采用半剖及局部剖,表达机箱内部结构及顶板、底座上孔的特点及通透情况。

③ 俯视图采用 A—A 阶梯剖视图,表达顶板形状及孔的布置、中间箱壁圆角过渡的特点及长方形底座直角特点。

④ 左视图采用半剖视图,表达左视方向机箱各细部结构形状特点。

⑤ 剖视图的标注问题：主视图省略标注；俯视图、左视图阶梯剖必须标注，但可以省略表示投影方向的箭头线。

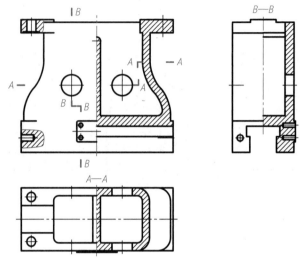

图 8-42　机箱的表达方法(参考一)

（3）作图过程

机箱的表达方法(参考一)的各剖视图的作图过程可通过扫描表 8-8 所列的二维码进行观看。

表 8-8　机箱的表达方法(参考一)的各剖视图的作图过程

主视图	主视全剖视图	$A—A$ 剖视图	$B—B$ 剖视图

机箱的表达方法(参考二)如图 8-43 所示。

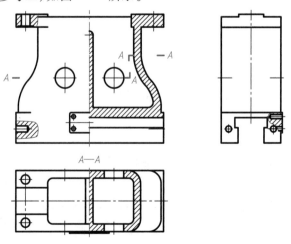

图 8-43　机箱的表达方法(参考二)

8.6.6 任务六：由轴架轴测图绘制其投影图

1. 任务要求

采用适当的表达方法绘制图8-44所示的轴架的投影图(绘图比例为1:1)。

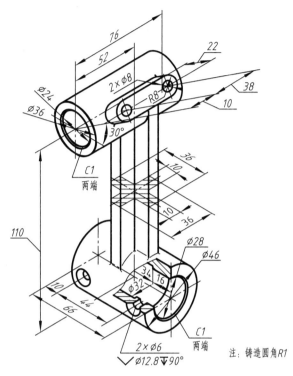

图8-44 轴架轴测图

2. 任务指导

（1）主视图的选择

轴架下方圆柱水平放置,轴架主视图的投射方向如图8-45所示。

（2）表达方法

轴架的表达方法(参考)如图8-46所示,其中:

① 主视图采用局部剖视,表达轴架各组成部分的相对位置、形状、内部连通情况。

② 右视图采用局部剖视,补充表达轴架各组成部分的相对位置、形状、内部连通情况。

③ A向斜视图表达倾斜结构的端面实形。

④ 在右视图中通过重合断面表达中间连接部分的"十字"形状。

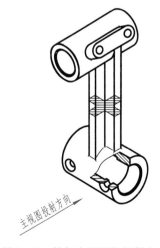

图8-45 轴架主视图的投射方向

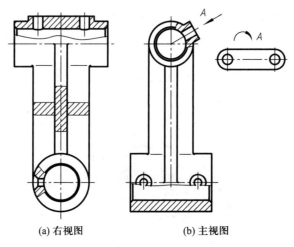

(a) 右视图　　　　　　(b) 主视图

图 8-46　轴架的表达方法(参考)

（3）作图过程

轴架投影图的作图过程见表 8-9。

表 8-9　轴架投影图的作图过程

步骤	图示	操作提示
1	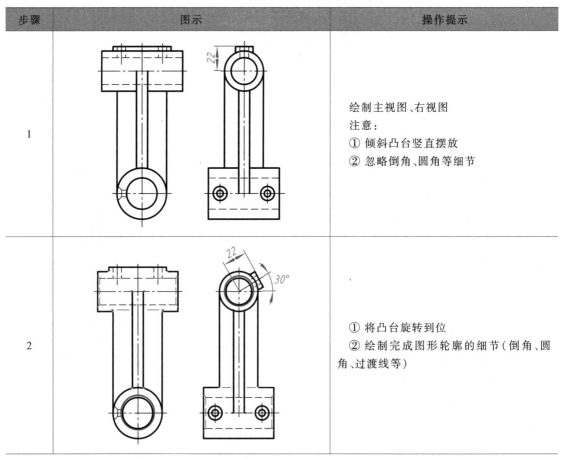	绘制主视图、右视图 注意： ① 倾斜凸台竖直摆放 ② 忽略倒角、圆角等细节
2		① 将凸台旋转到位 ② 绘制完成图形轮廓的细节（倒角、圆角、过渡线等）

续表

步骤	图示	操作提示
3	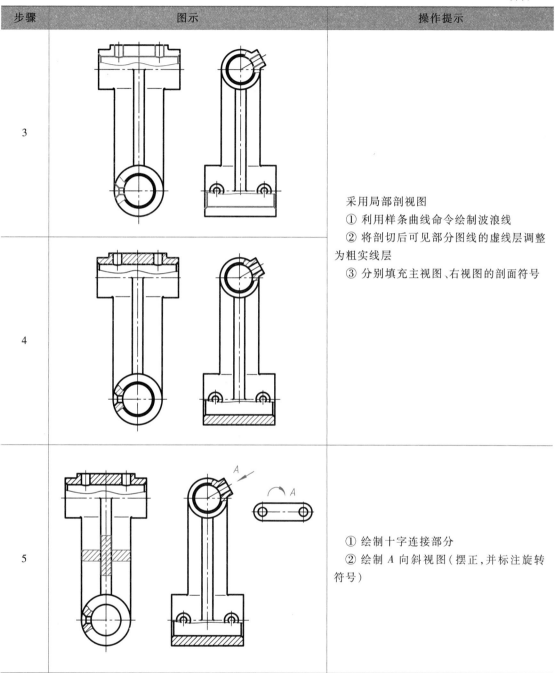	采用局部剖视图 ① 利用样条曲线命令绘制波浪线 ② 将剖切后可见部分图线的虚线层调整为粗实线层 ③ 分别填充主视图、右视图的剖面符号
4		
5		① 绘制十字连接部分 ② 绘制 A 向斜视图(摆正,并标注旋转符号)

8.7 答疑解惑

1. 在 AutoCAD 中如何绘制光滑曲线?

【答】执行样条曲线命令绘制一条样条曲线。

2. 如何对已填充的图案填充做修改？

【答】双击需要修改的图案,弹出"填充"面板,在相应的面板上修改对应的内容和参数即可。

3. 如何取消图案与边界的关联性？

【答】① 新建填充操作时,在填充功能区的"选项"面板上关闭"关联"选项按钮。

② 对已填充完成的图案,双击已填充的图案,在"填充"面板上的"选项"选项卡上关闭"关联"按钮(参见图 8-12)。

4. 如何保证前后填充的图案特性保持一致？

【答】过程如下:

① 在填充功能区的"选项"面板上选择"特性匹配"。

② 选择已填充的图案做"源对象"操作。

③ 选择需要填充的区域。

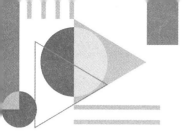

第9章
机械工程图样绘制

机械工程图样是反映机械设备的组成形状、大小和结构的工程图样,主要包括装配图和零件图。装配图主要反映各个零件在装配时的相互装配关系、工作原理以及装配时的技术要求等。零件图主要表达单个零件的结构形状、尺寸大小及相关的技术要求等。这两种图样是生产过程的重要技术文件,为零部件的加工、装配、检验等环节提供技术依据,具有重要意义。

9.1　教学目标

1. 知识目标

(1)能正确阐述绘制工程图样的一般方法和步骤。

(2)能正确阐述零件图中尺寸公差、表面结构要求、几何公差等技术要求的标注要求。

(3)能正确阐述 AutoCAD 中零件图绘制的基本方法。

(4)能正确阐述 AutoCAD 中装配图绘制的基本方法。

(5)能正确阐述 AutoCAD 中从装配图拆画零件图的基本方法。

2. 能力目标

(1)能够应用块功能定义图纸幅面、标题栏、明细栏以及常用技术要求符号。

(2)能够完成中等复杂程度的零件图绘制,并能够由部件的零件图完成部件装配图的绘制。

(3)能够由装配图完成拆画零件图。

9.2　本章导图

本章结构及内容如图 9-1 所示。

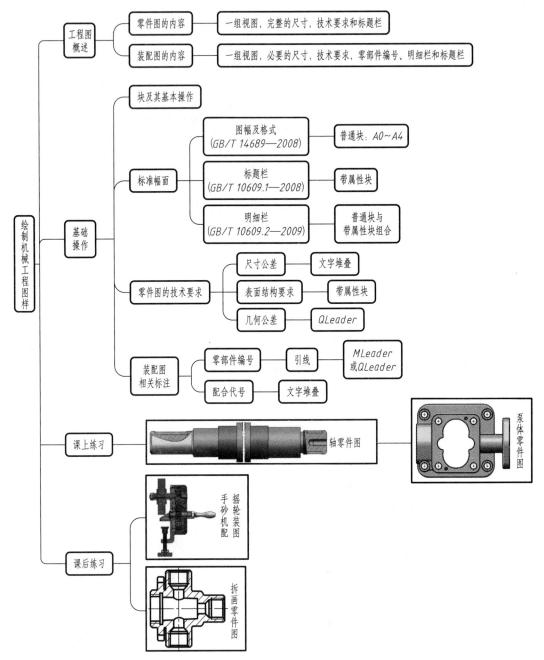

图 9-1　本章结构及内容

9.3　工程图概述

下面以铣刀头(图 9-2)为例说明工程对象与工程图的关系。

铣刀头是专用铣床上的一个部件,用于安装铣刀盘铣削平面。工作时,胶带轮 4、轴 7、键 5、键 13 等传动件和连接件结构,通过胶带(图上未画),将电动机产生的扭矩传送到铣刀盘。

铣刀头由 16 种零件组成,各零件的功能如下:

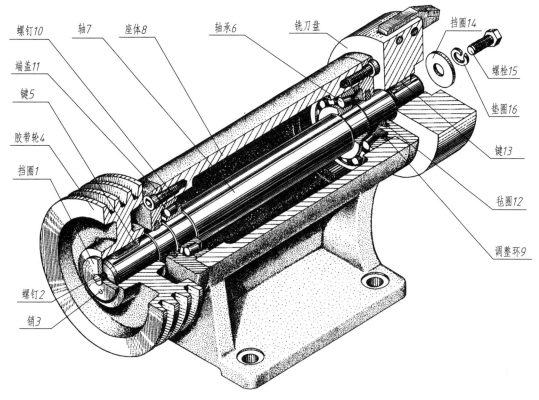

图 9-2　铣刀头轴测图

（1）胶带轮 4、轴 7、键 5、键 13 构成扭矩传递的主体结构,且通过轴承 6、座体 8 等支承件支承。

（2）座体 8 两端用端盖 11、调整环 9 调整轴承 6 的松紧并确定轴 7 的轴向位置;用毡圈 12 密封,防止涂在轴承上的润滑油（脂）外流和灰尘、水汽等外物的侵入。

（3）端盖 11 和座体 8 用螺钉 10 连接并固紧。

（4）胶带轮 4 用挡圈 1、螺钉 2 确定胶带轮 4 的轴向位置,用销 3 防止挡圈 1 的转动。

（5）挡圈 14、螺栓 15 和垫圈 16 用来确定铣刀盘的轴向位置,且垫圈 16 还起到防松作用（和销 3 的作用类似）。

装配图是表示机器（或部件）及其组成部分的连接、装配关系及其技术要求的图样。其功能主要是表达机器（或部件）的工作原理、各零件的相互位置、零件的装配连接关系、主要零件的结构形状和技术要求等。装配图的内容包括一组视图、必要的尺寸、技术要求、零部件编号、明细栏和标题栏。图 9-3 为铣刀头的装配图。

零件图是表达单个零件的工程图样,其内容包括一组图形、完整的尺寸、技术要求和标题栏。图 9-4 为铣刀头上的轴零件图,图 9-5 为轴上结构的分析图,从图中可见,轴上结构都有着特定的功能或工艺的作用。

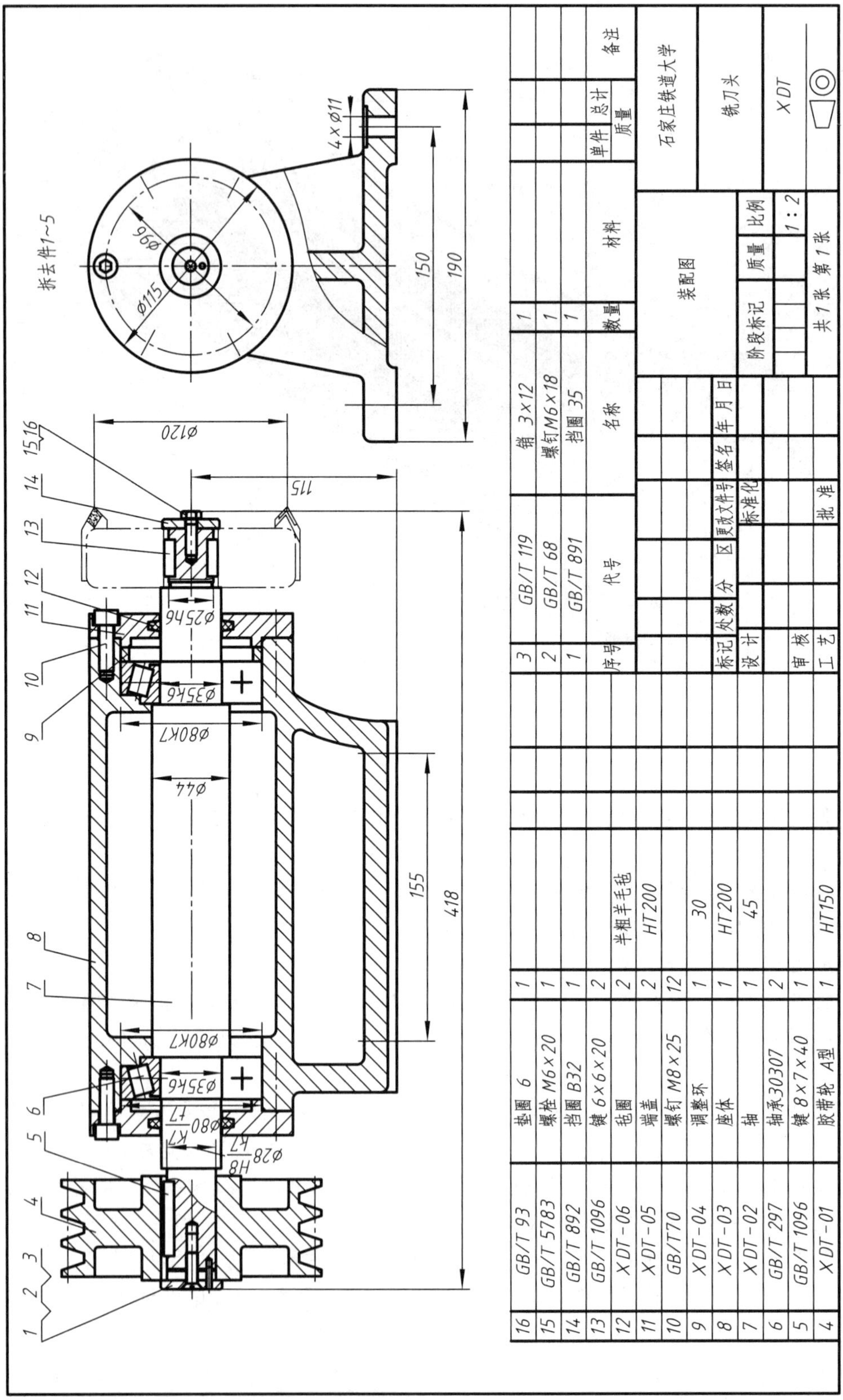
拆去件1~5
4×Ø11
Ø96
Ø115
150
190
Ø120
115
Ø25h6
Ø35k6
Ø80K7
Ø44
155
418
Ø80 K7/f7
Ø28 H8/k7
1 2 3 4 5 6 7 8 9 10 11 12 13 14 15 16
16 GB/T 93 垫圈 6 1
15 GB/T 5783 螺栓 M6×20 1
14 GB/T 892 挡圈 B32 1
13 GB/T 1096 键 6×6×20 2
12 XDT-06 毡圈 2 半粗羊毛毡
11 XDT-05 端盖 2 HT200
10 GB/T70 螺钉 M8×25 12
9 XDT-04 调整环 1 30
8 XDT-03 座体 1 HT200
7 XDT-02 轴 1 45
6 GB/T 297 轴承30307 2
5 GB/T 1096 键 8×7×40 1
4 XDT-01 胶带轮 A型 1 HT150
3 GB/T 119 销 3×12 1
2 GB/T 68 螺钉M6×18 1
1 GB/T 891 挡圈 35 1
序号 代号 名称 数量 材料 单件 总计 质量 备注
石家庄铁道大学
装配图
铣刀头
XDT
标记 处数 分区 更改文件号 签名 年月日
设计 标准化
审核
工艺 批准
阶段标记 质量 比例
1:2
共1张 第1张

图 9-3　铣刀头的装配图

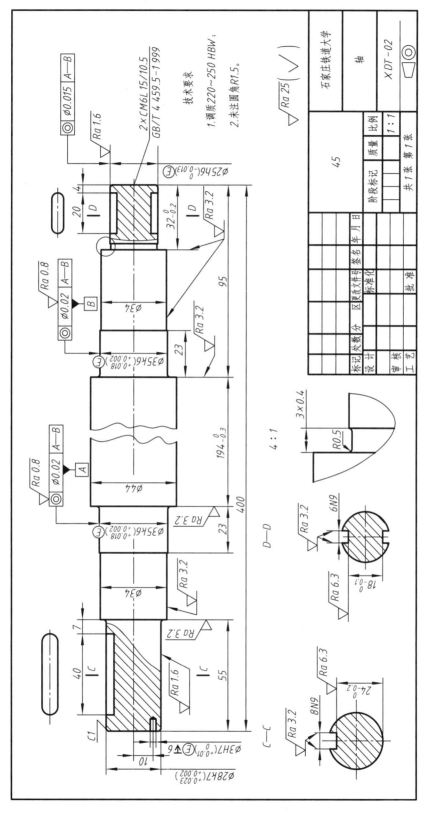

图 9-4 轴零件图

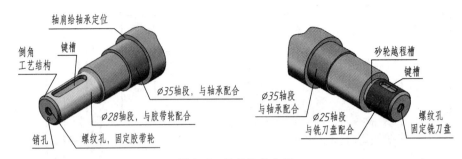

图 9-5 轴的结构分析

9.4 基础操作

9.4.1 块的定义和使用

块可以通过"块"面板和"块定义"面板进行定义。图 9-6 为"默认"选项卡中的"块"面板,通过该面板可以进行块的创建和将创建后的块插入图形中,图 9-7 为"插入"选项卡中的"块定义"面板,通过该面板可进行块创建、属性定义和编辑、插入等操作。

图 9-6 "默认"选项卡的"块"面板

图 9-7 "插入"选项卡的"块定义"面板

块的定义及插入如图 9-8 所示,其操作演示可通过扫描二维码观看。

块要先进行定义,然后才能插入使用,"块定义"对话框如图 9-9 所示,通过给块命名、指定构成块的对象、指定插入点等内容来定义块。

定义好的块可以作为一个独立的实体插入到图形文件中,"插入"对话框如图 9-10 所示,插入时先选择要插入的图块名,然后指定插入点、插入比例和旋转角度。

若是需要对块加上注释等内容,则可通过定义块属性来实现,"属性定义"对话框如图 9-11 所示。

9.4.2 标准图纸幅面及标题栏、明细栏的制作

为了方便绘图,可将标准图纸幅面提前准备好,这样绘图时直接插入即可。标准的图纸幅面及格式详见第 1 章的介绍。

标准图纸幅面的制作流程及操作导图如图 9-12 所示,绘制图纸幅面线、图框线的操作见表 9-1。

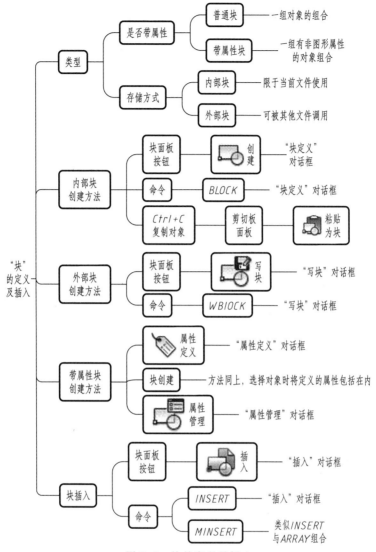

图 9-8 块的定义及插入

图 9-9 "块定义"对话框

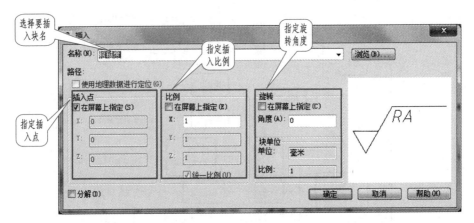

图 9-10 "插入"对话框

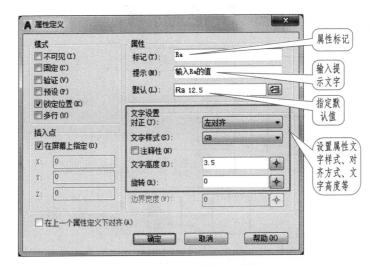

图 9-11 "属性定义"对话框

表 9-1 绘制图纸幅面线、图框线的操作

任务	操作要点	图形
绘制图纸幅面线、图框线	① 创建必要的图层 ② 在细实线层上绘制图纸幅面线 ③ 在粗实线层上绘制图框线	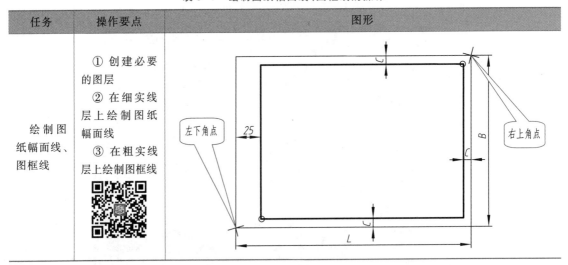

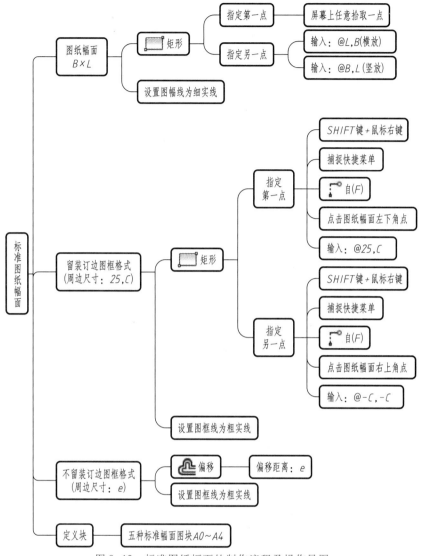

图 9-12　标准图纸幅面的制作流程及操作导图

带属性的标题栏制作流程如图 9-13 所示，创建带属性的标题栏和明细栏的操作见表 9-2。

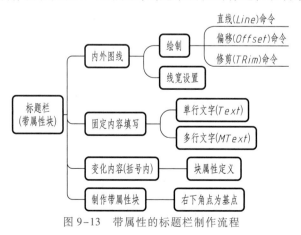

图 9-13　带属性的标题栏制作流程

表 9-2　创建带属性的标题栏和明细栏的操作

任务	操作要点
创建标题栏块	① 先绘制标题栏,填写标题栏中的固定文字 ② 通过属性定义命令逐一为标题栏中的变动文字定义属性,如图 9-14 所示 ③ 通过创建命令将绘制的标题栏连同属性一起创建为块,创建后的结果如图 9-15 所示 ④ 通过插入命令将块插入图形中,插入过程中将根据提示将实际数据填入,结果如图 9-16 所示 ⑤ 定义明细栏标题块,如图 9-17 所示 ⑥ 定义明细栏内容块,如图 9-18 所示 ⑦ 组合使用明细栏标题块和内容块创建明细栏,如图 9-19 所示

图 9-14　标题栏中的块属性定义举例——图样名称

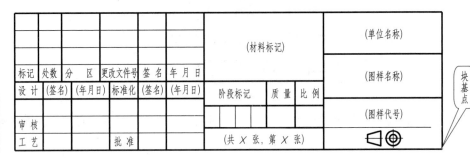

图 9-15　带属性的标题栏块

图 9-16　插入带属性的标题栏结果

序号	代号	名称	数量	材料	单件	总计	备注
					质量		

图 9-17　明细栏标题(普通块)

序号	代号	名称	数量	材料	单件	总计	备注

图 9-18　明细栏内容(带属性块)

3	SLJ-03	从动齿轮轴	1	45			
2	SLJ-02	轴套	4	ZQSn5-5-5			
1	SLJ-01	壳体	1	HT200			
序号	代号	名称	数量	材料	单件	总计	备注
					质量		

图 9-19　组合后的明细栏

将标准图幅、标题栏、明细栏块综合运用,可生成需要的图纸幅面和标题栏、明细栏(图 9-20)。

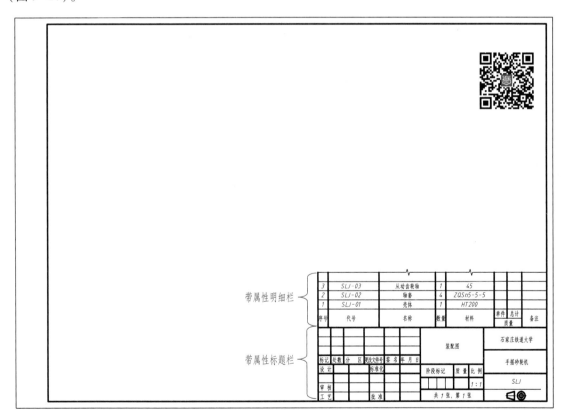

图 9-20　组合后的 A3 标准幅面

9.4.3　机械图样的相关标注

机械图样相关标注方法如图 9-21 所示。

175

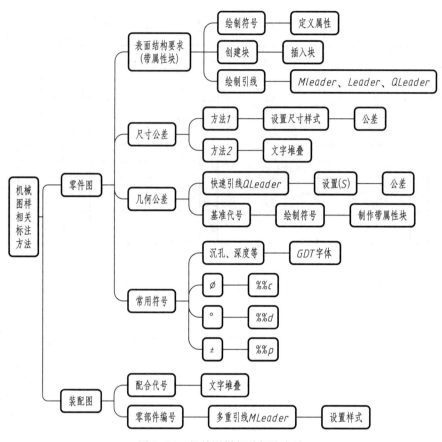

图 9-21　机械图样相关标注方法

1. 表面结构要求的标注方法（GB/T 131—2006）

表面结构要求的标注见表 9-3。

表 9-3　表面结构要求的标注

符号画法规定								
	尺寸数字高度 h（见 GB/T 14690—1993）	2.5	3.5	5	7	10	14	20
	符号线宽 d'	0.25	0.35	0.5	0.7	1	1.4	2
	字母线宽							
	高度 H_1	3.5	5	7	10	14	20	28
	高度 H_2	7.5	10.5	15	21	30	42	60

续表

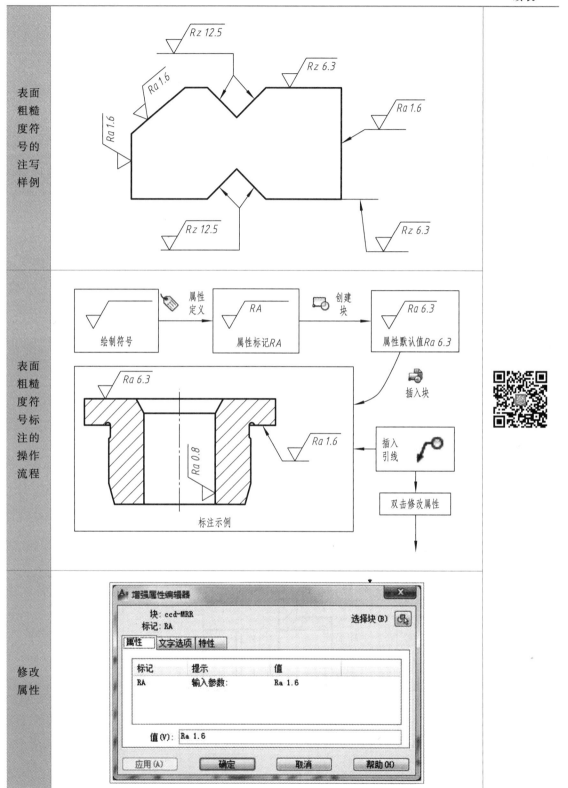

2. 尺寸公差与配合代号的标注方法(GB/T 4458.5—2003)

尺寸公差与配合代号的标注见表 9-4。

3. 几何公差及基准代号的标注(GB/T 1182—2018)

利用快速引线(QLeader)命令标注几何公差的操作流程如图 9-22 所示。

几何公差及基准代号的标注见表 9-5。

表 9-4 尺寸公差与配合代号的标注

<table>
<tr>
<td rowspan="2" style="writing-mode: vertical-rl;">配合代号及零件图上尺寸公差的标注形式</td>
<td>装配图中的配合代号,是在公称尺寸右边以分式的形式注出,分子和分母分别是孔和轴的公差带代号。标注格式为

公称尺寸$\dfrac{孔的公差带代号}{轴的公差带代号}$</td>
<td>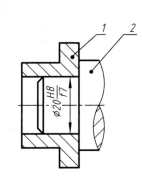
1. 衬套
2. 轴</td>
</tr>
<tr>
<td colspan="2">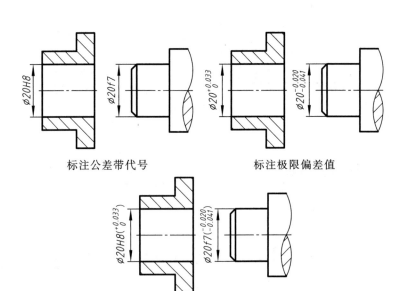

标注公差带代号　　　　　　标注极限偏差值

标注公差带代号及极限偏差值</td>
</tr>
</table>

	以 $\phi 20H8(^{+0.033}_{0})$ 为例		
标注方法	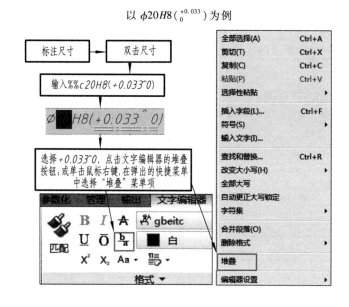		

		输入形式	堆叠形式	应用
堆叠形式及常用符号标注方法演示	堆叠形式	$\%\%c20-0.020^\wedge-0.041$	$\phi20^{-0.020}_{-0.041}$	尺寸公差
		$\%\%c20H8/f7$	$\phi20\dfrac{H8}{f7}$	配合代号
		$R^\wedge c1\#2$	$Rc\frac{1}{2}$	管螺纹标记

		输入形式	对应符号	输入形式	对应符号
	常用符号	$\%\%c$	ϕ	x（小写）	$\overline{\underline{\vee}}$（深度）
		$\%\%d$	°（度）	v（小写）	$\underline{\sqcup}$（柱型沉孔）
		$\%\%p$	$\pm$	w（小写）	$\vee$（锥型沉孔）
		GB 字体（gbietc/gbenor、gbcbig）		GDT 字体，英文输入状态	

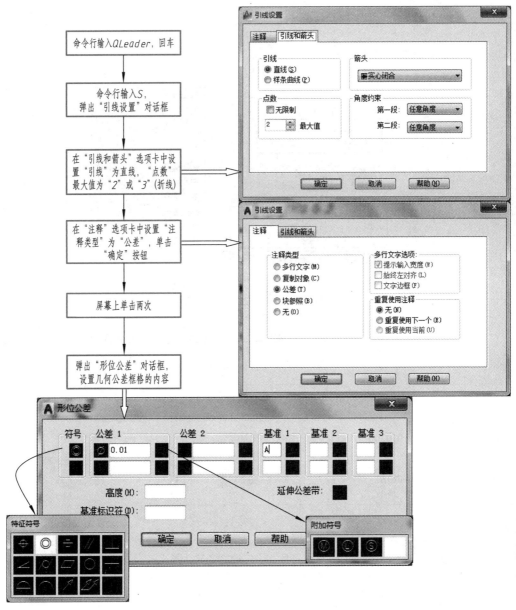

图 9-22 利用快速引线(QLeader)命令标注几何公差的操作流程

表 9-5 几何公差及基准代号的标注

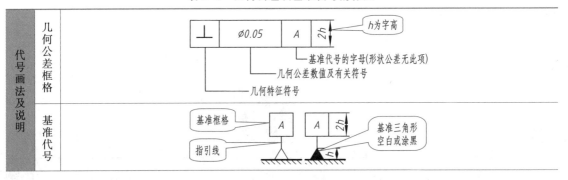

续表

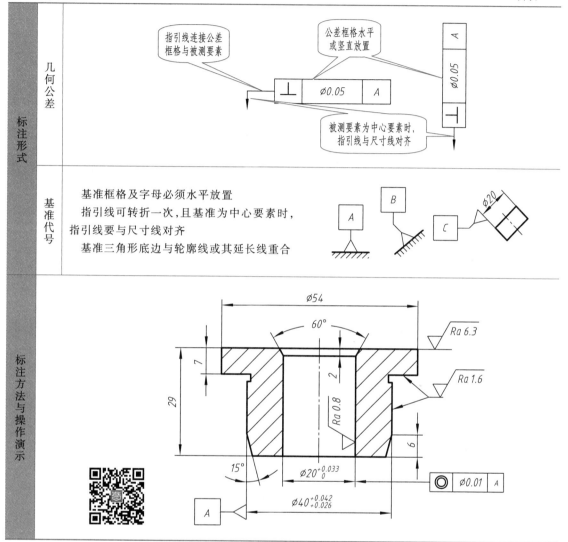

标注形式	几何公差	指引线连接公差框格与被测要素　公差框格水平或竖直放置　被测要素为中心要素时，指引线与尺寸线对齐
	基准代号	基准框格及字母必须水平放置 指引线可转折一次，且基准为中心要素时，指引线要与尺寸线对齐 基准三角形底边与轮廓线或其延长线重合
标注方法与操作演示		

9.5　课上练习

9.5.1　任务一：轴零件图绘制

　　绘制铣刀头装配体中的轴零件图(图9-23)的任务流程导图如图9-24所示，其操作流程指导见表9-6。

9.5.2　任务二：泵体零件图绘制

　　绘制泵体的零件图如图9-25所示，其任务流程导图如图9-26所示，操作流程指导见表9-7。

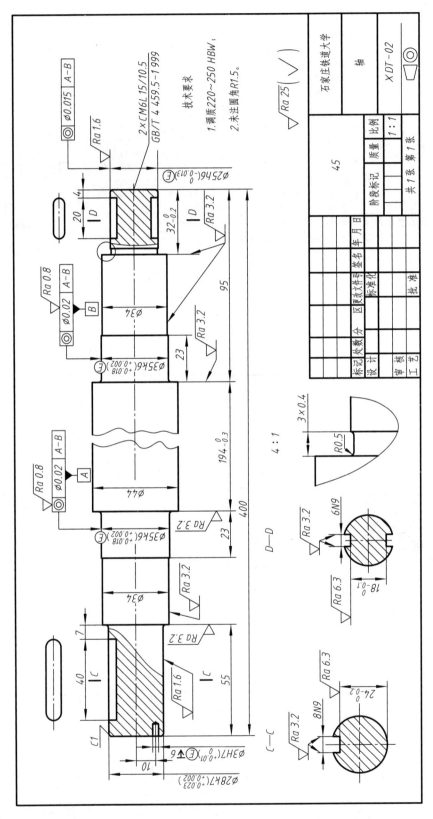

图 9-23　轴

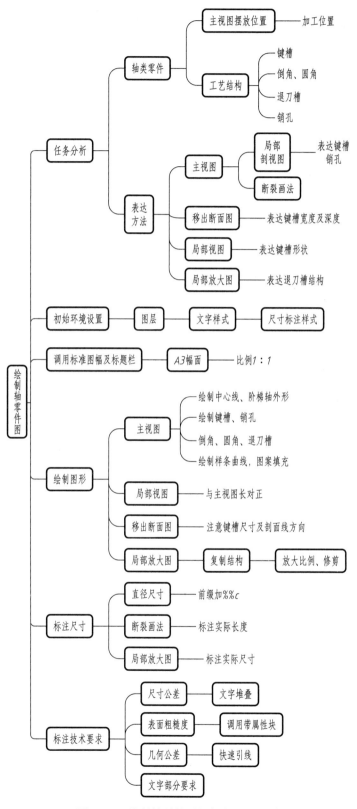

图 9-24 绘制轴零件图的任务流程导图

表 9-6　绘制轴零件图的操作流程指导

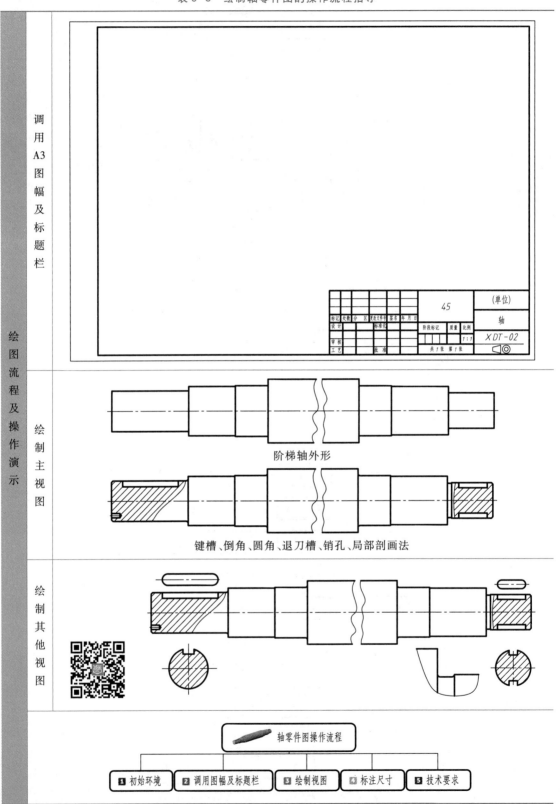

绘图流程及操作演示	调用A3图幅及标题栏	
	绘制主视图	阶梯轴外形 键槽、倒角、圆角、退刀槽、销孔、局部剖画法
	绘制其他视图	

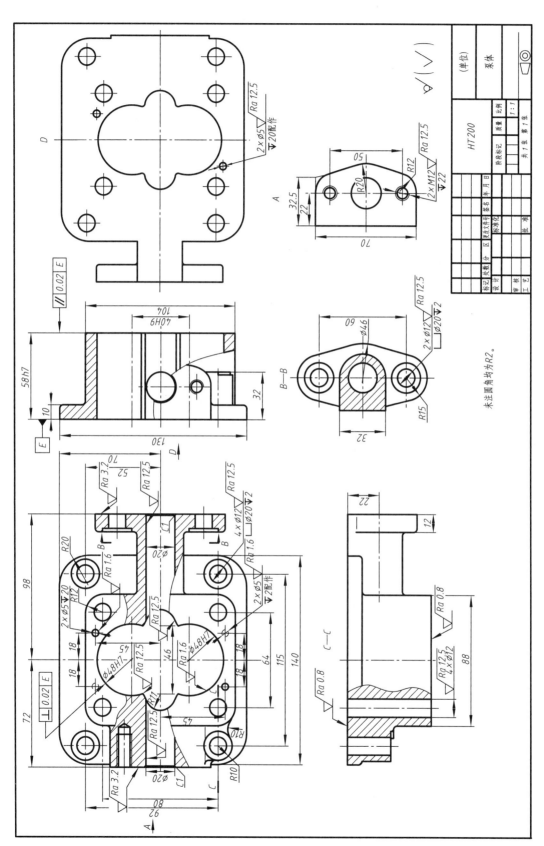

图 9-25 泵体

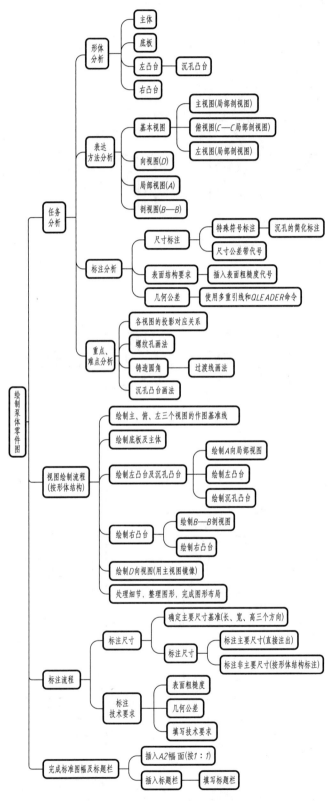

图 9-26　绘制泵体零件图的任务导图

表 9-7　操作流程指导

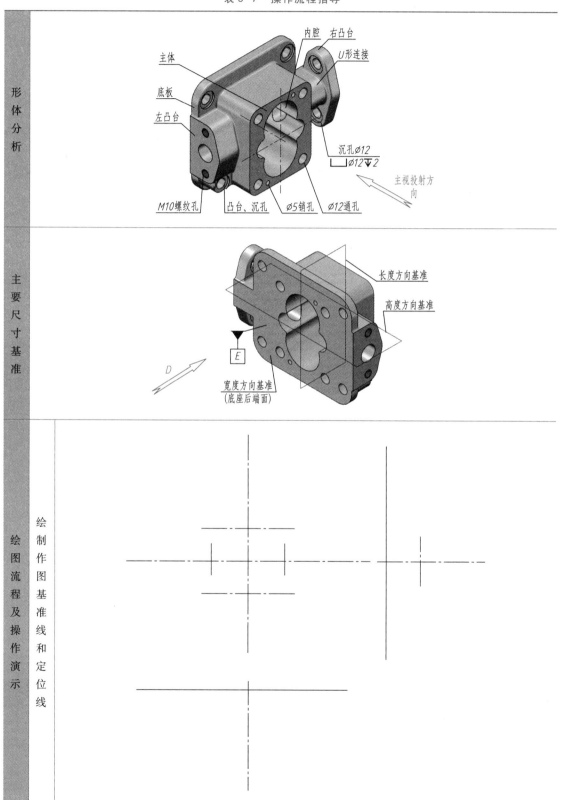

形体分析	
主要尺寸基准	
绘图流程及操作演示	绘制作图基准线和定位线

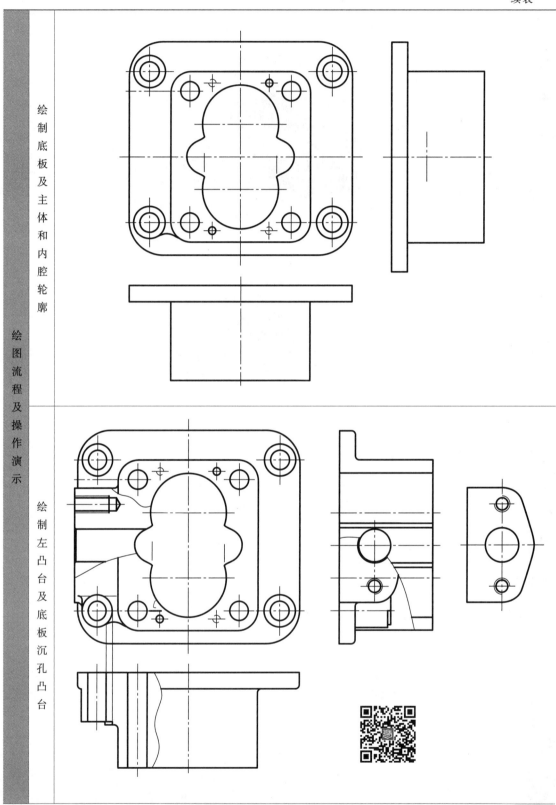

绘图流程及操作演示

绘制底板及主体和内腔轮廓

绘制左凸台及底板沉孔凸台

| 绘图流程及操作演示 | 绘制左凸台及底板沉孔凸台 | 难点一:M10 螺纹孔画法 |
| | | 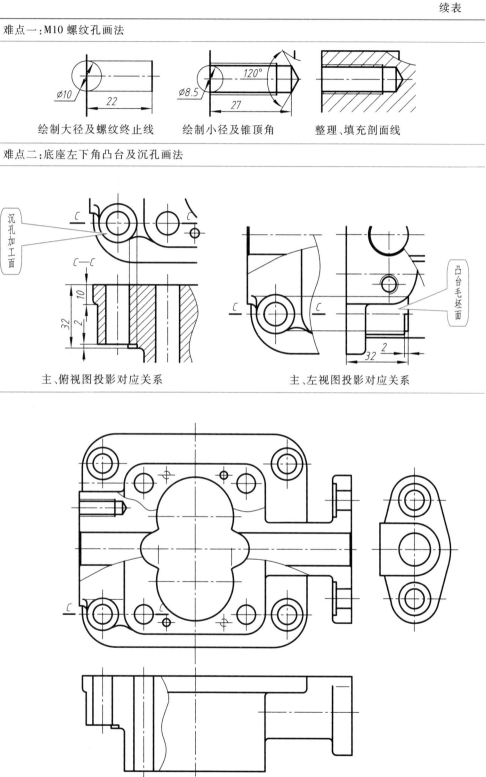 |

绘制大径及螺纹终止线　　绘制小径及锥顶角　　整理、填充剖面线

难点二:底座左下角凸台及沉孔画法

沉孔加工面

凸台毛坯面

主、俯视图投影对应关系　　　　　主、左视图投影对应关系

绘制右凸台

填充剖面线

绘图流程及操作演示

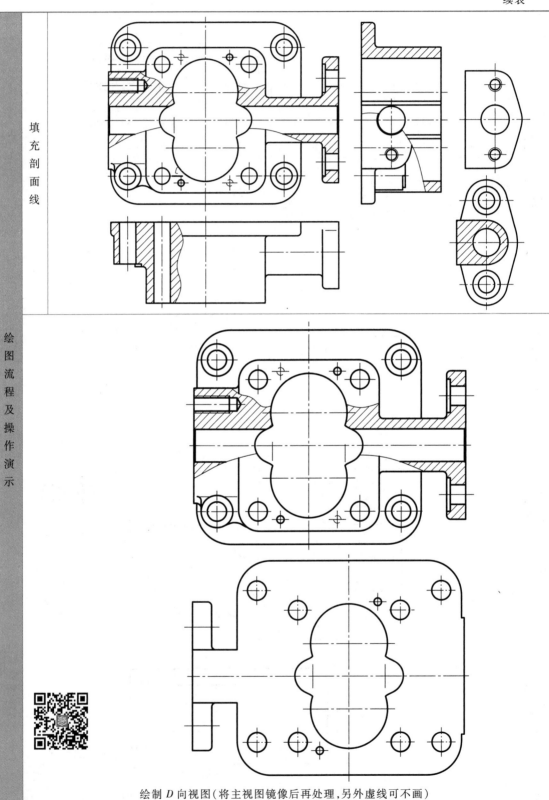

绘制 D 向视图(将主视图镜像后再处理,另外虚线可不画)

续表

绘图流程及操作演示	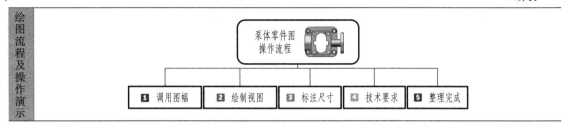

9.6 课后练习

根据手摇砂轮机的零件图及其工作原理,绘制其装配图。

工作原理:手摇砂轮机是以手摇为动力,用于磨削刀具或工件的一种装置。拧紧夹紧旋钮 28,使夹紧螺钉 26 带动夹紧顶盖 25 一起向上移动,可把砂轮机固定在工作台上。当转动手柄 7 时,通过曲柄 4 和键 5 带动主动轮轴 8 转动,进而通过键 11 使主动齿轮 10 转动,带动从动齿轮 轴 3 和砂轮 17 转动,即可磨削刀具或工件。刀具架 22 用于安装刀具或工件,并将其调整到所需 的角度。

手摇砂轮机的装配结构图如图 9-27 所示,手摇砂轮机的明细表见表 9-8。

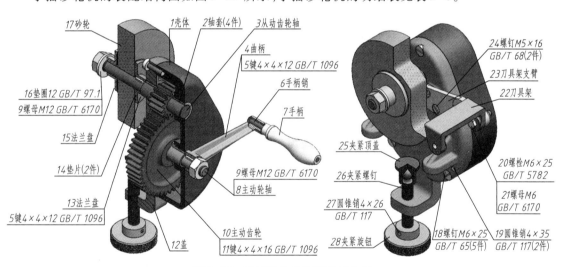

图 9-27　手摇砂轮机的装配结构图

表 9-8　手摇砂轮机的明细表

序号	零件代号	零件名称	材料	数量	备注
1	SLJ-01	壳体	HT200	1	
2	SLJ-02	轴套	ZQSn5-5-5	4	
3	SLJ-03	从动齿轮轴	45	1	
4	SLJ-04	曲柄	Q235	1	
5	GB/T 1096	键 4×4×12		2	

续表

序号	零件代号	零件名称	材料	数量	备注
6	SLJ-05	手柄销	Q235	1	
7	SLJ-06	手柄	硬木	1	
8	SLJ-07	主动轮轴	45	1	
9	GB/T 6170	螺母 M12		2	
10	SLJ-08	主动齿轮	HT200	1	
11	GB/T 1096	键 4×4×16		1	
12	SLJ-09	盖	HT200	1	
13	SLJ-10	法兰盘	45	1	
14	SLJ-11	垫片	耐磨橡皮	2	
15	SLJ-12	法兰盘	45	1	
16	GB/T 97.1	垫圈 12		1	
17	SLJ-13	砂轮	刚玉	1	
18	GB/T 65	螺钉 M6×25		5	
19	GB/T 117	圆锥销 4×35		2	
20	GB/T 5782	螺栓 M6×25		1	
21	GB/T 6170	螺母 M6		1	
22	SLJ-14	刀具架	HT200	1	
23	SLJ-15	刀具架支臂	HT200	1	
24	GB/T 68	螺钉 M5×16		2	
25	SLJ-16	夹紧顶盖	Q235	1	
26	SLJ-17	夹紧螺钉	45	1	
27	GB/T 117	圆锥销 4×26		1	
28	SLJ-18	夹紧旋钮	Q235	1	

由手摇砂轮机的零件图绘制其装配图的思维导图如图 9-28 所示,手摇砂轮机零件图如图 9-29 所示。

由零件图绘制装配图的一般步骤如下所示。

(1) 了解部件的功用和结构特点。

(2) 选择主视图。包括摆放和投影方向应符合部件的工作位置;采用恰当的表达方法,能较多地表达部件的结构和主要装配关系。

(3) 选择其他视图。主视图没有表达而又必须表达的部分,或表达不够完整、清晰的部分,用其他视图补充表达。

装配图画法步骤见表 9-9。

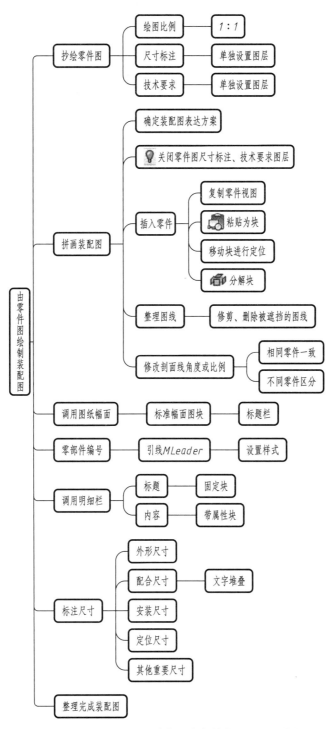

图 9-28　由手摇砂轮机的零件图绘制其装配图的思维导图

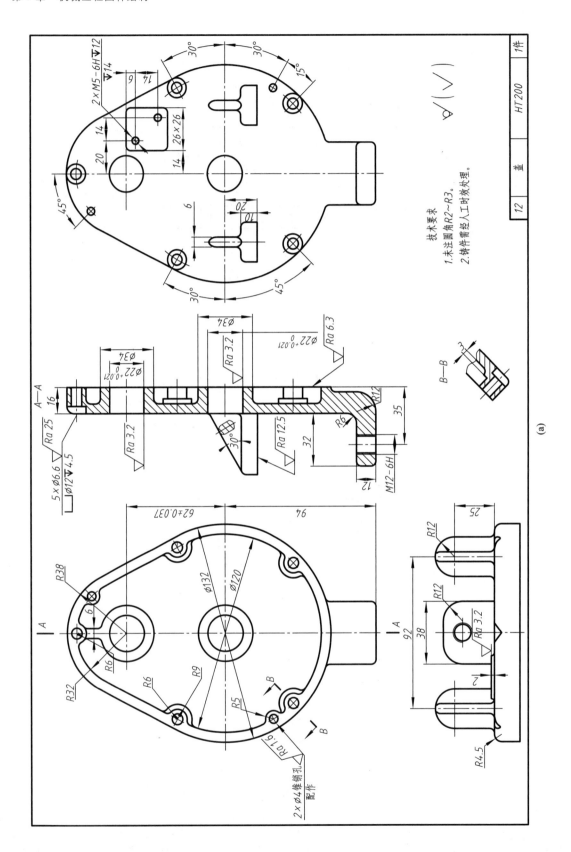

技术要求
1. 未注圆角R2~R3。
2. 铸件需经人工时效处理。

(a)

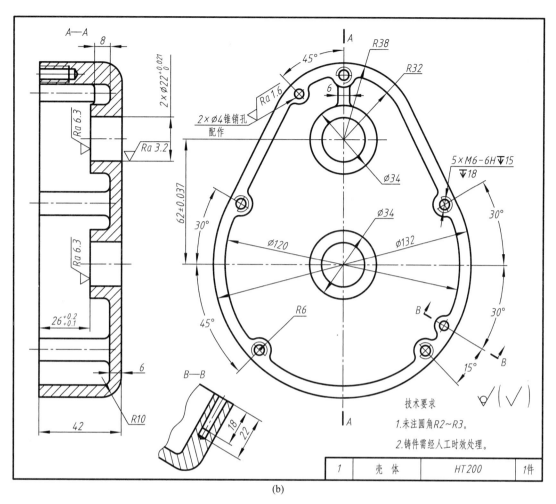

(b)

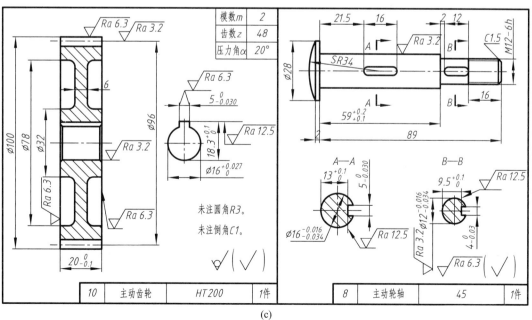

(c)

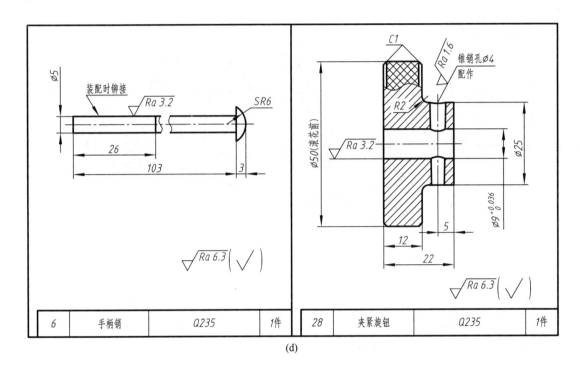

(d)

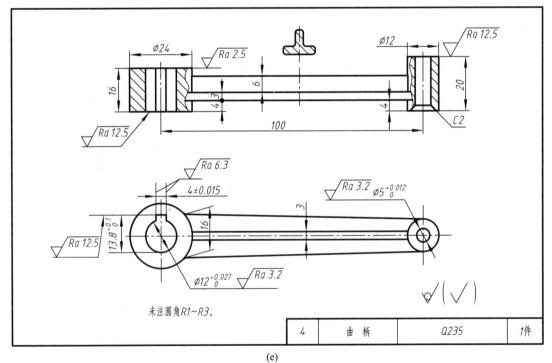

(e)

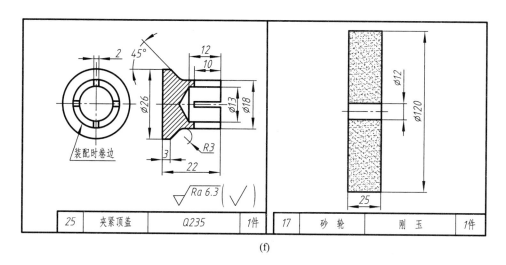

(f)

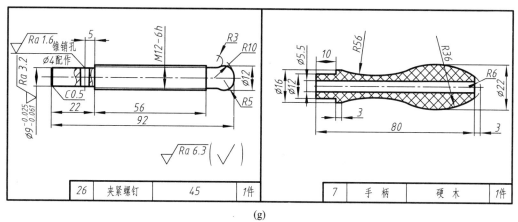

(g)

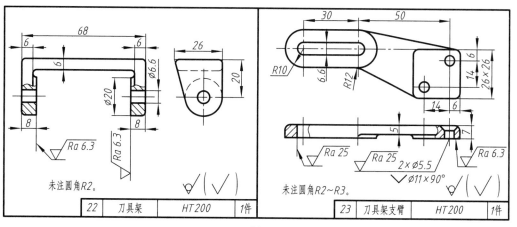

(h)

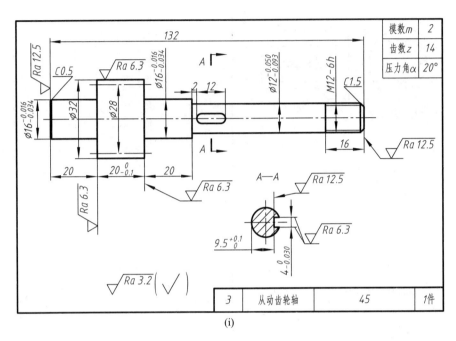

(i)

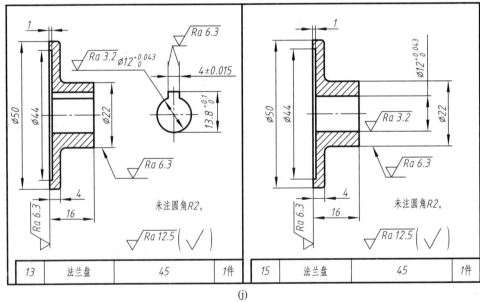

(j)

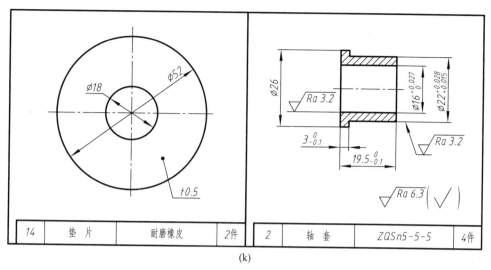

| 14 | 垫片 | 耐磨橡皮 | 2件 |
| 2 | 轴套 | ZQSn5-5-5 | 4件 |

(k)

图 9-29　手摇砂轮机零件图

表 9-9　装配图画法步骤

<table>
<tr><td rowspan="4">砂轮机的主要功能结构划分</td><td>动力输入结构：
由手柄 7、手柄销 6 和曲柄 4 构成手动驱动的动力输入结构</td><td rowspan="4">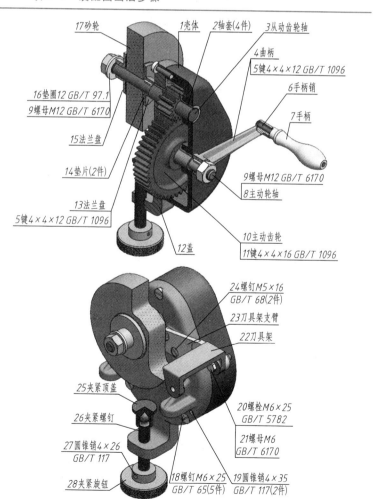</td></tr>
<tr><td>动力传动结构：
通过由键 5、主动轮轴 8、键 11、主动齿轮 10 和从齿轮轴 3 组成的传递路线，将手动的动力输入通过两个相互啮合的齿轮将低速转换为高速，并传输到砂轮 17，即可磨削刀具或工件</td></tr>
<tr><td>安装固定结构：
由夹紧顶盖 25、夹紧螺钉 26、圆锥销 27 和夹紧旋钮 28 构成安装固定结构。通过拧紧夹紧旋钮 28，使夹紧螺钉 26 带动夹紧顶盖 25 一起向上移动，从而把砂轮机固定于工作台上</td></tr>
<tr><td>刀具/工件夹持结构：
由刀具架 22、刀具架支臂 23、螺栓 20、螺母 21、螺钉 24 构成刀具/工件夹持结构。该结构用以安装刀具或工件，并调整到所需的角度</td></tr>
</table>

199

所选表达方案应满足以下几点：

（1）能清楚地表达手摇砂轮机的传动路线

（2）表达出两齿轮啮合关系

（3）能清晰地表达安装固定结构

（4）表达清楚刀具/工件夹持结构

（5）能反映装配体的整体形状

（6）表达出所有零件之间的连接和装配关系

表达方案确定

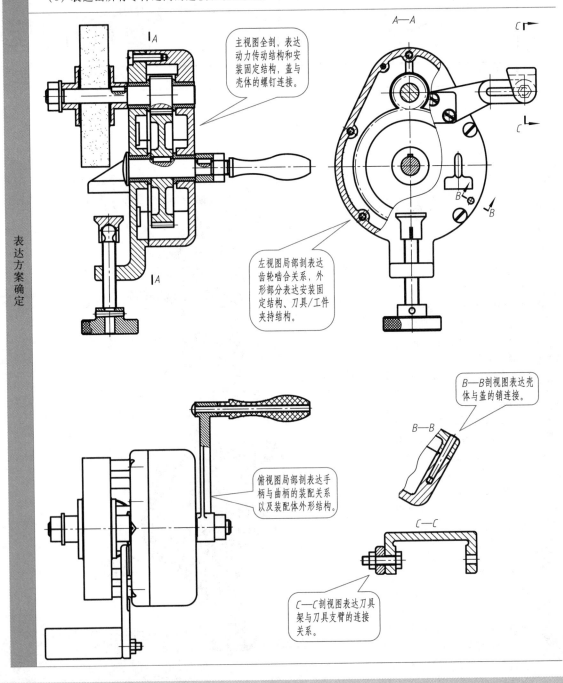

主视图全剖，表达动力传动结构和安装固定结构，盖与壳体的螺钉连接。

左视图局部剖表达齿轮啮合关系，外形部分表达安装固定结构、刀具/工件夹持结构。

B—B剖视图表达壳体与盖的销连接。

俯视图局部剖表达手柄与曲柄的装配关系以及装配体外形结构。

C—C剖视图表达刀具架与刀具支臂的连接关系。

续表

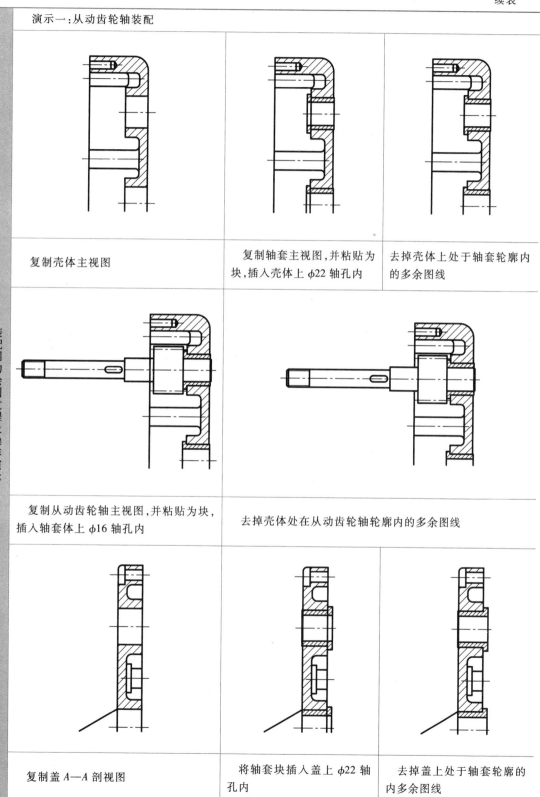

复制壳体主视图	复制轴套主视图,并粘贴为块,插入壳体上 φ22 轴孔内	去掉壳体上处于轴套轮廓内的多余图线

演示一:从动齿轮轴装配

复制从动齿轮轴主视图,并粘贴为块,插入轴套体上 φ16 轴孔内

去掉壳体处在从动齿轮轴轮廓内的多余图线

复制盖 A—A 剖视图

将轴套块插入盖上 φ22 轴孔内

去掉盖上处于轴套轮廓的内多余图线

装配图的绘制过程及操作演示

续表

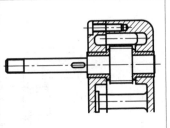		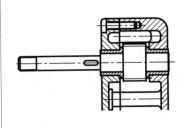
将装有轴套的盖插入到壳体左端	去掉壳体上处于轴套轮廓内的多余图线	更改盖的剖面线的方向

演示二：主动齿轮及主动轴装配

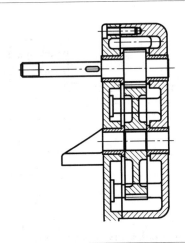	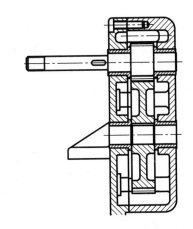
复制主动齿轮的主视图，并粘贴为块，插入到左、右轴套 $\phi16$ 内孔处	去掉壳体上处于齿轮轮廓内的多余图线

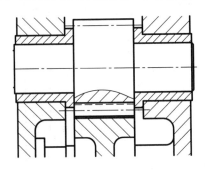

根据国家标准规定的齿轮啮合画法，绘制从动齿轮轴齿根线及轮齿部分的局部剖，并将主动齿轮的齿顶线改为虚线

装配图的绘制过程及操作演示

续表

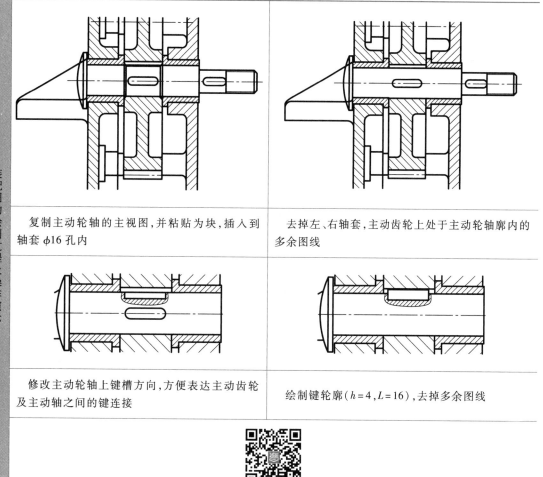

复制主动轮轴的主视图,并粘贴为块,插入到轴套 φ16 孔内	去掉左、右轴套,主动齿轮上处于主动轮轴廓内的多余图线
修改主动轮轴上键槽方向,方便表达主动齿轮及主动轴之间的键连接	绘制键轮廓($h=4,L=16$),去掉多余图线

完成后的装配图如图 9-32 所示(见本章最后)。

9.7　由装配图拆画零件图

由装配图拆画零件图的要求:

(1)给定换向阀装配图的".dwg"格式文件,读懂装配结构,明确换向阀的拆装顺序;

(2)从装配图中拆画出阀门和阀体的零件图,标注全部尺寸及相关技术要求;

(3)选择合适的图纸幅面,将零件图整理成规范图样。

拆画零件图的思维导图如图 9-30 所示。

工作原理:换向阀主要用于控制流体管路中流体的输出方向。在图 9-31 所示的情况下,流体由右边进入,因上出口不通,只能从下出口流出。当转动手柄 3,使阀门 6 转动 180°时,若下出口不通,就改为从上出口流出。根据手柄转动的角度不同,调节出口处的流量。

由装配图拆画零件图的流程见表 9-10。

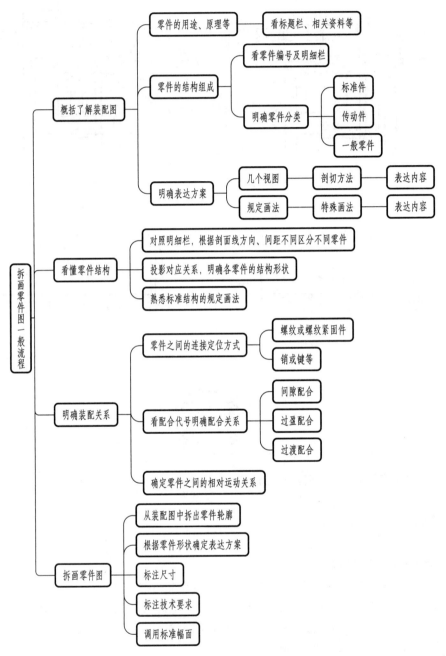

图 9-30　拆画零件图的思维导图

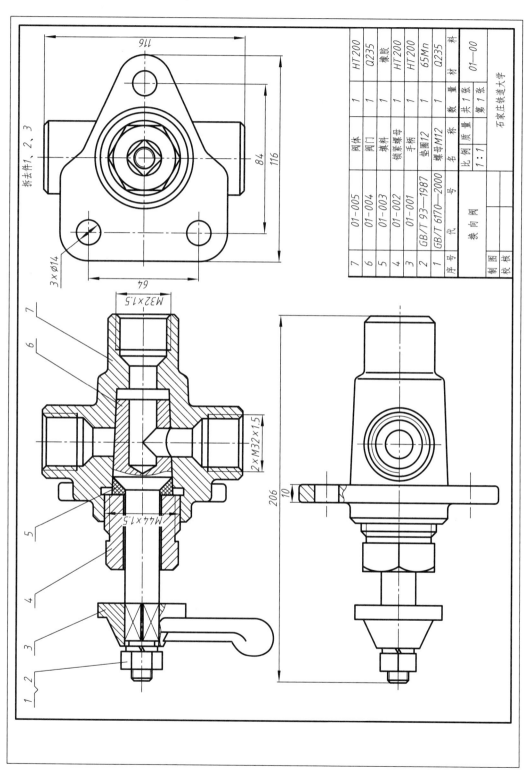

7	01-005		阀体	1	HT200	
6	01-004		阀门	1	Q235	
5	01-003		填料	1	橡胶	
4	01-002		锁紧螺母	1	HT200	
3	01-001		手柄	1	HT200	
2	GB/T 93—1987		垫圈12	1	65Mn	
1	GB/T 6170—2000		螺母M12	1	Q235	
序号	代 号		名 称	数量	材 料	

换向阀   01—00

比例 1:1   质量   共1张 第1张

石家庄铁道大学

制图   校核

图9-31 换向阀装配图

205

表 9–10　由装配图拆画零件图的流程

（1）从装配图的主视图中分离阀体轮廓

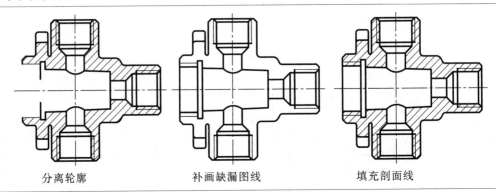

| 分离轮廓 | 补画缺漏图线 | 填充剖面线 |

（2）从装配图的左视图中分离阀体轮廓

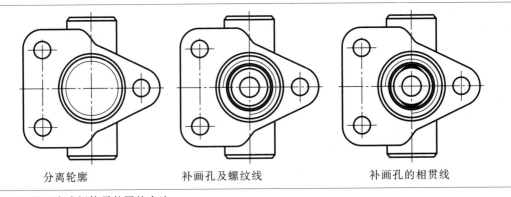

| 分离轮廓 | 补画孔及螺纹线 | 补画孔的相贯线 |

（3）整理完成阀体零件图的表达

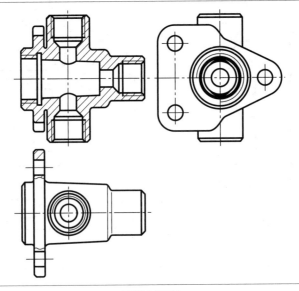

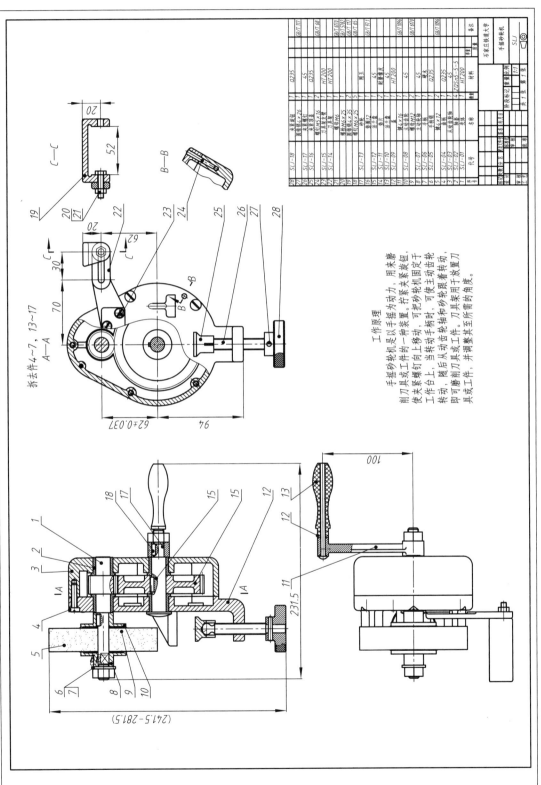

工作原理

手摇砂轮机是以手摇为动力，用来磨削刀具或工件的一种装置。柠紧夹紧爆钮，可把砂轮机固定于工作台上。随后从动齿轮转动时，可使主动齿轮转动，即转动手柄时，从动齿轮和砂轮跟着主动齿轮转动，可磨削刀具或工件。刀具用于放置刀具或工件，并调整其至所需的角度。

图 9-32 手摇砂轮机装配图

下　篇

三维 CAD 建模技术

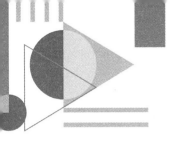

第 10 章
参数化草图

基于特征的参数化草图是现代机械设计的重要方法。设计者可以先画出图形的大致形状，然后添加几何约束和尺寸约束，以达到精确定义图形的目的。参数化草图允许设计者通过修改图形的几何约束和尺寸实现对图形的实时修改，大大提高了设计效率。

10.1　教学目标

1. 知识目标
（1）能正确阐述参数化草图绘制的基本操作思想。
（2）能正确辨识 SOLIDWORKS 的零件设计界面。

2. 能力目标
（1）能正确使用 SOLIDWORKS 常用草图绘制和编辑工具。
（2）能正确运用草图绘制和编辑工具绘制中等复杂程度的几何图形。
（3）能正确利用几何约束和尺寸标注完成对草图的约束与定位。

10.2　本章导图

本章内容及结构如图 10-1 所示。

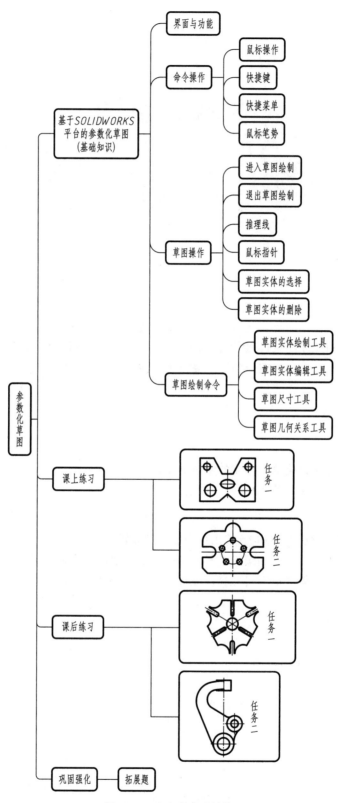

图 10-1　本章内容及结构

10.3　基础知识

10.3.1　SOLIDWORKS 的界面与功能

进入零件设计界面的步骤见表 10-1。

表 10-1　进入零件设计界面的步骤

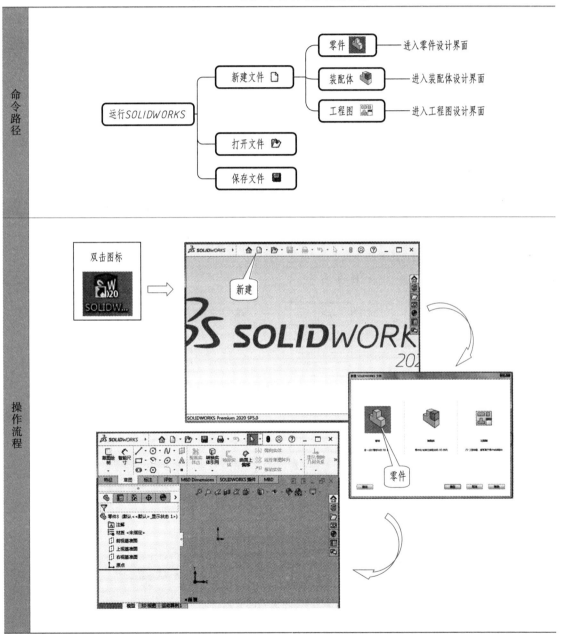

零件设计界面的分区如图 10-2 所示。

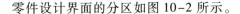

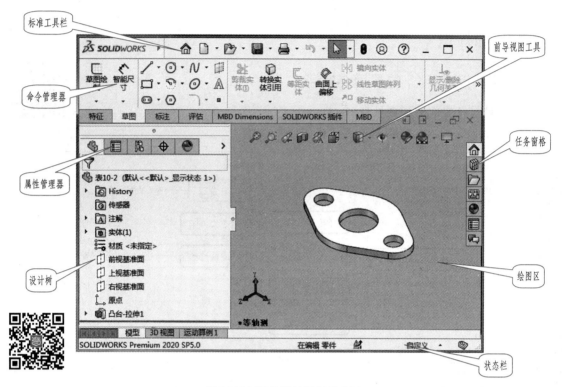

图 10-2　零件设计界面的分区

零件界面各部分的功能如图 10-3 所示。

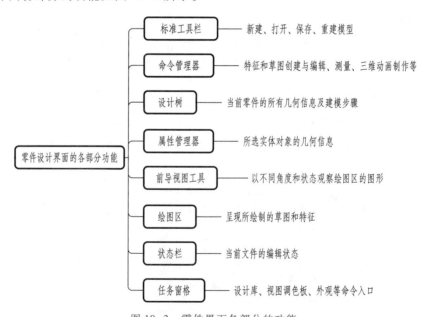

图 10-3　零件界面各部分的功能

在建模操作之前,要熟悉 SOLIDWORKS 的绘图环境和操作界面,零件设计界面的操作流程见表 10-2。

表 10-2 零件设计界面的操作流程

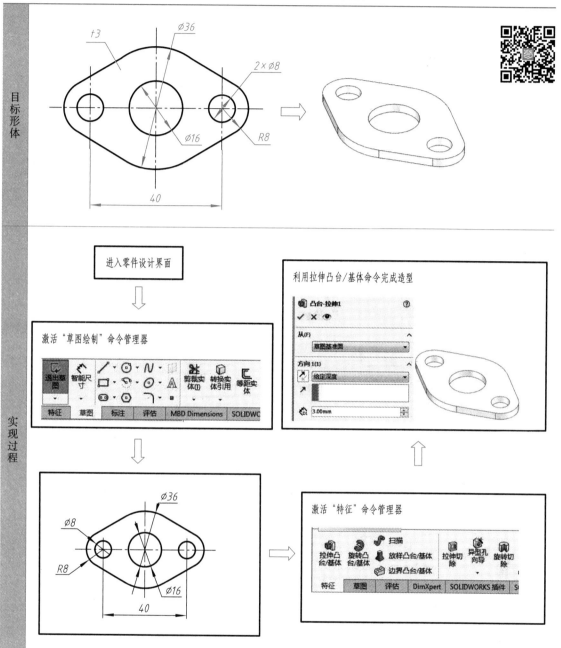

10.3.2 SOLIDWORKS 的命令操作

在 SOLIDWORKS 中,可以利用鼠标、快捷键、快捷菜单和鼠标笔势等操作方式,实现各种草图绘制或特征建模功能。

鼠标的功能如图 10-4 所示。

快捷键的功能如图 10-5 所示。

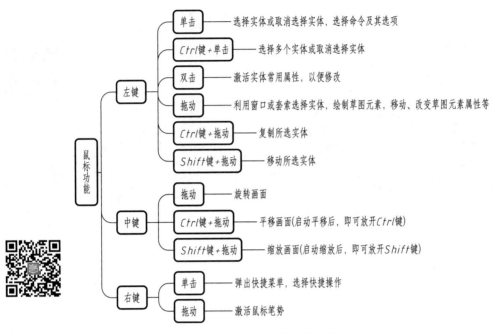

图 10-4　鼠标的功能

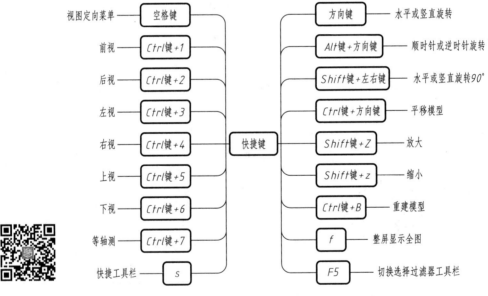

图 10-5　快捷键的功能

在不同的位置单击鼠标右键可以弹出不同的快捷菜单。常用的快捷菜单如图 10-6 所示。

在 SOLIDWORKS 中按住鼠标右键不放,同时在绘图区滑动鼠标,即为鼠标笔势。在草图绘制环境和特征操作环境的鼠标笔势不同,见表 10-3。

10.3.3　SOLIDWORKS 的草图操作

在 SOLIDWORKS 零件界面中,单击命令管理器中的"草图"按钮,激活"草图绘制"命令管理器,如图 10-7 所示。

(a) 绘图区空白处弹出的菜单

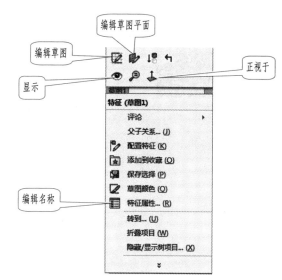

(b) 设计树中草图名处弹出的菜单

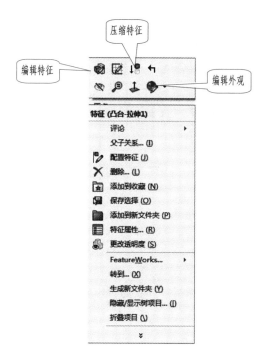

(c) 设计树中特征名处弹出的菜单

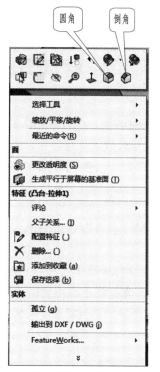

(d) 选中模型表面弹出的菜单

图 10-6　常用的快捷菜单

　　SOLIDWORKS 建模需要的草图需要在草图绘制环境中绘制,进入草图绘制环境的方法有很多种,最常用的方法为选择绘制草图的平面,单击"草图"命令管理器中的"草图绘制"按钮。

　　在草图绘制环境中完成草图绘制以后,需要退出草图绘制环境,进入"特征"命令管理器。退出草图绘制环境的方法也有很多种,最常用的方法为单击"草图"命令管理器中的"退出草图"按钮。

表 10-3　草图绘制环境和特征操作环境下的鼠标笔势

草图绘制环境	激活智能尺寸命令　激活圆命令　激活直线命令　激活矩形命令
特征操作环境	切换到上视　切换到左视　切换到右视　切换到下视

图 10-7　"草图绘制"命令管理器

在草图绘制过程中,SOLIDWORKS 提供了一种辅助工具——推理线。推理线可以直观地显示自动几何关系,以保证当前几何元素与已有元素的准确几何关系。推理线分为蓝色推理线和黄色推理线两种,如图 10-8 所示。蓝色推理线表示新端点与已有端点连线的几何关系,黄色推理线表示即将绘制的线段与既有线段的几何关系。

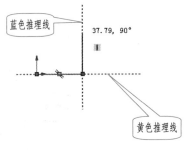

图 10-8　推理线

在草图绘制或特征操作过程中,根据操作命令和自动捕捉的实体的不同,光标将出现不同的反馈状态,以不同的鼠标指针形状来表达不同的几何状态。几何状态或对象类型与鼠标指针形状的对应关系见表 10-4。

表 10-4　几何状态或对象类型与鼠标指针形状的对应关系

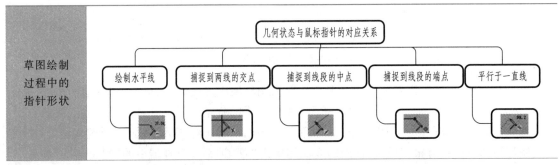

续表

选择对象过程中的指针状态	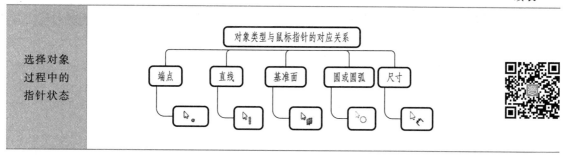

当草图处于已激活状态时,可以在绘图区利用鼠标左键的有关操作选择草图实体。选择草图实体的方法:单击鼠标左键,可以选中单个实体;Ctrl+单击鼠标左键,可以选中多个实体。

在草图绘制过程中,可以删除不需要的草图实体。删除草图实体的方法:选中草图实体后,按下 Del 键可以完成对所选对象的删除。

10.3.4　SOLIDWORKS 的草图绘制命令

草图绘制命令分为草图实体绘制工具、草图实体编辑工具、草图尺寸工具和草图几何关系工具等,如图 10-9 所示。

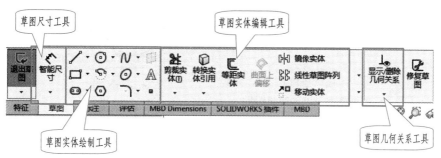

图 10-9　草图绘制命令分区

草图实体绘制工具包括直线、圆、圆弧、矩形、多边形、槽口等,常用的草图实体绘制工具见表 10-5。

表 10-5　常用的草图实体绘制工具

项目	图标	功能	图例	操作演示
直线	直线(实线)	将拾取点连接成粗实线	15.04, 180°	
	中心线	将拾取的点连接成点画线。点画线(构造线)不参与造型	18.43, 180°	
圆	圆	以拾取点为圆心和圆上一点,生成圆	R = 9.17	

续表

项目	图标	功能	图例	操作演示
圆弧	切线弧	生成以直线的端点为切点且过直线外的一点的圆弧	A = 219.07° R = 7.4	
	3 点圆弧	生成通过拾取点的圆弧	A = 137.71° R = 10.25	
矩形	边角矩形	生成以拾取点为对顶点的矩形	x = 17.8, y = 11.44	
	中心矩形	生成以拾取点为中心点和顶点的矩形	x = 19.49, y = 14.41	
多边形		生成以拾取点为中心和外接圆（内切圆）上一点的正多边形		
槽口		生成以拾取点为圆心和圆弧上一点的键槽图形		

草图实体编辑工具包括圆角、倒角、等距、镜像、阵列、剪裁、延伸等,常用的草图实体编辑工具见表 10-6。

表 10-6　常用的草图实体编辑工具

项目	图标	功能	图例	操作演示
圆角		在拾取的两条线段间添加圆角		
倒角		在拾取的两条线段间添加倒角		
等距实体		创建所拾取线段的等距线		

项目	图标	功能	图例	操作演示
剪裁实体	强劲剪裁	用鼠标路径自由剪裁草图实体		
	边角	将两条线段延伸或缩短到尖点相交		
镜像实体		以所选中心线为对称轴,创建与所选图形对称的图形		
草图阵列	线性草图阵列	沿着直线方向阵列所选实体		
	圆周草图阵列	沿着圆周方向阵列所选实体		

　　草图尺寸工具包括智能尺寸、水平尺寸、竖直尺寸、尺寸链、水平尺寸链、竖直尺寸链和路径长度尺寸等(图 10-10),可以添加线性、半径、直径、角度等类型尺寸,还可以添加从同一基准出发的尺寸。其中,使用智能尺寸命令可以完成一般工程图的尺寸标注,软件会根据所选实体对象的不同而创建不同标注。常用的草图尺寸工具见表 10-7。

　　草图几何关系工具包括显示/删除几何关系和添加几何关系,如图 10-11 所示。针对常见的几何元素如点、直线、圆和圆弧等,可

图 10-10　草图尺寸工具栏

能存在的几何关系见表10-8。

表 10-7　常用的草图尺寸工具

项目	图标	功能	图例			操作演示
线性尺寸	智能尺寸	标注两个点或一条直线的距离或长度	33.24	40.25	22.70	
直径尺寸	智能尺寸	标注圆或圆弧的直径尺寸	∅23.16		∅15.53	
半径尺寸	智能尺寸	标注圆弧的半径尺寸			R8.49	
角度尺寸	智能尺寸	标注两条直线夹角			34.33°	

添加几何关系包括自动添加几何关系和手动添加几何关系两种方法。利用显示/删除几何关系命令可以删除单个或全部几何关系,也可以在添加几何关系时删除几何关系。关于草图几何关系的操作见表10-9。

图 10-11　草图几何关系工具栏

根据草图的尺寸标注和几何约束,可以将草图分为三种状态:欠定义、过定义和完全定义,如图10-12所示。

表 10-8　常见几何元素的草图几何关系

	点	直线	圆或圆弧
点	水平、竖直、重合	中点、重合	同心、重合
直线	中点、重合	水平、竖直、平行、垂直、相等、共线	相切
圆或圆弧	重合、同心	相切	全等、相切、同心、相等

欠定义是指草图中缺少尺寸或几何约束,现有的尺寸和几何约束不足以限制草图中各图元的形状和相对位置。在草图编辑的状态下,欠定义的草图中存在蓝色的点或线。在设计树中,欠定义的草图名前面有前缀“(-)”。

过定义是指草图中有多余的尺寸或几何约束,超出了限制草图中各图元的形状和相对位置的需要。在草图编辑的状态下,过定义草图中存在黄色或红色的图线、尺寸或约束。在设计树中,过定义的草图名前面有前缀 和"(+)"。对于过定义的草图,需要重新修改草图,删减草图中的尺寸或几何约束。

表 10-9 关于草图几何关系的操作

项目	图标	功能	图例	操作演示
自动添加几何关系		默认状态下,系统会根据实体本身的方向以及与其他实体的位置关系,自动为草图实体添加几何约束	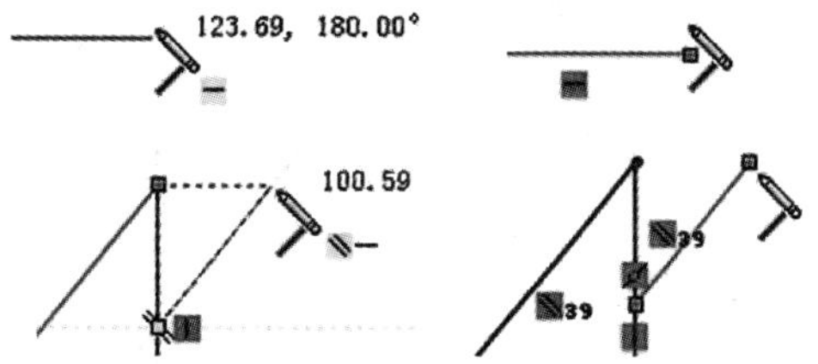	
手动添加几何关系	添加几何关系	为选中的两个草图对象添加几何关系	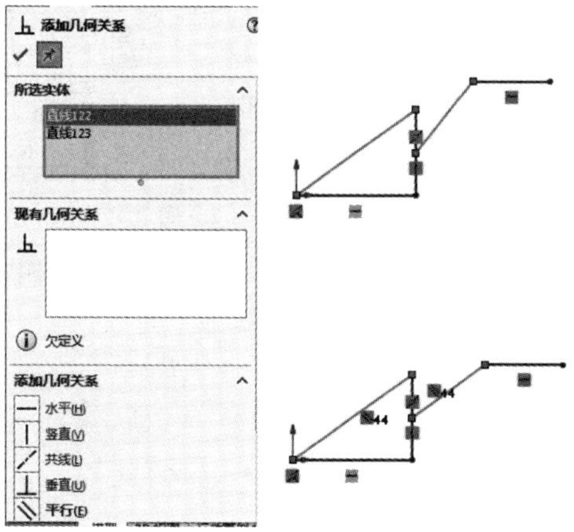	
删除几何关系	显示/删除几何关系	删除或压缩选中的几何关系	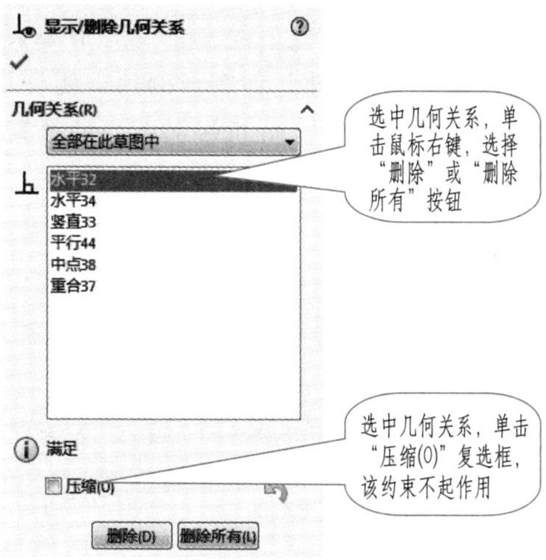	

完全定义是指草图中尺寸或几何约束齐全,符合限制草图中各图元自由度的需要。在草图编辑的状态下,完全定义的草图中所有的图线均呈黑色。在设计树中,完全定义的草图名前面没有带括号的前缀。

在进行参数化建模前,所绘制的草图应当是完全定义的。欠定义的草图可以生成模型,但是不符合设计的严谨性要求。在进行特征建模的过程中,如果采用过定义的草图,将不会生成出现特征操作的预览画面。

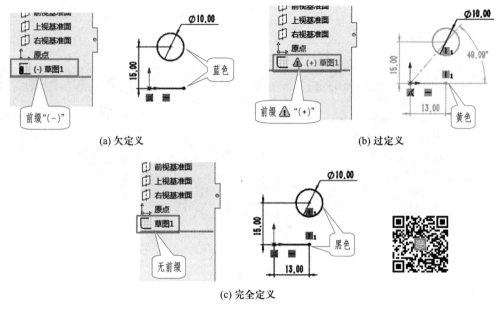

(a) 欠定义　　　　　　　　　　　　　　(b) 过定义

(c) 完全定义

图 10-12　草图的三种状态

10.4　练习要求及注意事项

10.4.1　练习要求

（1）在 SOLIDWORKS 草图环境下绘制的参数化草图是特征建模的基础,为了保证模型的稳定性,草图应该是完全定义的,即几何图形的约束要合理,不能过定义或欠定义。

（2）根据几何图形的分析方法,分析任务图形的合理绘图顺序,从原点位置开始绘制草图,然后逐渐向外展开,同时添加几何约束和尺寸约束。

10.4.2　注意事项

（1）参数化草图轮廓一般是实线,且首尾相接,不能多线或少线。

（2）点画线(构造线)不能作为造型的轮廓。

（3）多线是指线段超出了轮廓的封闭区域,或者与已有线段重叠;少线是指线段长度不够,线段的端点与其他图线不接触,没有形成闭合区域;草图中多线和少线都会影响特征建模时预览画面的正确性。

10.5　课上练习

10.5.1　任务一:基本图形

1. 要求

利用草图绘制和智能尺寸工具绘制基本图形,如图 10-13 所示。

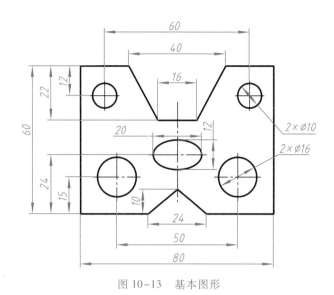

对基本图形
的分析

图 10-13 基本图形

2. 任务分析

根据原图(图 10-13)的尺寸,将图中的线段分类为已知线段、中间线段和连接线段,然后确定画图的步骤。

图形分析:本图为对称图形;本图的图形组成为外轮廓多边形、φ10 的圆、φ16 的圆和椭圆;所有图线均为已知线段,无中间线段和连接线段。

绘图思路:先绘制外轮廓多边形,再绘制圆和椭圆。要保证所有的水平线或竖直线自动添加水平或竖直约束。

3. 任务导图及操作流程

任务导图如图 10-14 所示,操作步骤见表 10-10。

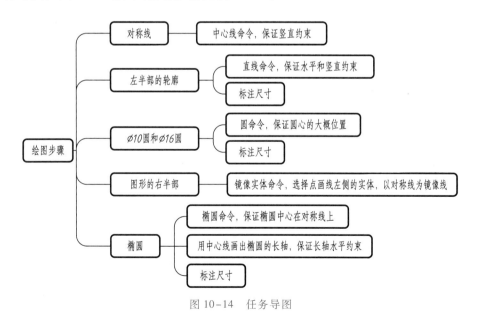

图 10-14 任务导图

表 10-10 操作步骤

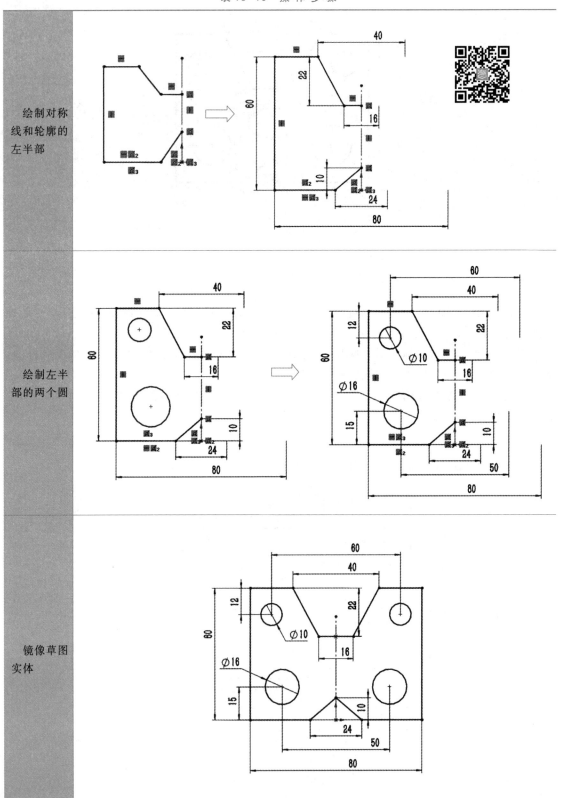

绘制对称线和轮廓的左半部	
绘制左半部的两个圆	
镜像草图实体	

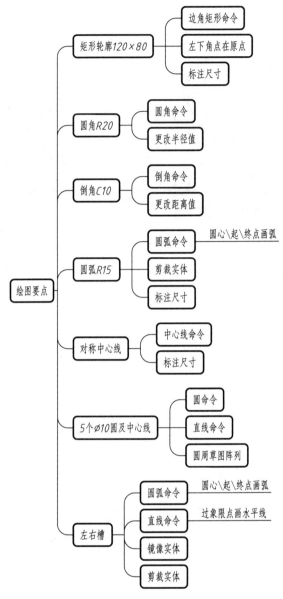

图 10-16　任务导图

表 10-11　操 作 步 骤

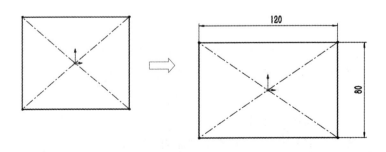

利用圆角命令绘制 R20 圆弧,利用倒角命令绘制 C10 倒角	
利用圆弧命令绘制 R15 圆弧,剪裁实体	
绘制一个 φ10 的圆,并利用圆周草图阵列命令阵列成五个	
在左侧画一个半圆,然后从象限点开始画水平直线,最后剪裁实体	

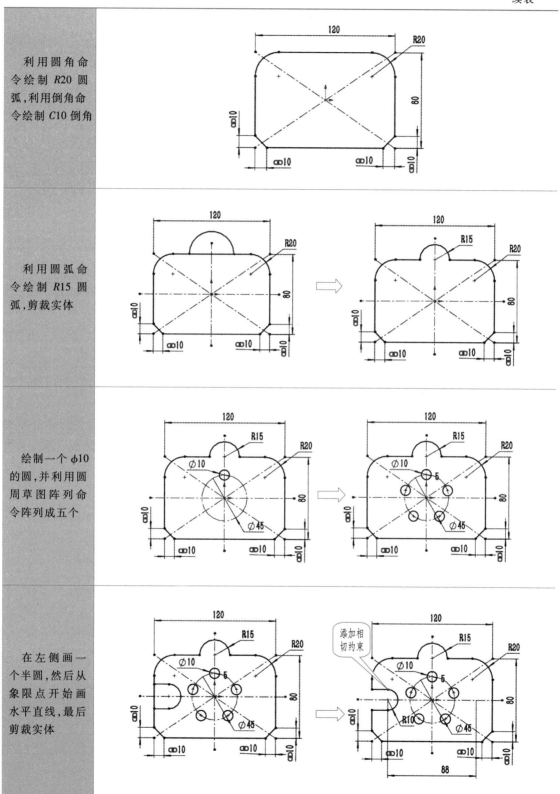

续表

| 利用镜像实体命令和剪裁实体命令完成图形 | 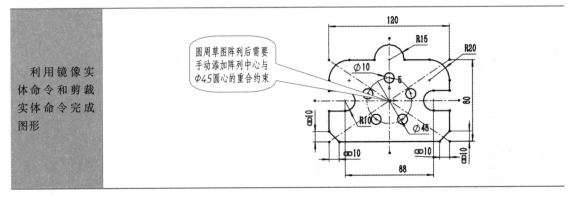 |

10.6   课后练习

10.6.1   任务一：槽轮

1. 要求

利用草图工具绘制槽轮的几何图形，如图 10-17 所示。

2. 任务分析

首先，根据原图(图 10-17)的尺寸，将图中的线段进行分类，区分出已知线段、中间线段和连接线段。

图形分析：本图有 6 个槽，每个槽内侧的两直线与其对称中心线平行，槽口处的形体外轮廓线与其对称中心线垂直。图形可以分为完全相同的三部分(图 10-18 中 C 区)，而每一部分又可分为对称的两部分(图 10-18 中 A 区和 B 区)。

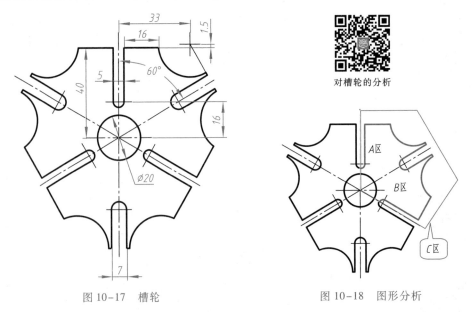

对槽轮的分析

图 10-17   槽轮   图 10-18   图形分析

绘图思路：先绘制对称线一侧的图形(A 区，除 φ20 圆外的部分)，再用镜像实体命令完成另一侧的图形(*B* 区),然后利用圆周草图阵列命令完成其余部分,最后绘制 φ20 圆。

3. 任务导图及操作流程

任务导图如图 10-19 所示,操作流程如图 10-20 所示。

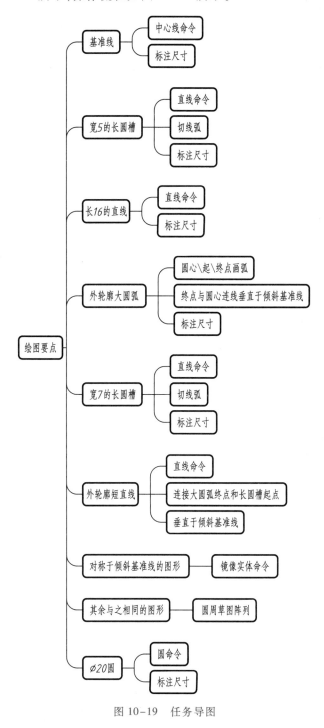

图 10-19　任务导图

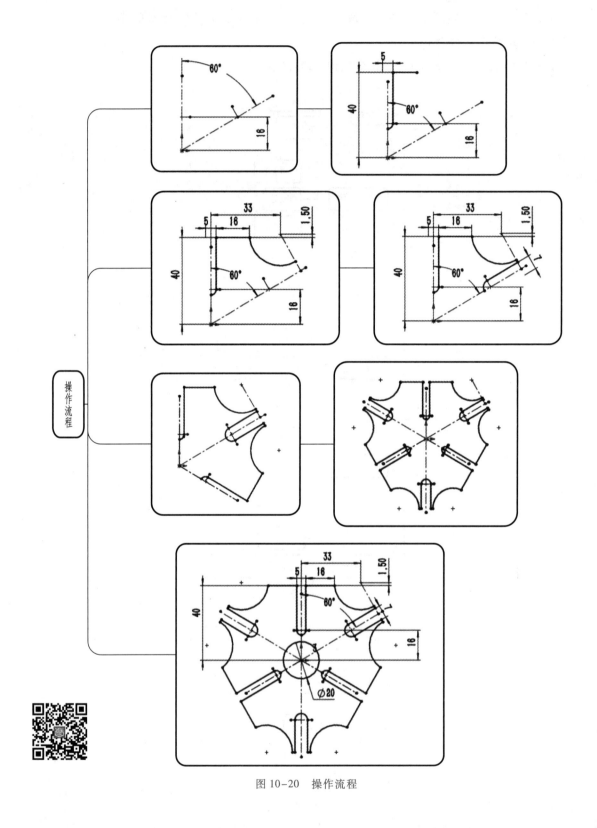

图 10-20　操作流程

10.6.2　任务二：几何图形

1. 要求

利用草图工具绘制几何图形,如图 10-21 所示。

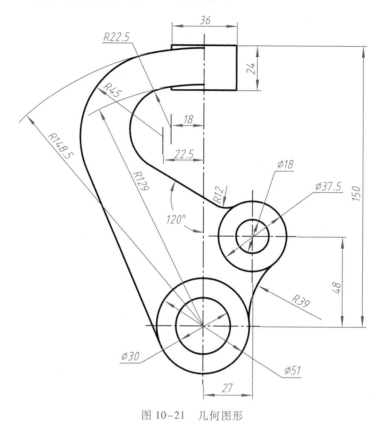

图 10-21　几何图形

对任务二
的分析

2. 任务分析

根据原图(图 10-21)的尺寸,将图中的线段进行分类,操作方法可参考课后练习任务一。

图形分析:R22.5、R45 圆弧和 R22.5 圆弧的切线为中间线段,R12、R39 圆弧和左下方外公切线为连接线段,其余为已知线段。

绘图思路:先画已知线段,再画中间线段,最后画连接线段,保证图形完全定义。对于中间弧(缺少一个定位尺寸)和连接弧(没有定位尺寸),可添加约束使其完全定义。

3. 任务导图及操作流程

任务导图如图 10-22 所示,操作流程如图 10-23 所示。

10.6.3　任务三：拓展题

利用草图绘制工具绘制图 10-24 所示的几何图形。注意:利用 SOLIDWORKS 绘制图形时,尺寸约束和几何约束不要重复,否则将出现过定义。

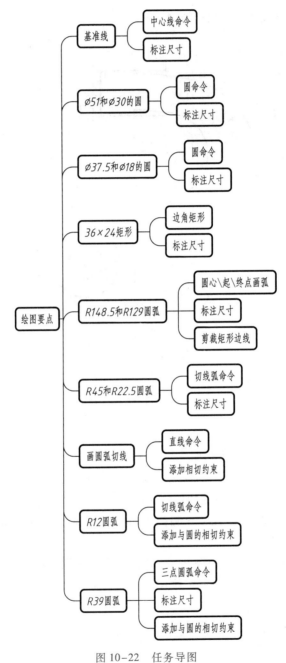

图 10-22　任务导图

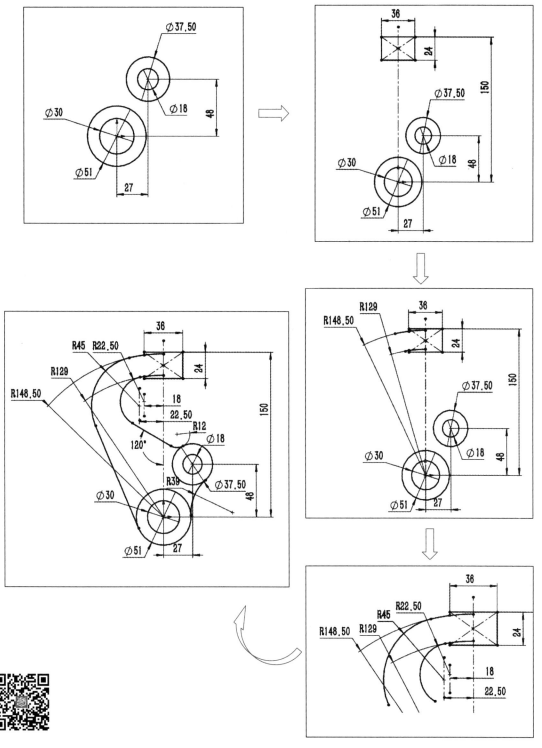

图 10-23　操作流程

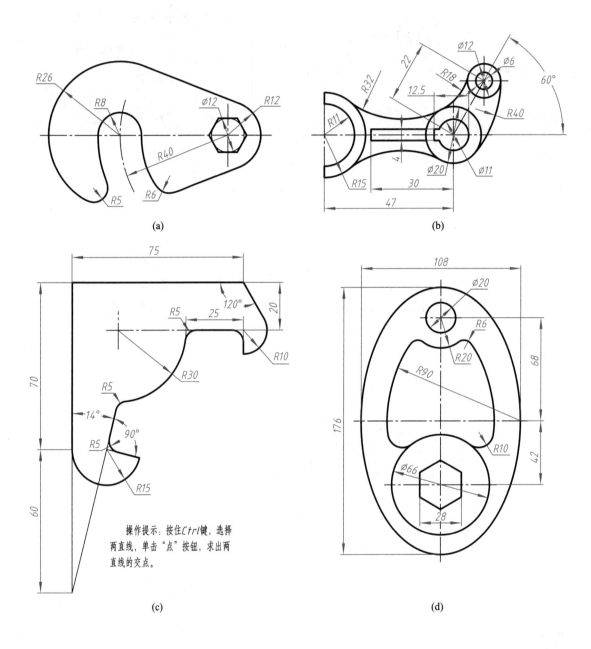

(a)

(b)

操作提示：按住 *Ctrl* 键，选择
两直线，单击"点"按钮，求出两
直线的交点。

(c)

(d)

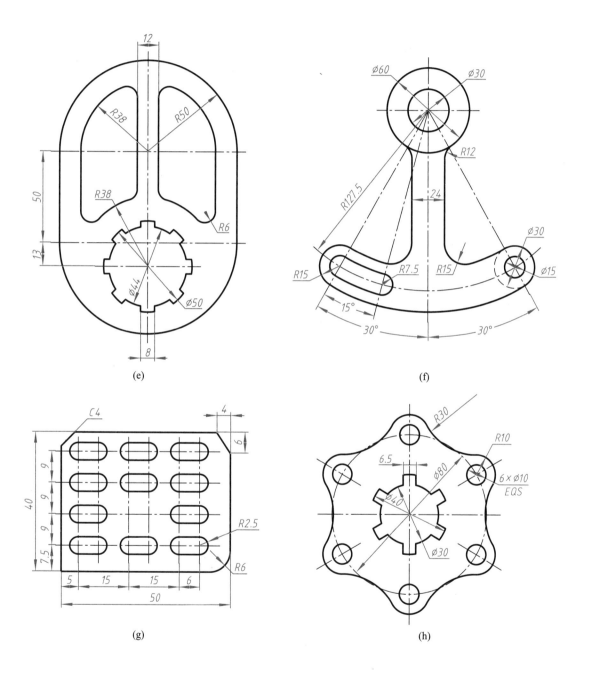

(e)

(f)

(g)

(h)

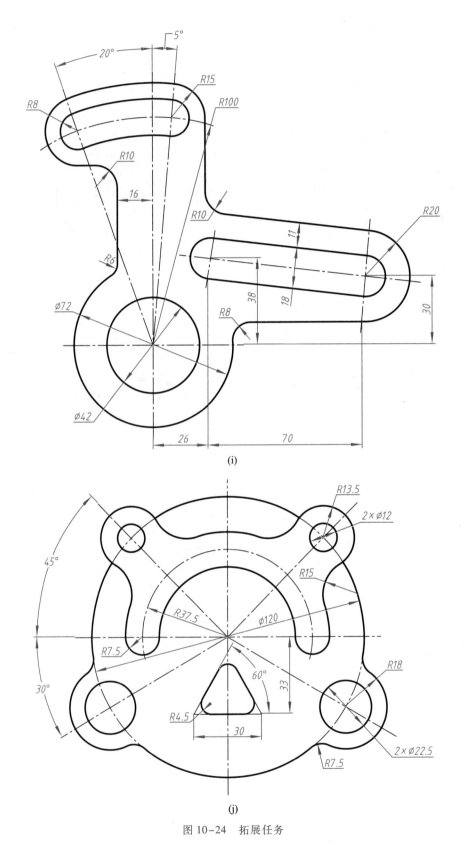

(i)

(j)

图 10-24　拓展任务

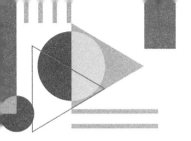

第 11 章
三维特征建模

SOLIDWORKS 零件模块依据参数化特征建模的思想,以零件上的常见特征为基础,为工程师提供了工程设计的特征创建工具。SOLIDWORKS 三维特征建模的过程符合实际设计,有利于工程师提高零件加工工艺性。三维特征建模是 SOLIDWORKS 的重要功能,包括基准特征、拉伸与旋转、扫描与放样等,可以实现常规机械零件的基础结构建模。

11.1 教学目标

1. 知识目标
(1) 能正确解释基准面、基准轴等基准特征的概念及创建条件。
(2) 能正确阐述拉伸特征的开始条件和终止条件等选项的作用与功能。
(3) 能正确阐述旋转特征的类型和作用。
(4) 能正确阐述扫描与放样特征的草图几何条件和约束条件。
(5) 能正确阐述特征压缩、更改特征建模顺序及父子关系等修复工具的作用与功能。

2. 能力目标
(1) 能正确运用基准面、基准轴等功能完成基准特征的创建。
(2) 能综合运用拉伸、旋转、扫描、放样等基础特征创建实体模型。
(3) 能将特征压缩、更改特征建模顺序等功能正确应用于建模过程。
(4) 能综合应用实体建模功能完成工程对象的三维模型。

11.2 本章导图

基础特征建模导图如图 11-1 所示。

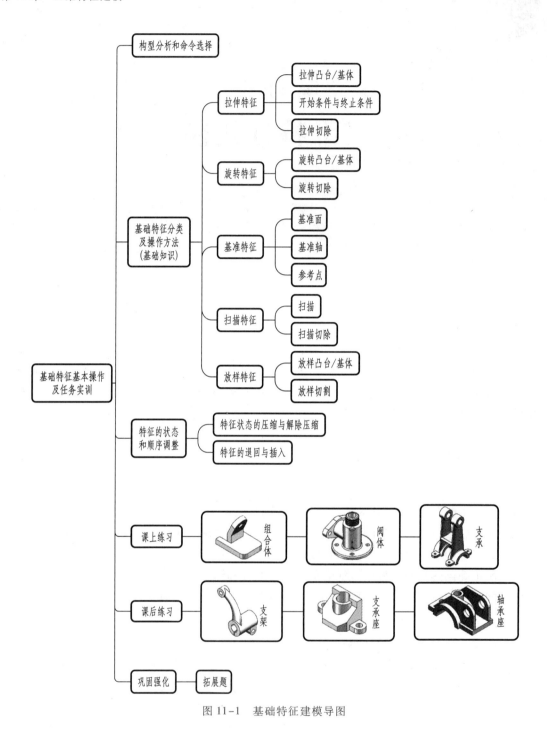

图 11-1　基础特征建模导图

11.3　基础知识

三维特征建模的相关命令如图 11-2 所示。

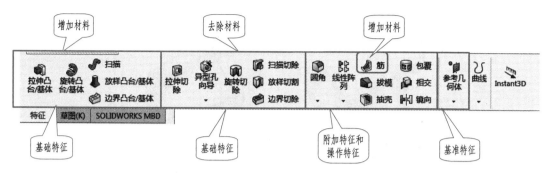

图 11-2　特征建模的命令管理器

11.3.1　构型分析和命令选择

进行三维建模前,需要分析模型的结构,以确定合理的建模顺序。同一种结构可以采用不同的建模命令和操作方法,应结合零件制造工艺合理选择。对初学者而言,只要保证结构尺寸与图样设计要求一致即可。

以支座模型(图 11-3)为例,分析模型的构型过程和命令选择。该任务的最终模型以及结构分析如图 11-4 所示。

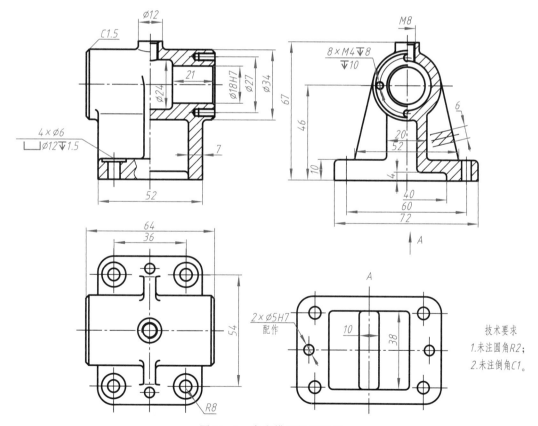

图 11-3　支座模型的工程图

该模型的建模导图如图 11-5 所示,其建模操作流程如图 11-6 所示。

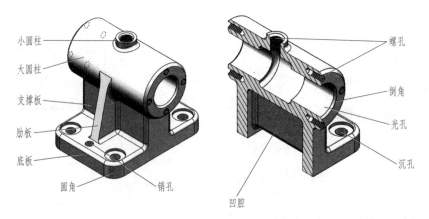

图 11-4　支座模型的结构分析

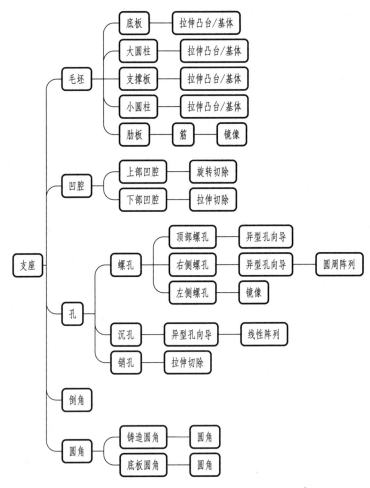

图 11-5　支座模型的建模导图

由上可见,拉伸特征和旋转特征是最基础的模型特征,零件上的大部分结构都可以利用拉伸或旋转命令实现。孔、筋、圆角、倒角等附加特征以拉伸和旋转等特征的创建为前提,借助阵列、镜像、扫描和放样等特征,能够创建模型零件的各种结构。

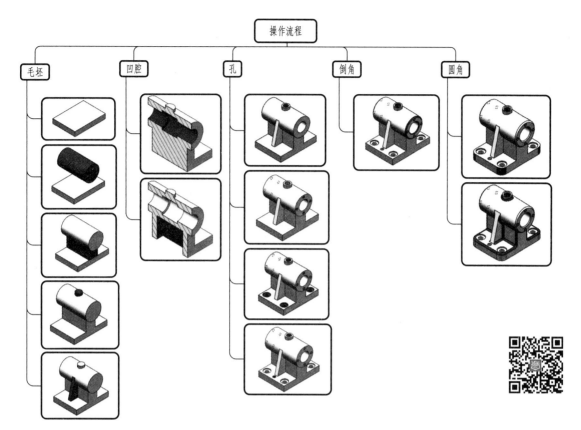

图 11-6　支座模型的建模操作流程

　　在进行基础特征操作前要创建草图。草图中的实线要首尾相接,可以开环或闭环,但是不能多线、不能少线。同一条图线的位置,不能出现多条线重叠的情况。不同草图与建模的关系见表 11-1。

表 11-1　不同草图与建模的关系

闭环草图	单个草图轮廓　　　嵌套草图轮廓	可用于基础特征的所有操作
开环草图	单个草图轮廓　　　嵌套草图轮廓	可用于拉伸(切除)薄壁特征、旋转(切除)薄壁特征和曲面特征的操作

续表

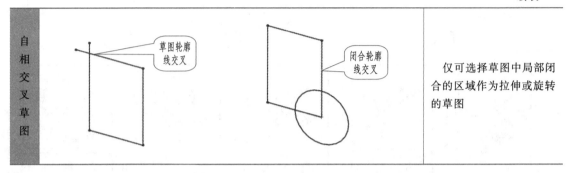

自相交叉草图	仅可选择草图中局部闭合的区域作为拉伸或旋转的草图

11.3.2　拉伸特征

拉伸特征是将某一草图轮廓沿着指定方向拉伸形成的实体特征。拉伸特征可以由拉伸凸台/基体或拉伸切除实现,拉伸凸台/基体可以增加材料,拉伸切除可以去除材料。

拉伸特征的创建方法如图 11-7 所示。

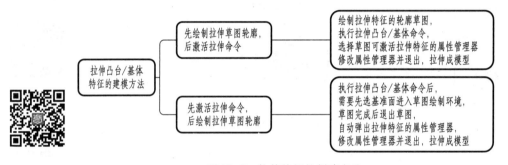

图 11-7　拉伸特征的创建方法

激活拉伸特征命令以后,在绘图区左侧设计树的位置展开拉伸特征的属性管理器。"凸台-拉伸"属性管理器如图 11-8 所示,"切除-拉伸"属性管理器如图 11-9 所示,两个属性管理器中的拉伸开始条件和终止条件的选项分别相同(图 11-10)。

注:"起模""起模斜度"为规范名词,但 SOLIDWORKS 中都用"拔模""拔模角度",本书沿用 SOLIDWORKS 说法,读者使用本书时应注意。

拉伸特征的属性管理器的选项含义见表 11-2。

拉伸特征的创建流程如图 11-11 所示。

拉伸特征开始条件的功能见表 11-3,其终止条件的功能见表 11-4。

11.3.3　旋转特征

旋转特征是将某一草图截面绕着一直线旋转而形成的实体特征。旋转特征由旋转凸台/基体或旋转切除实现,旋转凸台/基体可以增加材料,旋转切除可以去除材料。

旋转特征的创建方法如图 11-12 所示。

旋转凸台/基体和旋转切除的属性管理器相同,如图 11-13 所示。

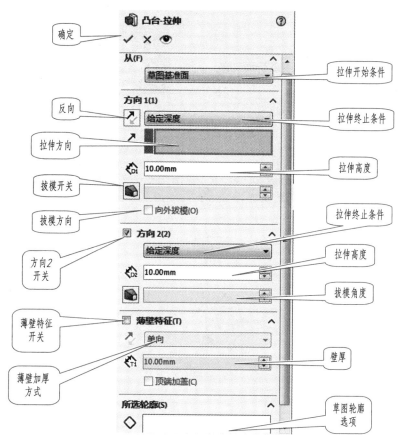

确定

从(F)
拉伸开始条件

方向1(1)
反向
拉伸方向
拉伸终止条件

拉伸高度

拔模开关
拔模方向

方向2
开关
拉伸终止条件

拉伸高度

拔模角度

薄壁特征
开关

薄壁加厚
方式
壁厚

草图轮廓
选项

图 11-8　"凸台-拉伸"属性管理器

切除材料
的方向

图 11-9　"切除-拉伸"属性管理器

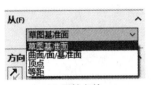
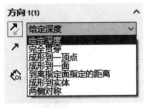

(a) 开始条件　　　　　　　　(b) 终止条件

图 11-10　拉伸特征的开始条件和终止条件

表 11-2　拉伸特征的属性管理器的选项含义

拉伸选项	功能	效果
开始条件	确定拉伸特征开始的位置	从草图基准面开始拉伸　　从平行于草图基准面、且与其有一定距离的平面位置开始拉伸
终止条件	确定拉伸特征终止的位置	到该曲面终止拉伸　　草图轮廓
拉伸方向	可以选择垂直于草图基准面(默认)或沿模型的边线、草图直线或轴线的方向拉伸	拉伸方向垂直于草图轮廓　　拉伸方向沿着模型的边线

拉伸选项	功能	效果
反向	可以向相反的方向拉伸	原拉伸方向　反向拉伸
拔模开/关	设定拔模角度，生成棱锥体或圆锥体	向内拔模　无拔模角度
所选轮廓	可利用部分草图生成拉伸特征	草图轮廓　预览结果
薄壁特征	可生成有空腔的实体，或利用开环草图拉伸成实体	草图轮廓　预览结果

续表

拉伸选项	功能	效果
反侧切除	草图轮廓投影柱面外侧的部分被切除	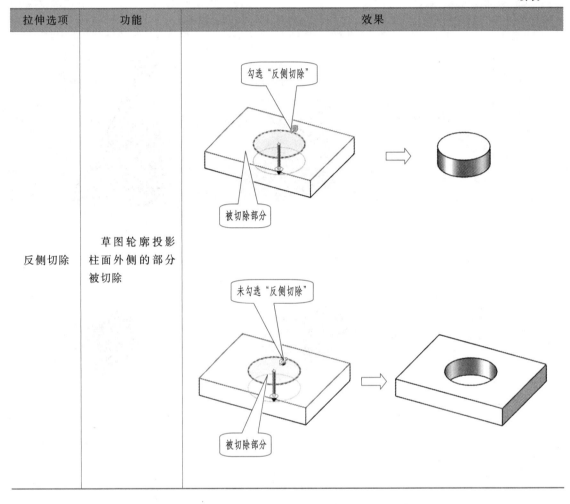

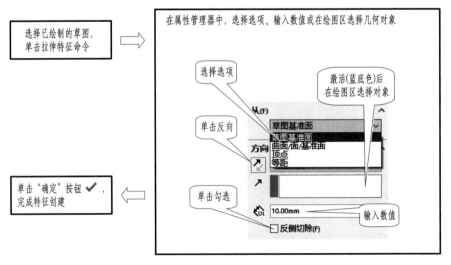

图 11-11　拉伸特征的创建流程

表 11-3 拉伸特征开始条件的功能

开始条件	功能	效果
草图基准面	从草图所在的基准面开始拉伸（默认条件）	
等距	开始拉伸的位置为与草图基准面等距的平行面时,需输入等距距离	

表 11-4 拉伸特征终止条件的功能

终止条件	功能	效果
给定深度	从起始位置开始拉伸,到给定的距离位置结束拉伸（默认条件）	
完全贯穿	从起始位置开始拉伸,直至贯穿所有的现有形体后结束拉伸	

续表

终止条件	功能	效果
成形到一面	从起始位置开始拉伸,到距离起点最近的面(平面或曲面)的位置结束拉伸,拉伸结束面与该面重合。要求草图(沿拉伸方向)完全包含在该面的边界内	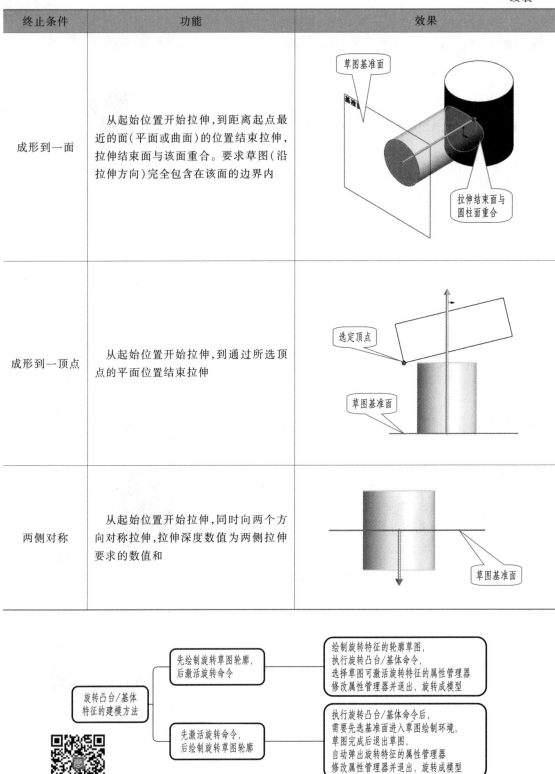
成形到一顶点	从起始位置开始拉伸,到通过所选顶点的平面位置结束拉伸	
两侧对称	从起始位置开始拉伸,同时向两个方向对称拉伸,拉伸深度数值为两侧拉伸要求的数值和	

图 11-12　旋转特征的创建方法

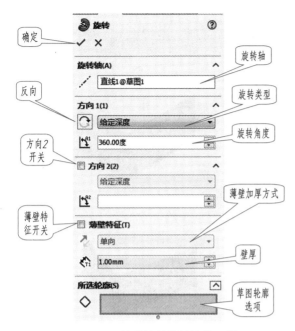

图 11-13 旋转特征的属性管理器

图 11-14 旋转特征的旋转类型选项

旋转特征的属性管理器中,除了旋转轴、旋转类型和旋转角度以外的选项与拉伸特征的属性管理器相同,参见表 11-2。

旋转轴是旋转特征的回转轴线,实线或构造线均可作为旋转轴,旋转角度是创建的旋转特征绕轴线扫掠过的角度。

旋转类型的各个选项如图 11-14 所示,各选项的功能见表11-5。

表 11-5 旋转特征终止条件的功能

旋转类型	功能	效果
给定深度	从草图基准面位置开始旋转,旋转给定的角度(默认条件)	
成形到一顶点	从草图基准面位置开始旋转,到由所选顶点和回转轴形成的平面位置结束	

续表

旋转类型	功能	效果
成形到一面	从草图基准面位置开始旋转,到选定面的位置(或延伸后的位置)结束	
到离指定面指定的距离	从草图基准面位置开始旋转,到离选定面指定距离的面的位置(或延伸后的位置)结束	
两侧对称	从草图基准面位置开始,向两个方向对称旋转,旋转角度数值为两侧旋转的角度和。	

旋转特征的创建流程如图 11-15 所示。

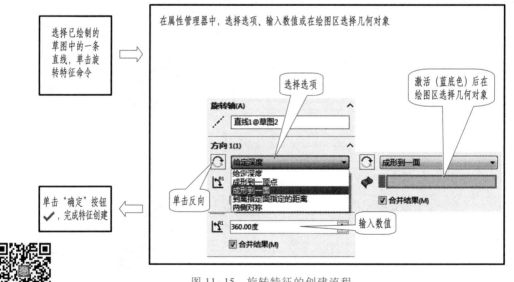

图 11-15　旋转特征的创建流程

11.3.4　基准特征

在零件设计过程中,基准是必不可少的几何参考元素,选择基准是特征建模的第一步,基准的选择直接影响建模的效果和速度。基准特征又称参考几何体,包括基准面、基准轴、坐标系、点、质心、边界框和配合参考等。其中,基准面、基准轴在建模时使用较为频繁。"基准特征"工具栏如图11-16所示。

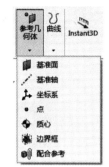

图11-16　"基准特征"工具栏

1. 基准面的作用和创建方法

基准面的作用:用于创建特征的二维草图必须绘制在某个平面上,当现有三个基准面和模型的表面不能满足创建特征草图的需求时,必须创建新的草图绘制基准面。

基准面的创建方法:单击"基准面"按钮📙,弹出"基准面"属性管理器,依次在"第一参考""第二参考"或"第三参考"中添加需要选择的面、边线或顶点等内容,当信息栏显示"完全定义"时,单击"确定"按钮完成创建。"第一参考""第二参考"或"第三参考"无须全部指定,所选参考约束条件数以能完全确定一个平面为前提。

当选择单一参考为点、直线和平面时,每种几何元素所对应的约束方式不同,如图11-17所示。创建基准面的约束方式见表11-6。

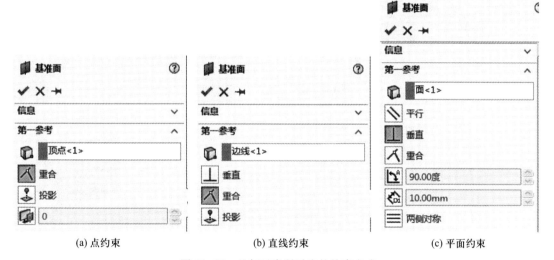

(a) 点约束　　　　　　　(b) 直线约束　　　　　　　(c) 平面约束

图11-17　几何元素所对应的约束方式

2. 基准轴的作用和创建方法

基准轴的作用:作为特征阵列的阵列中心;或作为定位参考,如定位基准、定位装配约束等。

基准轴的创建方法:单击"基准轴"按钮✏,弹出"基准轴"属性管理器,用户只需在模型上选取合适的几何元素,系统会自动将对应方式前的图标加黑。创建基准轴的方式见表11-7。

表 11-6　创建基准面的约束方式

参考的选取方式	操作要点	属性管理器	图例
1 面	选取一个平面。基准面与所选平面等距,空间位置为平行或重合(重合即等距距离为 0)	完全定义　第一参考　面<1>　平行　垂直　重合　90.00度　30.00mm　□反转等距　# 1	
1 面+1 点	选取一个平面和平面外的一个点。新基准面与所选平面平行且过所选点	完全定义　第一参考　基准面10　平行　垂直　重合　90.00度　第二参考　顶点<1>　重合　投影　0	
1 面+1 线	选取一个平面和一条与平面不垂直的直线。基准面通过所选直线且与所选平面形成一定夹角	完全定义　第一参考　面<1>　平行　垂直　重合　40.00度　☑反转等距　# 1　第二参考　边线<1>　垂直　重合　投影	
2 面	选取两个平面。基准面为两个平面的对称面	完全定义　第一参考　面<1>　平行　垂直　重合　90.00度　100.00mm　两侧对称　第二参考　面<2>　平行　垂直　重合　90.00度　10.00mm　两侧对称	

续表

参考的 选取方式	操作要点	属性管理器	图例
1 点+1 线	选取一条边线和边线上的一个点。基准面通过所选点且与边线上在所选点位置的切线垂直	完全定义 第一参考 顶点<1> 重合 投影 0 第二参考 边线<1> 垂直 □ 将原点设在曲线上 重合 投影	
	选取一条边线和边线外的一个点。基准面通过所选的边线和边线外的点	完全定义 第一参考 边线<1> 垂直 重合 投影 第二参考 顶点<1> 重合 投影 0	

表 11-7 创建基准轴的方式

几何元素的 选取方式	操作要点	属性管理器	图例
1 圆柱/圆锥面	选取一个圆柱面（或圆锥面）。基准轴与所选圆柱面（或圆锥面）的轴线重合	选择(S) 面<1> 一直线/边线/轴(O) 两平面(T) 两点/顶点(W) 圆柱/圆锥面(C)	
1 直线	选取一条直线。该直线可以是模型上的边线、草图里的直线或回转体的轴	选择(S) 直线1@草图2 一直线/边线/轴(O) 两平面(T) 两点/顶点(W) 圆柱/圆锥面(C) 点和面/基准面(P)	

续表

几何元素的选取方式	操作要点	属性管理器	图例
2 平面	选取两个互不平行的平面。基准轴为所选两平面的交线	选择(S) 面<1> 面<2> 一直线/边线/轴(O) 两平面(T)	
2 点	选取两个点(草图上的点或模型上的顶点)	选择(S) 顶点<1> 顶点<2> 一直线/边线/轴(O) 两平面(T) 两点/顶点(W)	
1 点+1 面	选取一个面(平面或曲面)和一个点。基准轴与通过所选点的面的法线重合	选择(S) 点1 面<1> 一直线/边线/轴(O) 两平面(T) 两点/顶点(W) 圆柱/圆锥面(C) 点和面/基准面(P)	

3. 参考点的作用和创建方法

参考点的作用：参考点可用于创建曲面造型、基准面或基准轴的参照基准。

参考点的创建方法：单击"参考点"按钮 ●，弹出"参考点"属性管理器，根据不同的创建方式在绘图区选择几何元素，即可创建参考点，见表 11-8。

11.3.5　扫描特征

扫描特征是沿着一条路径移动轮廓(截面)来生成基体、凸台、切除或曲面的命令。扫描和放样命令在工具栏的位置如图 11-18 所示。

扫描特征所需要的基本要素包括轮廓、路径和引导线。其中，轮廓和路径是完成扫描特征所必需的，引导线则可根据情况选择。扫描特征分为简单扫描和引导线扫描两大类(图 11-19)。

表 11-8　创建参考点的方式

几何元素的选取方式	操作要点	属性管理器	图例
1 圆弧	选取一个圆弧,参考点与该圆弧的圆心重合	选择(E) 边线<2> 圆弧中心(T) 面中心(C) 交叉点(I)	
2 直线	选取两条直线的交点	选择(E) 边线<3> 边线<4> 圆弧中心(T) 面中心(C) 交叉点(I) 投影(P)	

图 11-18　扫描和放样

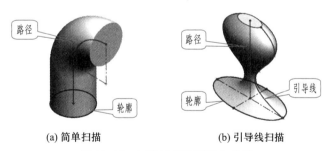

(a) 简单扫描　　　　　(b) 引导线扫描

图 11-19　扫描特征的要素和分类

在进行扫描特征操作之前,必须创建轮廓、路径和引导线草图。

特别注意:扫描的路径草图和引导线草图要先于轮廓草图创建,轮廓草图要设置与路径和引导线的几何约束关系;轮廓、路径和引导线必须分别属于不同的草图,而不能是同一草图中的不同线条。

扫描凸台/基体特征的创建过程如图 11-20 所示。简单扫描只需要轮廓草图和路径草图,不需要引导线草图;而引导线扫描除了需要绘制轮廓草图和路径草图以外,还需要绘制引导线草图,激活引导线拾取框,选择引导线草图。

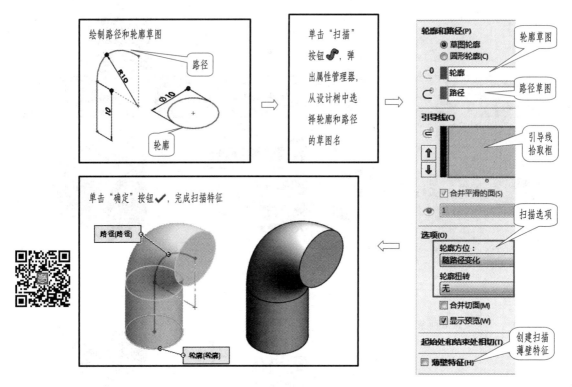

图 11-20　扫描凸台/基体特征的创建过程

扫描选项包括"轮廓方位"和"轮廓扭转"两部分（图 11-21），各子选项两两组合可以得出不同的效果，常用的组合有四种，其含义及效果对比见表 11-9。

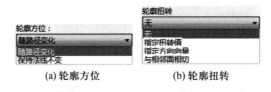

（a）轮廓方位　　　　（b）轮廓扭转

图 11-21　扫描选项

通过扫描切除可以在已有形体上去除材料。"扫描切除"属性管理器的内容和设置方法与"扫描凸台/基体"属性管理器相似。扫描切除特征的创建过程如图 11-22 所示。

表 11-9　简单扫描选项的含义及效果

轮廓方位	轮廓扭转	含义	选项设置	效果
随路径变化	无	轮廓的法线方向与路径上各点处的切线方向一致	选项(O)　轮廓方位：随路径变化　轮廓扭转：无	

续表

轮廓方位	轮廓扭转	含义	选项设置	效果
保持法向不变	无	轮廓的法线方向始终与草绘平面垂直	选项(O) 轮廓方位： 保持法线不变 轮廓扭转 无	
随路径变化	指定扭转值	轮廓的法线方向与路径上各点处的切线方向一致，且末端轮廓相对于始端轮廓旋转指定的圈数、角度或弧度	选项(O) 轮廓方位： 随路径变化 轮廓扭转 指定扭转值 扭转控制： 圈数 方向1： 3.00	
保持法向不变	指定扭转值	轮廓的法线方向与草绘平面垂直，且末端轮廓相对于始端轮廓旋转指定的圈数、角度或弧度	选项(O) 轮廓方位： 保持法线不变 轮廓扭转 指定扭转值 扭转控制： 圈数 方向1： 3.00	

选中"扫描凸台/基体"的"薄壁特征"复选框，可以实现扫描薄壁功能。扫描薄壁特征的设置方法与拉伸薄壁特征相同，切换"单向""两侧对称"和"双向"可以得到不同的效果。

扫描薄壁特征的创建过程：先绘制路径和引导线的草图，再绘制轮廓草图，添加轮廓与引导线的几何约束关系；在激活的属性管理器中修改薄壁特征的参数，单击"确定"按钮 ✔ 即可完成扫描薄壁特征的创建（图 11-23）。

11.3.6 放样特征

放样是通过两个或两个以上轮廓生成过渡性特征的操作。

放样特征的轮廓应满足以下条件：

（1）至少有两个轮廓，且不共面。

（2）轮廓应当是多边形、曲线、点或模型轮廓边线。

（3）只包含一个点的轮廓只能放在第一个或最后一个轮廓的位置。

（4）创建凸台/基体放样的草图轮廓应该封闭,且轮廓间不应交叉。

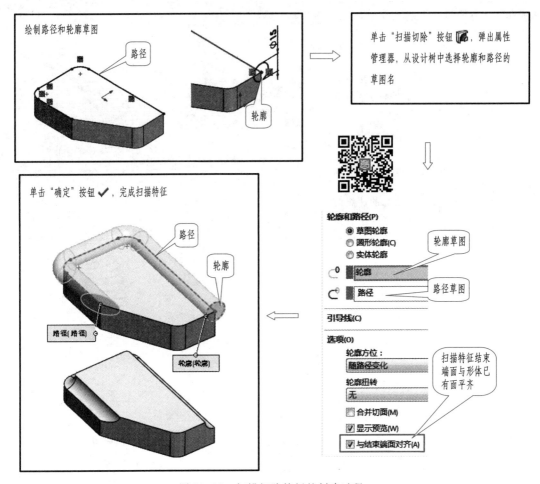

图 11-22　扫描切除特征的创建过程

放样特征的属性管理器如图 11-24 所示。根据放样特征所附加的条件和成形特点可分为三类:简单放样、引导线放样、中心线放样(图 11-25)。

简单放样是利用两个轮廓进行放样,轮廓对齐点间以直线连接。

引导线放样是利用两个或多个轮廓连接过渡,并由引导线控制中间轮廓的变化。各轮廓应与引导线建立约束关系,否则引导线不能控制中间轮廓的变化。

中心线放样是利用中心线控制各截面的法向方向。中心线应当是草图曲线、模型边线或曲线。中心线不是点画线(构造线),而是可以用来建模特征的草图线段。

简单放样特征的创建过程如图 11-26 所示。

更改"起始/结束约束(C)"选项,可设置放样开始和结束位置模型表面的切线方向与轮廓的位置关系,以改变模型的最终形状。"起始/结束约束(C)"选项的约束方式包括无、方向向量、垂直于轮廓三种,其含义和效果见表 11-10。

模型预览的操作方法:放样模型处于预览状态时,在图形区域单击鼠标右键,弹出快捷菜单,选择相应命令即可实时预览模型的不同显示效果(图 11-27)。

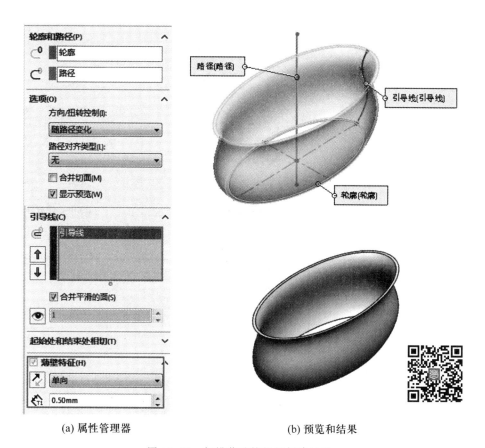

(a) 属性管理器   (b) 预览和结果

图 11-23 扫描薄壁特征的创建过程

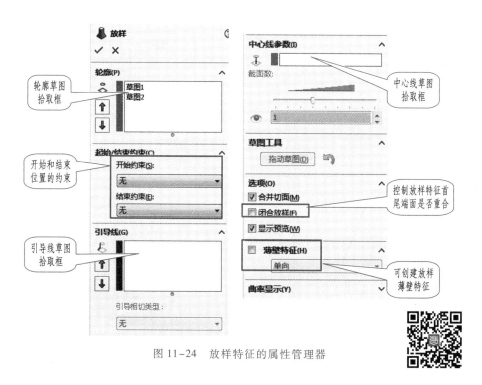

图 11-24 放样特征的属性管理器

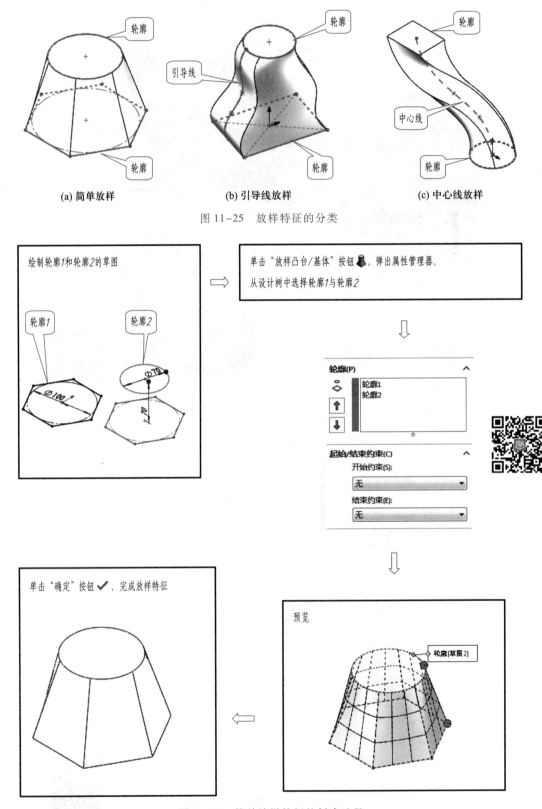

(a) 简单放样　　　　　　　　(b) 引导线放样　　　　　　　　(c) 中心线放样

图 11-25　放样特征的分类

图 11-26　简单放样特征的创建过程

表 11-10 "起始/结束约束（C）"选项的含义和效果

约束方式	含义	属性管理器设置	效果
无	不约束模型表面开始或结束位置的切线方向		
方向向量	轮廓的切线方向与选定的草图直线、两点、模型边线方向或面的法线方向一致		
垂直于轮廓	轮廓的切线方向与草绘平面垂直		

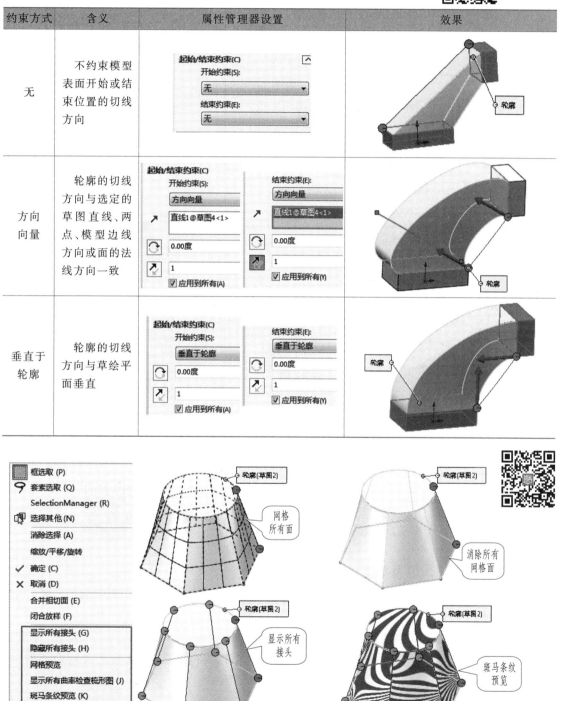

图 11-27　放样特征预览控制

可以用放样的方法在已有形体上去除材料。"放样切割"属性管理器的内容和设置方法与"放样凸台/基体"属性管理器相似。放样切割特征的创建过程如图 11-28 所示。

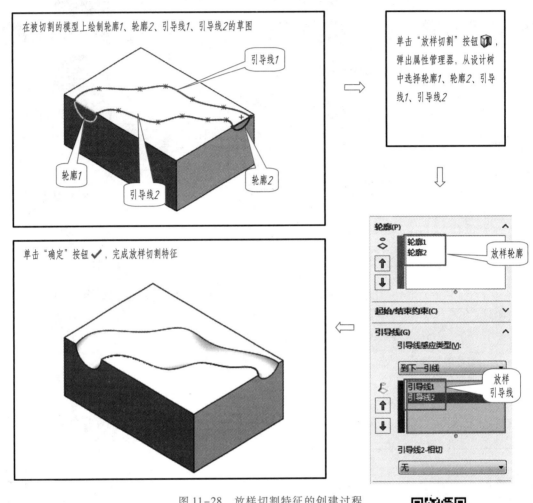

图 11-28　放样切割特征的创建过程

11.3.7　特征的状态和顺序调整

1. 特征状态的压缩与解除压缩

压缩使得特征不显示,也不参与计算。在建模过程中,压缩对后续操作无影响的特征,可加快复杂模型的重建速度。

在设计树或图形区域中选择要压缩的特征,按住 Ctrl 键或 Shift 键可选择多个特征,弹出快捷选项,单击"压缩"按钮 ,特征被压缩,在设计树中以灰色显示,并从图形区域中消失,如图 11-29 所示。

解除压缩和压缩是互逆的特征操作。

2. 特征的退回与插入

零件的建模过程可视为特征的建立和编辑修改的过程,合理的特征及创建顺序决定了零件建模的速度。在设计树中,通过特征退回、特征插入及特征的拖动可实现特征创建顺序的更改。

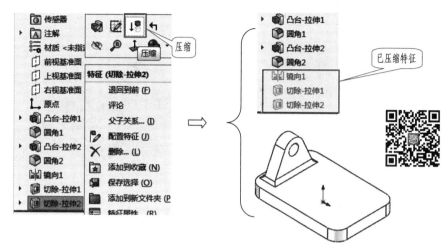

图 11-29   压缩特征的显示状态

(1)特征的拖动

在设计树中,选择要拖动的特征,按住鼠标左键,当鼠标指针变为右下箭头形状 时,将特征向上或向下拖动到指定位置,完成特征顺序的更改,如图 11-30 所示。但是,特征不能被拖动到其父特征之上。

(2)特征退回

特征退回的两种方法:

"退回"按钮 :在设计树中单击要退回的特征,在弹出的选项中选择"退回"按钮 ,即可退回到该特征之前,如图 11-31 所示。

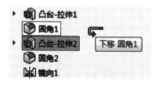

图 11-30   特征的拖动

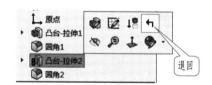

图 11-31   "退回"按钮

"退回控制棒"(即特征设计树的底端的一条粗线):鼠标移到"退回控制棒"时,光标指针变为手形状 ,左键拖动"退回控制棒",可退回到任意特征之前,如图 11-32 所示。

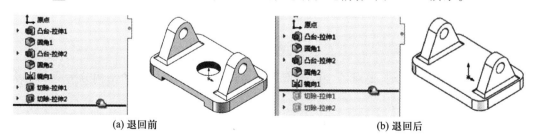

(a)退回前   (b)退回后

图 11-32   "退回控制棒"控制特征的退回

（3）特征插入

通过"退回控制棒"使零件处于"退回"状态,可在"退回"处插入特征,然后释放"退回"状态,完成特征的插入,如图 11-33 所示。

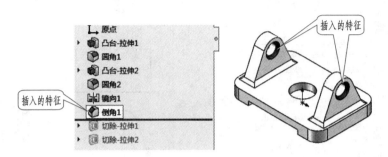

图 11-33 特征的插入

（4）父子关系

父子关系是指子特征依赖于父特征而存在的关系。存在父子关系约束时,子特征不能排序在父特征之前。查看父子关系:通过右击"特征"按钮,弹出快捷菜单,选择"父子关系"按钮,弹出"父子关系"对话框,显示该特征所依附的父特征以及包括的子特征,如图 11-34 所示。

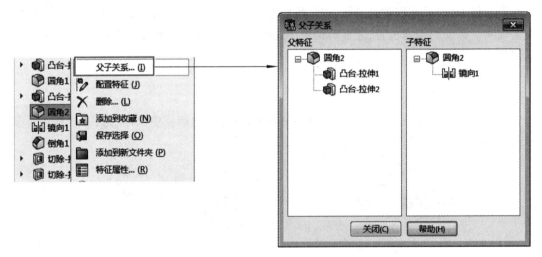

图 11-34 查看特征的父子关系

11.4 练习要求与注意事项

11.4.1 练习要求

（1）在进行特征建模前,要对给定的模型进行结构分析,把形体上的结构分为叠加部分和切割部分。

（2）建模的顺序应该是先创建叠加部分,后创建切割部分。

（3）要学会分析尺寸和约束对草图对象的控制效果,避免草图过定义。

11.4.2 注意事项

（1）第一个特征的草图的基准点通常要设置在原点位置，以便运用三个现有的基准面创建特征草图。

（2）做拉伸特征时，与三个默认基准面平行的特征草图，可以用默认基准面作为草图绘制的平面，选择等距一定距离后再进行拉伸。

（3）尽可能用模型的表面作为草图绘制的平面。

（4）草图应尽可能简单，每个草图尽可能只用于生成一个特征。

11.5 课上练习

11.5.1 任务一：创建组合体模型

1. 要求

创建组合体模型，其结构尺寸如图 11-35 所示。

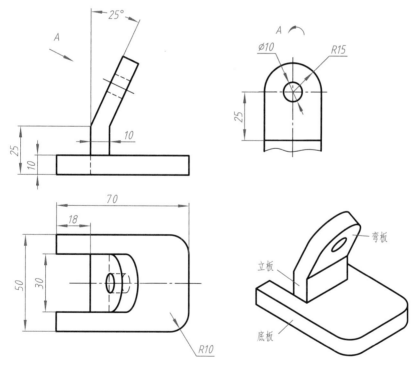

图 11-35　组合体模型的结构尺寸

2. 任务分析

造型特点：该组合体属于叠加型组合体，利用形体分析法，将组合体（图 11-35）的结构分为底板、立板和弯板。

建模理念：

（1）底板和立板的特征视图所在平面与基本投影面平行，可以直接利用默认的基准面绘制草图,并用拉伸命令创建特征。

（2）弯板的特征视图(A 视图)所在平面与基本投影面不平行,需要先创建用于绘制拉伸草图的基准面,再利用拉伸命令建模。

涉及知识点:拉伸凸台/基体和拉伸切除。

难点:创建辅助基准面的操作方法。

3. 任务导图及操作流程

创建组合体模型的任务导图如图 11-36 所示,其操作流程如图 11-37 所示,操作步骤见表 11-11。

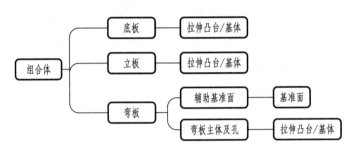

图 11-36　创建组合体模型的任务导图

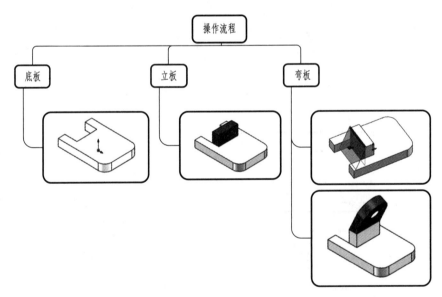

图 11-37　创建组合体模型的操作流程

11.5.2　任务二：创建阀体模型

1. 要求

创建阀体模型,其结构尺寸如图 11-38 所示。

2. 任务分析

造型特点:该阀体属于箱体类零件,根据形体分析法,模型(图 11-38)可以分为三部分:主体(回转体)、左端连接板、水平圆柱。

表 11-11　创建组合体模型的操作步骤

操作项目	草图尺寸或参数设置	预览结果
底板 （拉伸凸台/基体）	70 18 50 30 R10	50 30 18 70 R10
立板 （拉伸凸台/基体）	10 与边线重合 上下两边与边线共线	10
新建基准面 （基准面）	基准面1 ✓ ✕ 信息 完全定义 第一参考 面<1> 平行 垂直 重合 25.00度　两面夹角度数 ☑ 反转等距 0　改变新基准面的相对位置 两侧对称 第二参考 边线<1> 垂直 重合 投影	边线1 面1

续表

操作项目	草图尺寸或参数设置	预览结果
弯板 （拉伸凸台/基体）	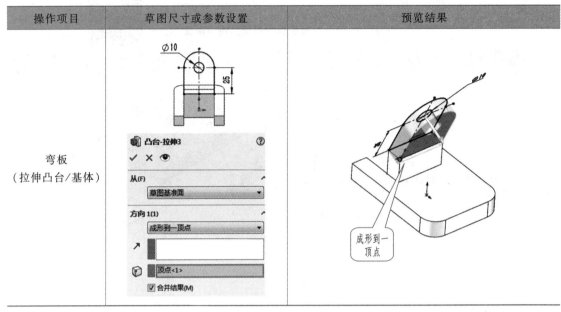	

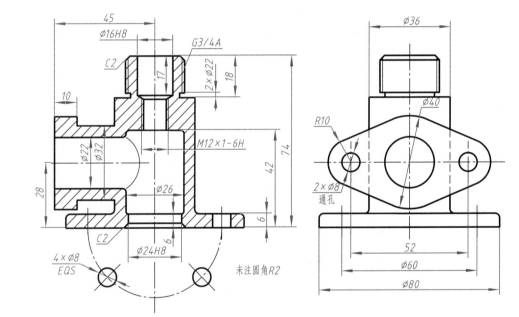

图 11-38　阀体模型的结构尺寸

　　建模理念：（1）先创建三部分的外部结构，再创建各部分的内部结构，遵循"先叠加后切割"的建模原则。

　　（2）主体部分的内外结构均为一系列共轴的回转体，可用旋转命令创建特征。

　　（3）左端连接板可用拉伸命令创建。

　　（4）水平圆柱的外部结构可用拉伸命令或旋转命令创建。

　　（5）水平圆柱孔可用拉伸命令创建。

　　（6）螺纹 G3/4A 和 M12×1-6H 利用装饰螺纹线命令创建。

涉及知识点:拉伸凸台/基体、拉伸切除、旋转凸台/基体、旋转切除和装饰螺纹线。

难点:创建左端连接板时开始条件和终止条件的选择、添加装饰螺纹线的操作方法。

3. 任务导图及操作流程

创建阀体模型的任务导图如图 11-39 所示,其操作流程如图 11-40 所示,操作步骤见表 11-12。

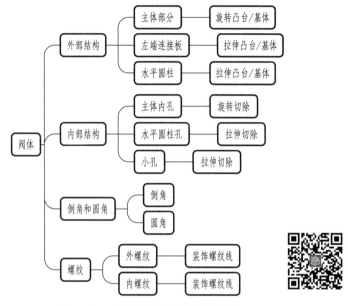

图 11-39 创建阀体模型的任务导图

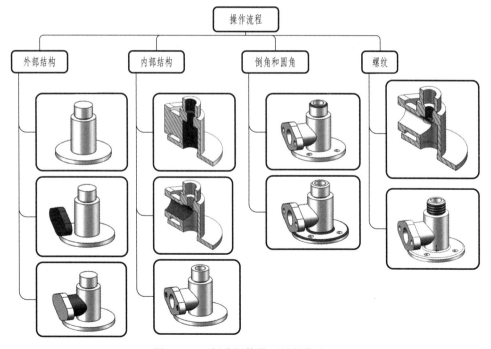

图 11-40 创建阀体模型的操作流程

表 11-12　创建阀体模型的操作步骤

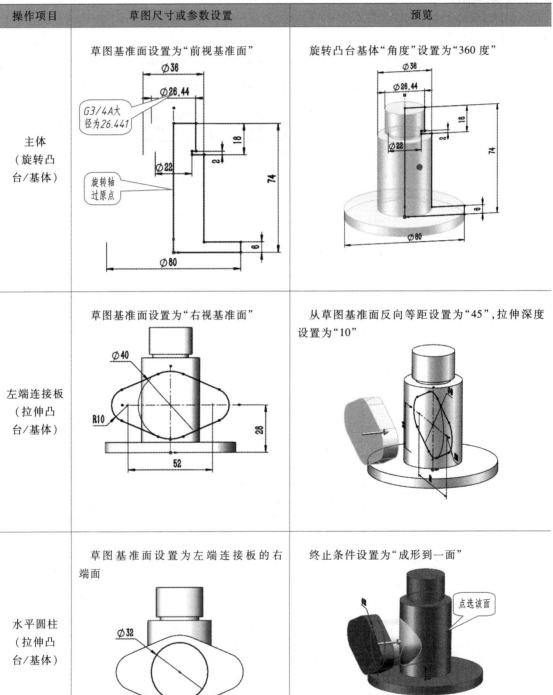

续表

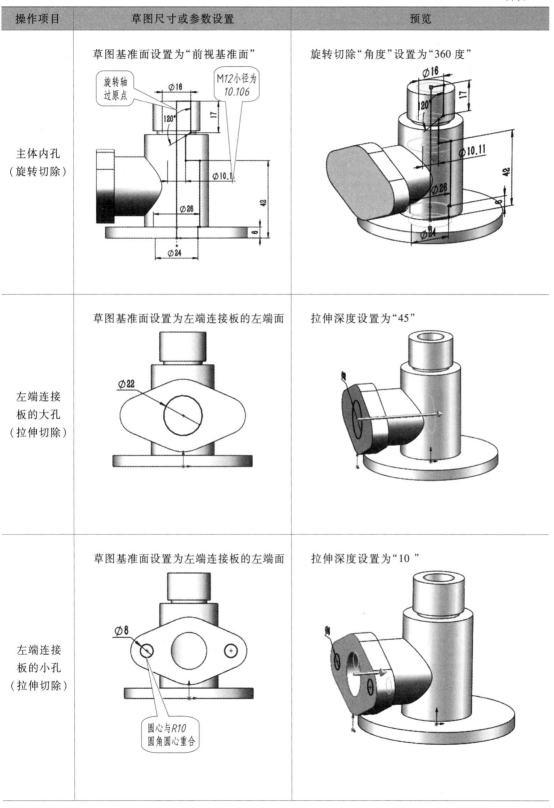

操作项目	草图尺寸或参数设置	预览
主体内孔 （旋转切除）	草图基准面设置为"前视基准面"	旋转切除"角度"设置为"360度"
左端连接板的大孔 （拉伸切除）	草图基准面设置为左端连接板的左端面	拉伸深度设置为"45"
左端连接板的小孔 （拉伸切除）	草图基准面设置为左端连接板的左端面	拉伸深度设置为"10"

操作项目	草图尺寸或参数设置	预览
主体底板上的小孔（拉伸切除）	草图基准面设置为底板下表面 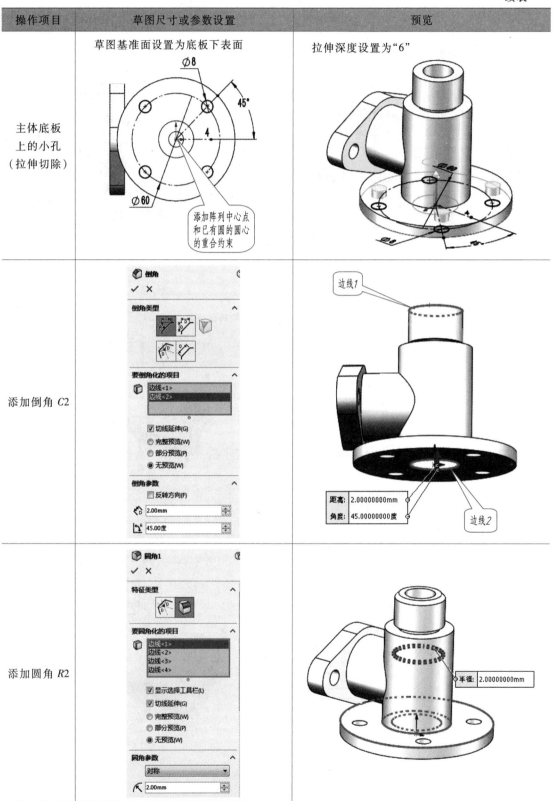	拉伸深度设置为"6"
添加倒角 C2		
添加圆角 R2		

续表

操作项目	草图尺寸或参数设置	预览
添加装饰 螺纹线 (装饰螺纹线)	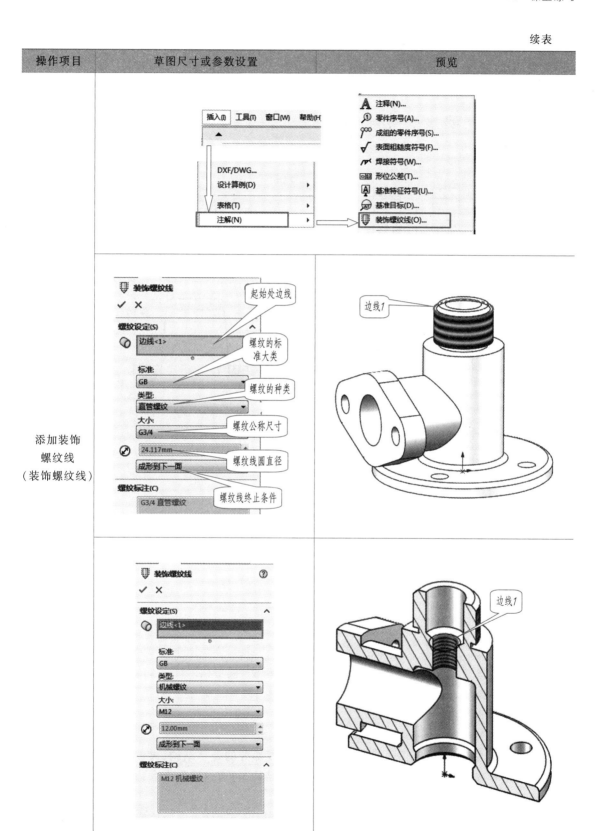	

11.5.3 任务三：创建支承模型

1. 要求

创建支承模型,其结构尺寸如图 11-41 所示。

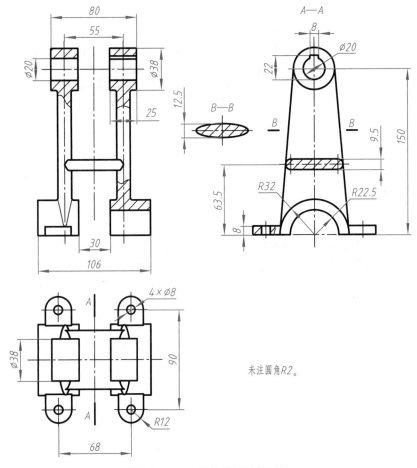

图 11-41 支承模型的结构尺寸

2. 任务分析

造型特点:该支承属于支架类零件,根据形体分析法,模型(图 11-41)可以分为五部分:大端半圆柱、小端圆柱、固定座、竖直连接板、水平连接板,除此之外还有通孔、轴孔键槽等内部结构(图 11-42)。

建模理念:

(1)遵循"先叠加后切割"的建模原则,先创建五部分的外部结构,再创建各部分的内部结构;由于模型具有对称性,可以先创建对称面一侧的结构,再通过镜像命令(此命令将在第 12 章讲述)创建另外一侧的结构。

(2)考虑到竖直连接板的建模特点,大端半圆柱和小端圆柱可以用拉伸命令创建特征。

(3)固定座可用拉伸命令创建。

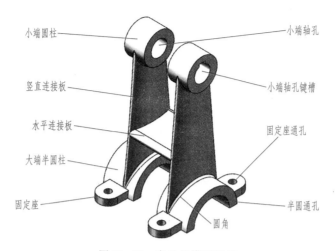

图 11-42　支承的模型结构

（4）由于竖直连接板的上下截面不同,故可用放样命令创建。

（5）水平连接板可用拉伸命令创建。

（6）半圆柱孔、轴孔、键槽等内部结构可用拉伸命令创建。

（7）使用圆角命令(此命令将在第 12 章讲述)创建铸造圆角。

涉及知识点:拉伸凸台/基体、拉伸切除、放样凸台/基体、镜像和圆角。

难点:创建竖直连接板时,绘制放样轮廓的操作方法。

3. 任务导图及操作流程

创建支承模型的任务导图如图 11-43 所示,其操作流程如图 11-44 所示,操作步骤见表 11-13。

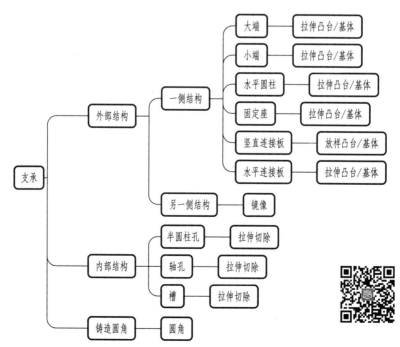

图 11-43　创建支承模型的任务导图

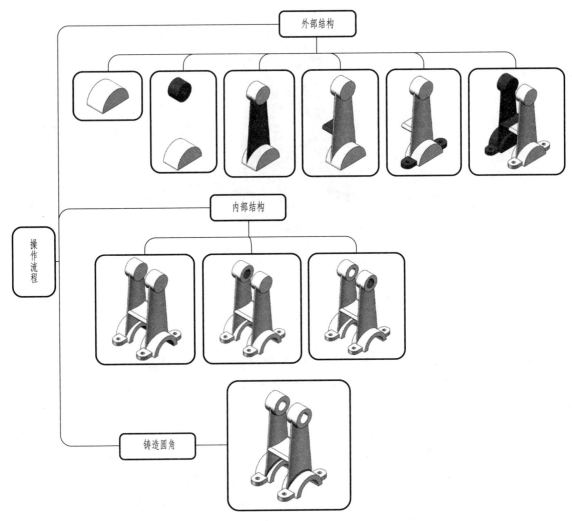

图 11-44　创建支承模型的操作流程

　　需要注意,建模流程不是唯一的,只要能够快速、准确地创建零件的三维模型,就是合理可行的。

表 11-13　创建支承模型的操作步骤

操作项目	尺寸或参数设置	预览
大端 (拉伸凸 台/基体)	草图基准面设置为"右视基准面" R32　　圆心在原点	从草图基准面等距设置为"15",拉伸深度设置为"38" R32

操作项目	尺寸或参数设置	预览
小端 （拉伸凸台／基体）	草图基准面设置为"右视基准面" 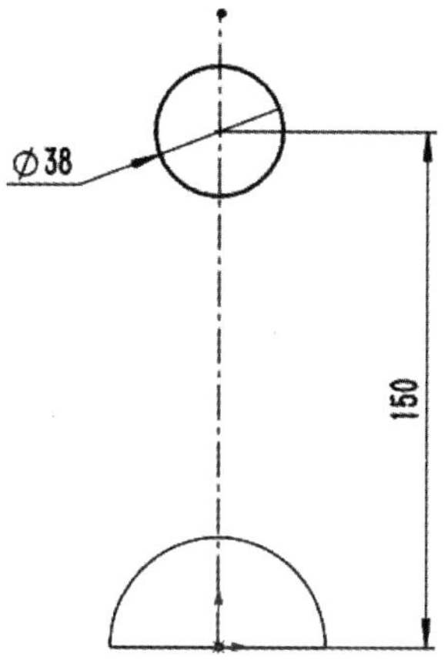	从草图基准面等距设置为"15"，拉伸深度设置为"25" 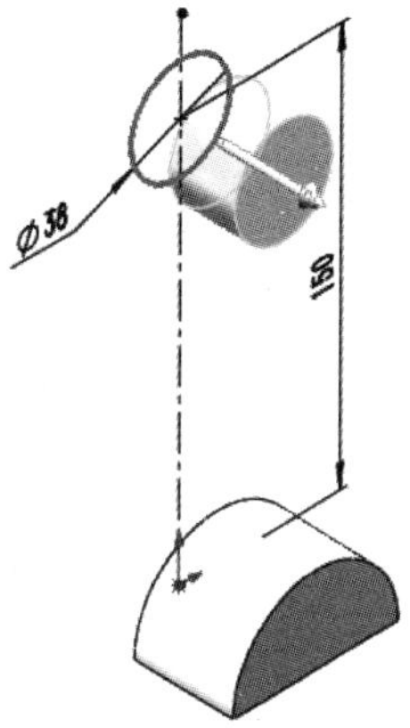
放样轮廓的基准面（基准面）	在"右视基准面"上绘制辅助草图；以辅助草图中线段的端点和"上视基准面"新建2个基准面 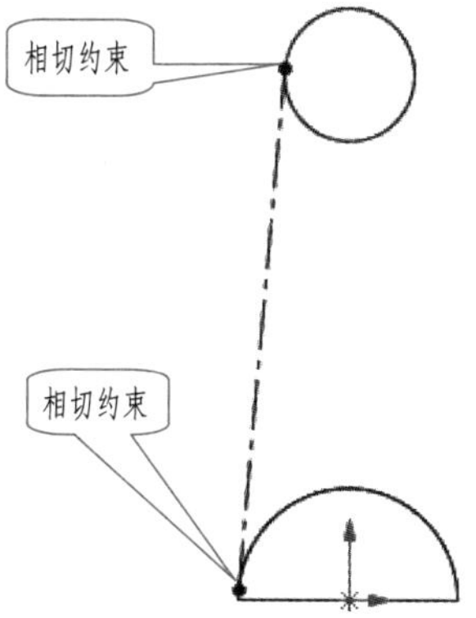	新建基准面通过线段端点，且与"上视基准面"平行 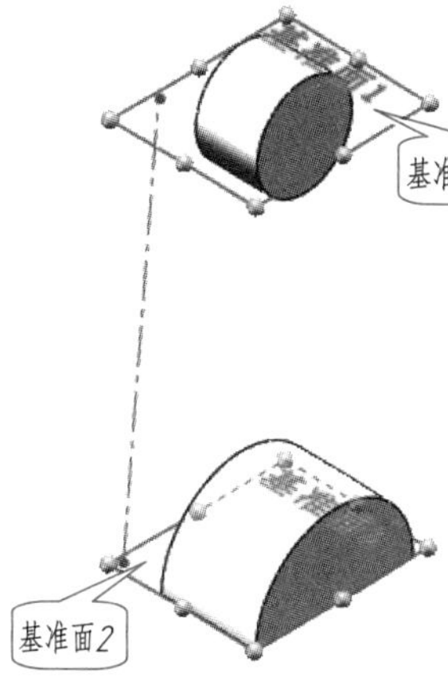
放样轮廓（椭圆）	在基准面1上，绘制"轮廓1"草图（椭圆）；一条轴的端点与辅助草图线段端点添加水平约束，另一条轴长度设置为"12.5" 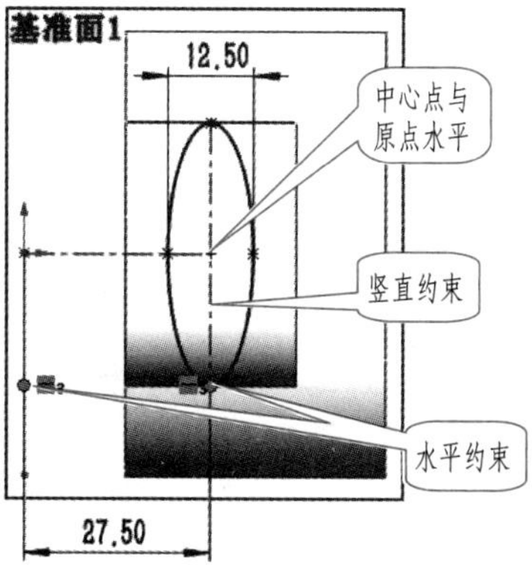	在基准面2上，用同样的方法绘制轮廓2草图（椭圆） 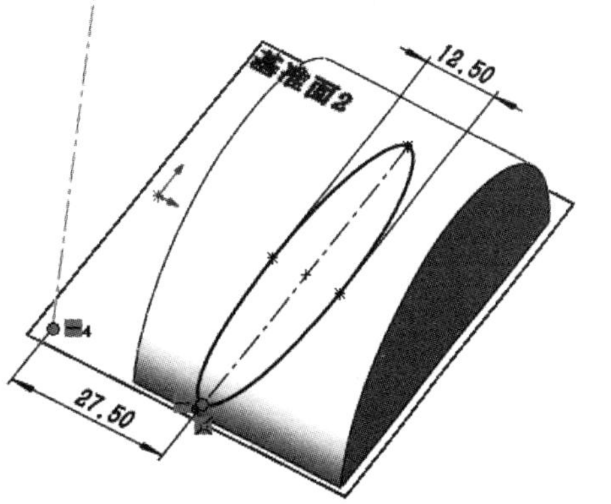

续表

操作项目	尺寸或参数设置	预览
竖直连接板（放样凸台/基体）	激活放样凸台/基体命令,在绘图区左边的设计树里选择草图名	
水平连接板（拉伸凸台/基体）	草图基准面设置为"右视基准面" 利用直槽口命令绘制轮廓,左右圆弧与放样轮廓相切	拉伸终止条件设置为"成形到下一面"
固定座（拉伸凸台/基体）	草图基准面设置为"上视基准面",由于 φ8 圆孔与其他结构不重叠,可在草图中绘制孔轮廓,同时拉伸	拉伸深度设置为"8"

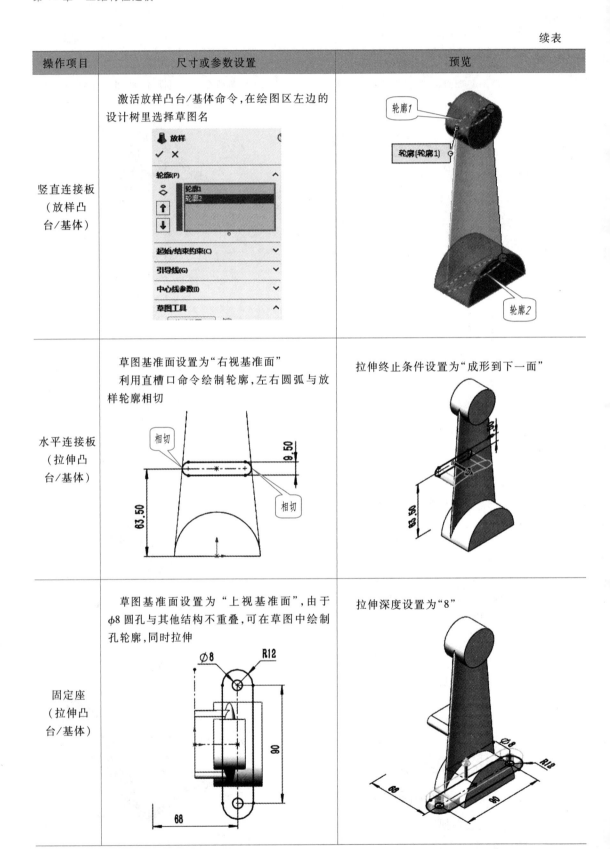

续表

操作项目	尺寸或参数设置	预览
左半侧形体 （镜像）	镜像面设置为"右视基准面" "要镜像的实体"点选模型 镜像面/基准面(M) 　右视基准面 要镜像的特征(F) 要镜像的面(C) 要镜像的实体(B) 　凸台-拉伸4 选项(O) ☑ 合并实体(R)	
半圆柱孔 （拉伸切除）	草图基准面设置为"大端半圆柱的前端面" R22.50	拉伸终止条件设置为"完全贯穿"
小端通孔 （拉伸切除）	草图基准面设置为"左侧小端圆柱的右端面" Ø20	拉伸终止条件设置为"完全贯穿"

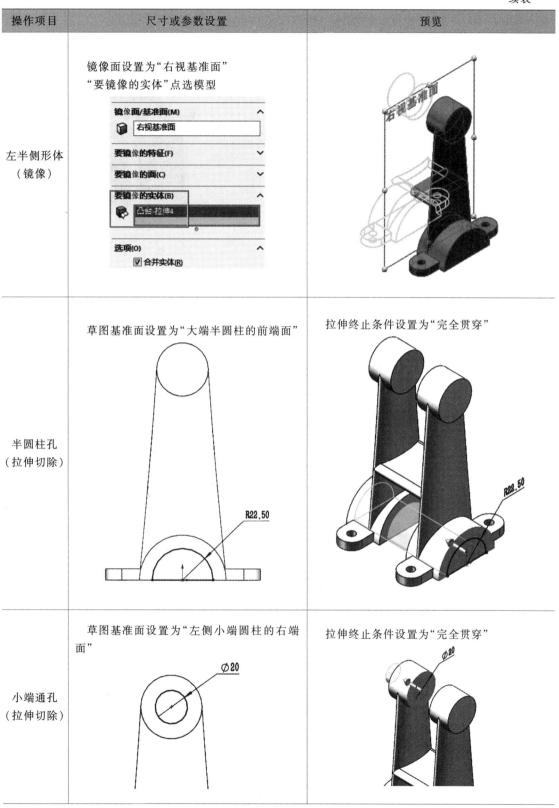

续表

操作项目	尺寸或参数设置	预览
小端轴孔键槽（拉伸切除）	草图基准面设置为"右侧小端圆柱的右端面" 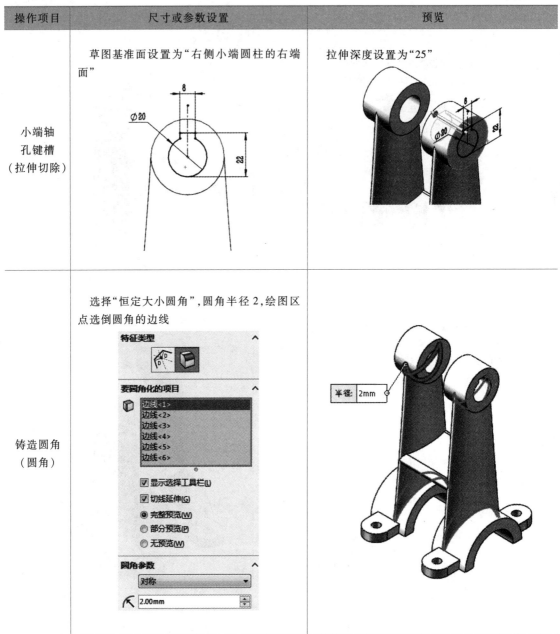	拉伸深度设置为"25"
铸造圆角（圆角）	选择"恒定大小圆角"，圆角半径 2，绘图区点选倒圆角的边线	

11.6　课后练习

11.6.1　任务一：创建支架模型

1. 要求

创建支架模型，其结构尺寸如图 11-45 所示。

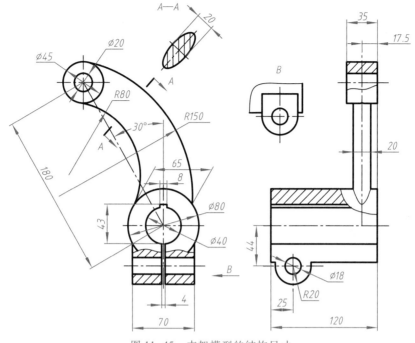

图 11-45　支架模型的结构尺寸

2．任务分析

支架的模型结构如图 11-46 所示,其建模分析如下:

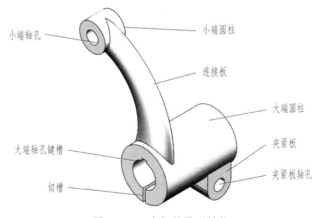

图 11-46　支架的模型结构

（1）属于叉架类零件。

（2）大端圆柱、小端圆柱为均圆柱体,可以用拉伸凸台/基体命令或者旋转凸台/基体命令完成。

（3）夹紧板为半圆柱和长方体的叠加体,采用拉伸凸台/基体命令完成。

（4）连接板的厚度尺寸不变,截面为椭圆,采用扫描命令完成。

（5）轴孔、键槽等内部结构,采用拉伸切除命令完成。

涉及的知识点:拉伸凸台/基体、拉伸切除、扫描。

难点:扫描生成连接板。

3. 任务导图及操作流程

创建支架模型的任务导图如图 11-47 所示，其操作流程如图 11-48 所示。

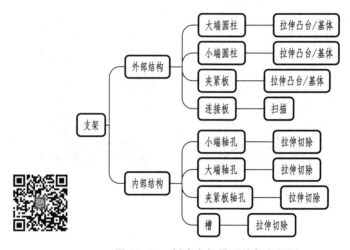

图 11-47　创建支架模型的任务导图

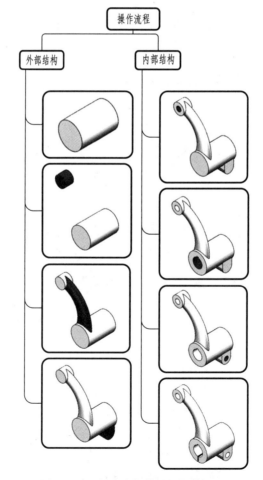

图 11-48　创建支架模型的操作流程

11.6.2　任务二：创建支承座模型

1. 要求

创建支承座模型,其结构尺寸如图 11-49 所示。

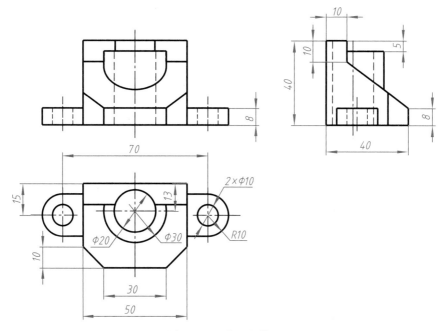

图 11-49　支承座模型

2. 任务分析

该支承座的模型结构如图 11-50 所示,其建模分析如下:

(1)主体部分为六棱柱,可以用拉伸凸台/基体命令完成。

(2)中间竖直半轴套为半圆柱,可以用拉伸凸台/基体命令完成。

(3)安装板为半圆柱和长方体的叠加体,利用拉伸凸台/基体命令完成。

(4)轴孔、安装孔和切角等结构,利用拉伸切除命令完成。

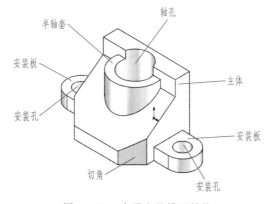

图 11-50　支承座的模型结构

涉及的知识点：拉伸凸台/基体、拉伸切除。

3. 任务导图及操作流程

创建支承座模型的任务导图如图 11-51 所示，其操作流程如图 11-52 所示。

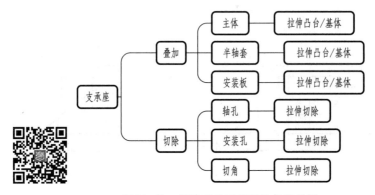

图 11-51　创建支承座模型的任务导图

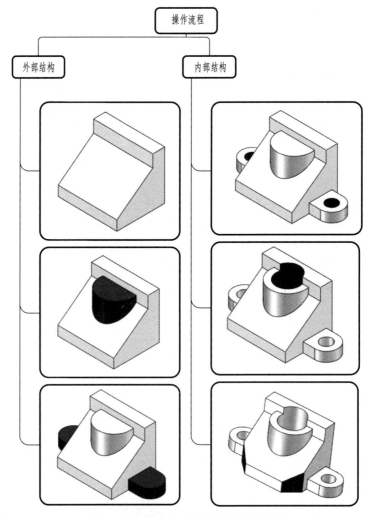

图 11-52　创建支承座模型的操作流程

11.6.3 任务三：创建轴承座模型

1. 要求

创建轴承座模型,其结构尺寸如图 11-53 所示。

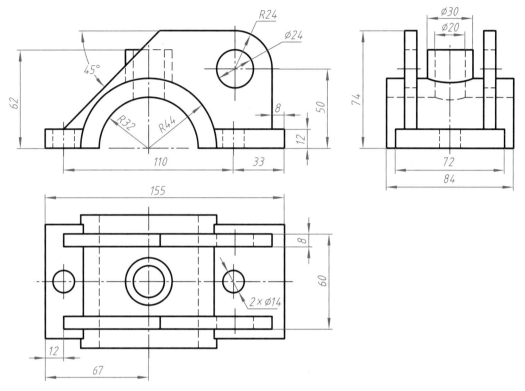

图 11-53 轴承座模型的结构尺寸

2. 任务分析

轴承座的模型结构如图 11-54 所示,其建模分析如下:

(1)该模型属于箱体类结构。

(2)轴瓦为半圆柱体,利用拉伸凸台/基体命令完成。

(3)底板为长方体,利用拉伸凸台/基体命令完成。

(4)竖直方向的套筒为圆柱体,利用拉伸凸台/基体命令或旋转凸台/基体命令完成,优先选择拉伸凸台/基体命令。

(5)两块支撑板前后对称,利用拉伸凸台/基体命令和镜像命令完成。

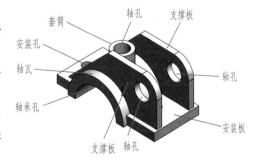

图 11-54 轴承座的模型结构

(6)轴孔、安装孔、轴承孔等内部结构,利用拉伸切除命令完成。

涉及的知识点:拉伸凸台/基体、旋转凸台/基体、拉伸切除、镜像。

3．任务导图及操作流程

创建轴承座模型的任务导图如图 11-55 所示，其操作流程如图 11-56 所示。

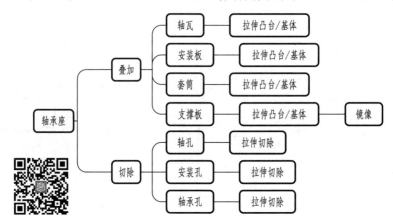

图 11-55　创建轴承座模型的任务导图

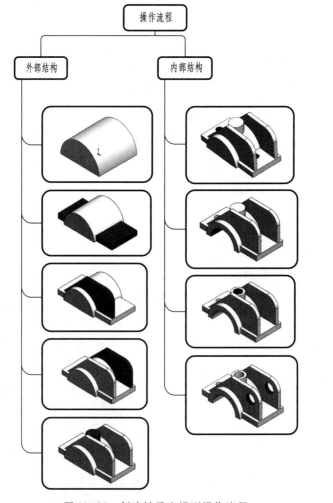

图 11-56　创建轴承座模型操作流程

11.6.4 任务四：拓展题

根据给定的视图(图 11-57)，创建立体的三维模型。

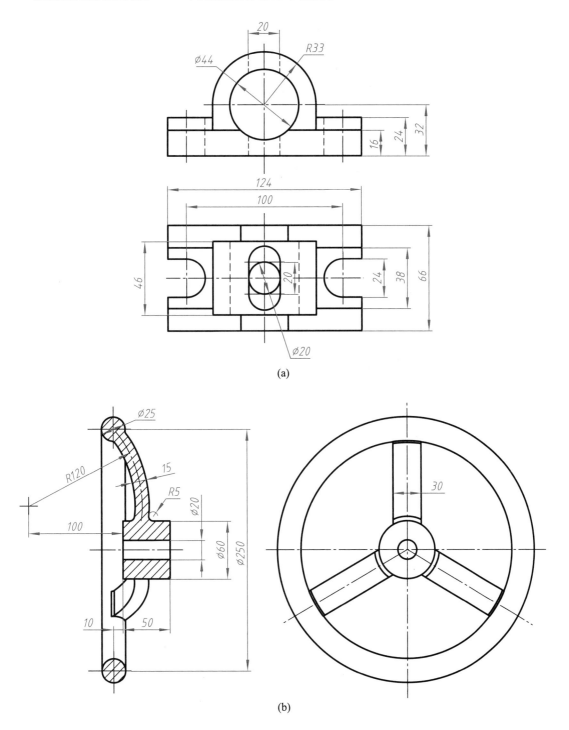

(a)

(b)

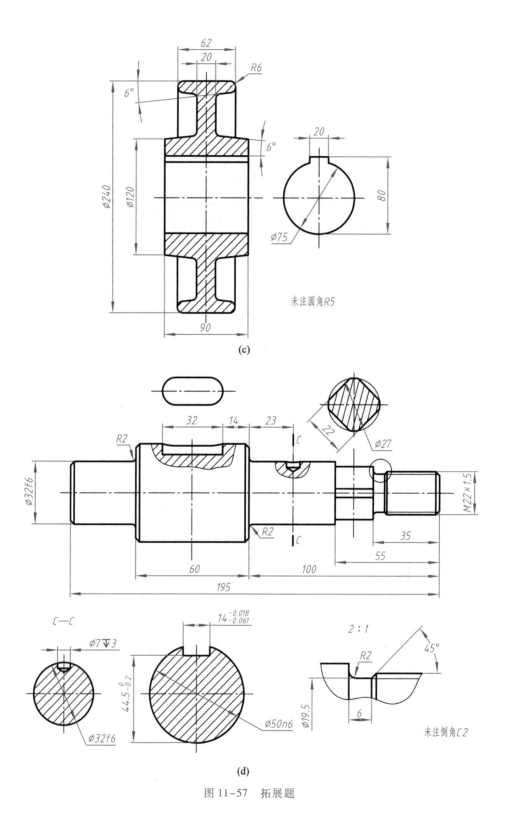

未注圆角R5

(c)

未注倒角C2

(d)

图 11-57　拓展题

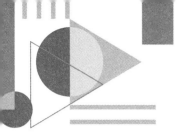

第12章
附 加 特 征

　　附加特征是对已有特征进行附加操作而生成的特征。附加特征包括倒角、圆角、筋、拔模、抽壳、孔、包覆等。这些特征的创建对实体造型的完整性非常重要。

12.1　教学目标

　　1. 知识目标

　　（1）能够正确解释附加特征的概念和用途。

　　（2）能够正确阐述线性阵列、圆形阵列、镜像等常用操作特征的作用与功能。

　　2. 能力目标

　　（1）能正确运用线性阵列、圆形阵列、镜像等操作特征方法。

　　（2）能够在造型中正确应用各种附加特征和操作特征。

　　（3）能够综合应用各种附加特征进一步完善实体模型。

12.2　本章导图

　　本章内容及结构如图12-1所示。

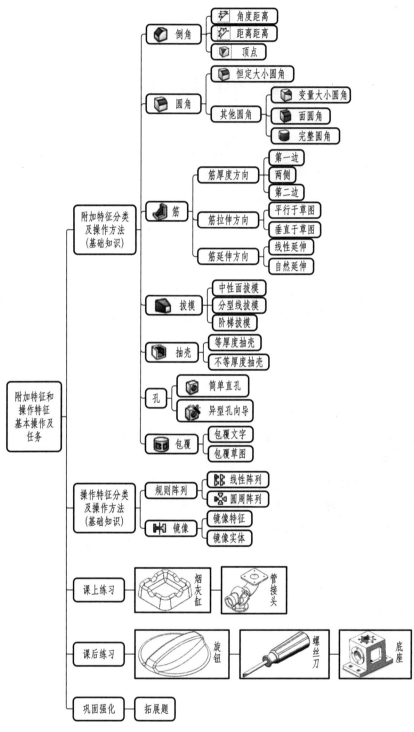

图 12-1　本章内容及结构

12.3　基础知识

附加特征和操作特征的面板如图 12-2。

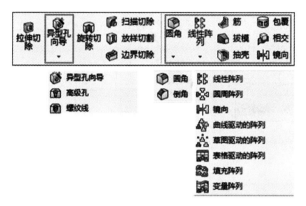

图 12-2　附加特征和操作特征的面板

12.3.1　倒角

倒角工具的作用是在所选边线、面或顶点上生成一个倾斜特征。

创建倒角及其操作见表 12-1。

12.3.2　圆角

1. 恒定大小圆角

在零件边界上生成一个圆角特征,还可以为一个面的所有边线或边线环生成圆角。

具体操作见表 12-2 和表 12-3。

2. 其他圆角

圆角除恒定大小圆角外,还包括变量大小圆角、面圆角和完整圆角。

具体操作见表 12-4。

12.3.3　筋

筋是在零件上增加强度的特征。筋一般是由开环或闭环草图轮廓所生成的特殊拉伸特征,即在草图轮廓和现有零件之间添加指定方向和厚度的材料。

创建筋及其操作见表 12-5。

表 12-1　创建倒角及其操作

方法	角度距离（ ）	距离距离（ ）	顶点（ ）
说明	输入角度与距离创建倒角	输入两个距离创建倒角	输入三个距离创建拐角倒角

续表

方法	角度距离（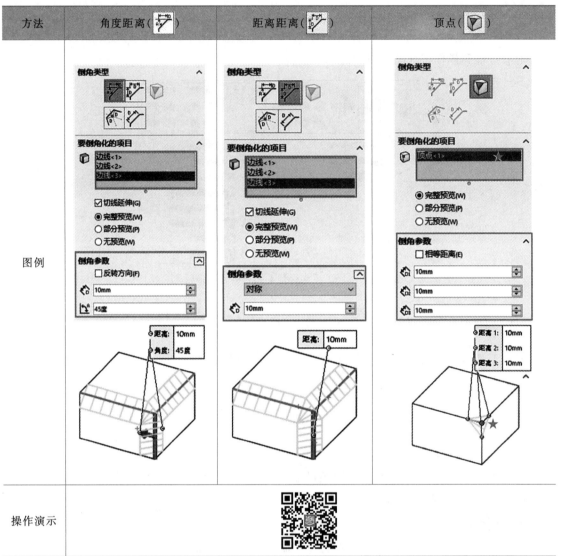）	距离距离（ ）	顶点（ ）
图例			
操作演示			

12.3.4　拔模

拔模是以指定的角度斜削模型中所选的面，使型腔零件更容易脱出模具的操作。可以在现有的零件上进行拔模，也可以在进行拉伸特征时进行拔模。在手工模式中，可以指定拔模类型，如中性面、分型线和阶梯拔模等。

具体操作见表 12-6。

表 12-2　创建恒定大小圆角及其操作

方法	边线圆角	面边线圆角	多半径边线圆角
说明	可选择的项目包括单一边线、多条边线、面或面组，生成输入值的等半径圆角		分别指定每一条边线的圆角半径

续表

方法	边线圆角	面边线圆角	多半径边线圆角
图例			

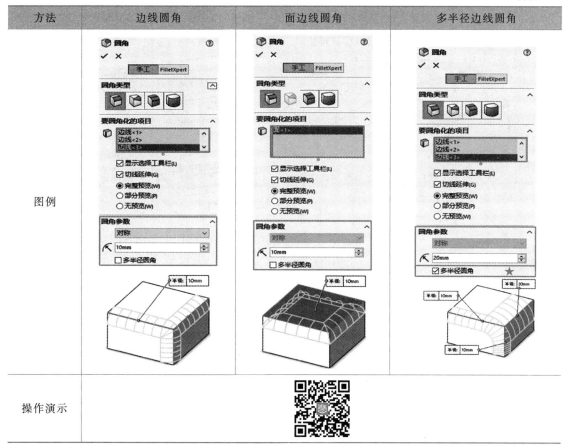

| 操作演示 | | | |

表 12-3　创建圆角选项的选择及其操作

方法	沿相切面生成圆角	保持特征生成圆角	圆角的扩展方式	设定逆转参数
说明	自动选择与选定边线相切的边生成圆角	选择单一边线圆角时,保留受圆角影响的特征	在边线之间有平滑过渡,可消除边线汇合处的尖锐接合点	选择尖点,改善圆角面过渡效果
图例				

续表

方法	沿相切面生成圆角	保持特征生成圆角	圆角的扩展方式	设定逆转参数
图例	选择切线延伸： 取消切线延伸：	选择保持特征： 取消保持特征：	选择圆形角： 取消圆形角：	设置逆转参数： 不设置逆转参数：
操作演示				

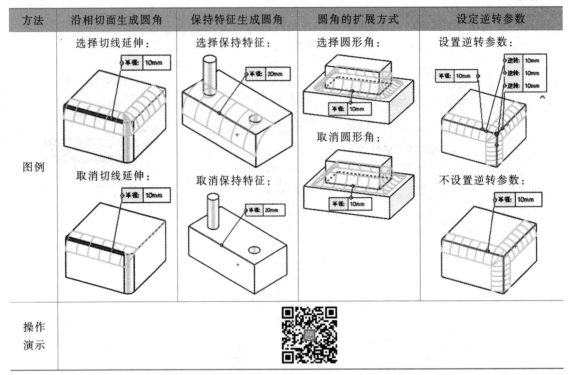

表 12-4　创建其他圆角及其操作

方法	变量大小圆角(⬚)	面圆角(⬚)	完整圆角(⬚)
说明	对单一边线或多条边线生成不等半径圆角，单击控制点即可指定半径数值	在所选两面组之间生成指定半径的圆角，同时取代两面组间的尖角或其他面	在所选的边侧面组之间产生圆角，根据两面位置自动计算半径，同时取代中央面组
图例			

续表

方法	变量大小圆角()	面圆角()	完整圆角()
操作 演示			

表 12-5 创建筋及其操作

方法	方式	图例	操作演示
厚度方向	第一边()	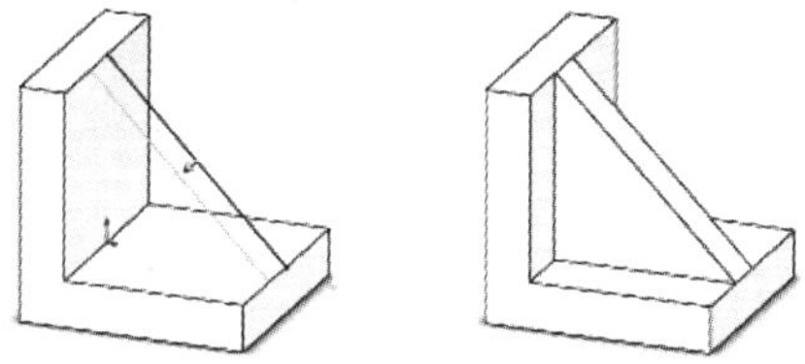	
	两侧()	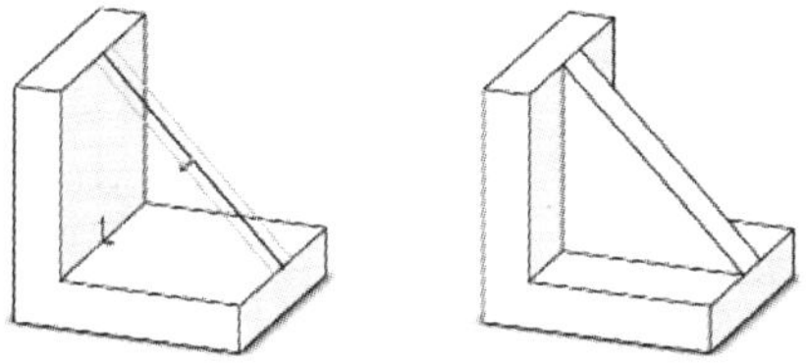	
	第二边()	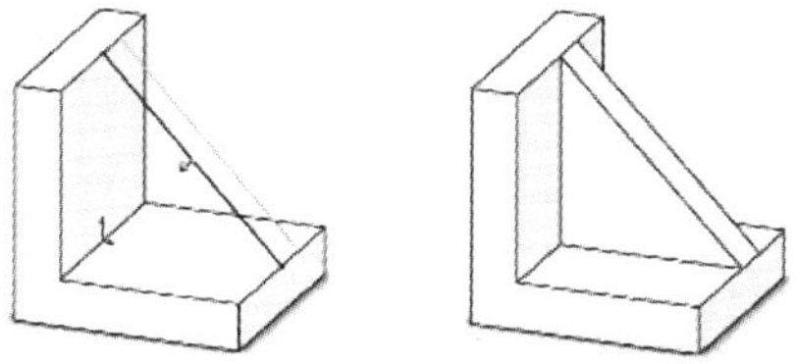	
拉伸方向	平行于草图()	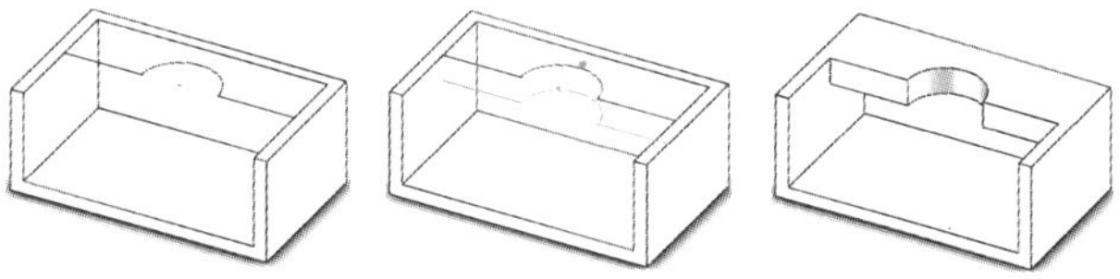	
	垂直于草图()	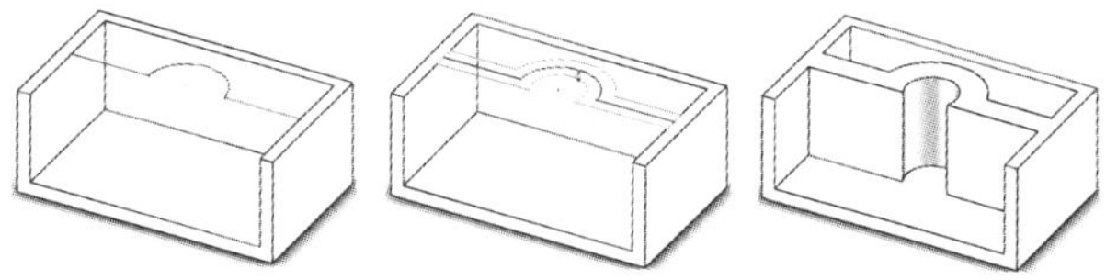	
延伸方向	线性延伸 (◉线性(L))	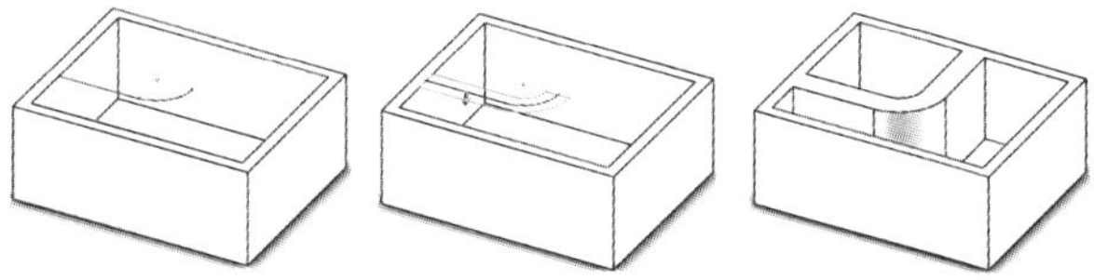	
	自然延伸 (◉自然(N))	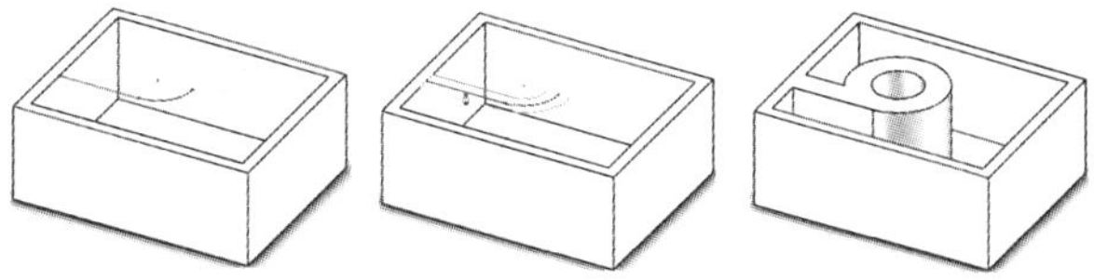	

表 12-6　创建拔模特征及其操作

方法	中性面拔模	分型线拔模	阶梯拔模
说明	中性面决定拔模方向,生成以特定的角度斜削所选模型面的特征	插入分割线来分离要拔模的面,也可以使用现有的模型边线,然后指定拔模方向	阶梯拔模围绕作为拔模方向的基准面而旋转生成一个面,是分型线拔模的变体
图例			
操作演示			

12.3.5 抽壳

抽壳是从实体移除材料生成一个薄壁特征的操作。操作时既可选择模型上的任何面,也可抽壳实体,生成闭合且掏空的模型。

创建抽壳特征及其操作见表 12-7。

表 12-7 创建抽壳特征及其操作

方法	等厚度抽壳	不等厚度抽壳
说明	生成统一厚度的抽壳特征,为剩余面设定统一厚度	生成不同厚度的抽壳特征,可为剩余面设定默认厚度,然后为剩余面所选的面设定不同厚度
图例		
操作演示		

12.3.6 孔

孔包括简单直孔和异型孔向导。简单直孔只能生成一个光孔,而异型孔向导可以按照不同标准生成六种类型的异型孔,包括柱形沉头孔、锥形沉头孔、孔、直螺纹孔、锥形螺纹孔、旧制孔(可用来编辑以前版本中的孔)。

创建孔特征及其操作见表 12-8。

12.3.7 包覆

包覆是将草图轮廓包覆到面上的操作。包覆支持轮廓选择和草图再用,可以将包覆特征投影到多个面上。包覆包括浮雕、蚀雕和刻划三类。

表 12-8　创建孔特征及其操作

方法	说明	图例	操作演示
简单直孔	设置参数	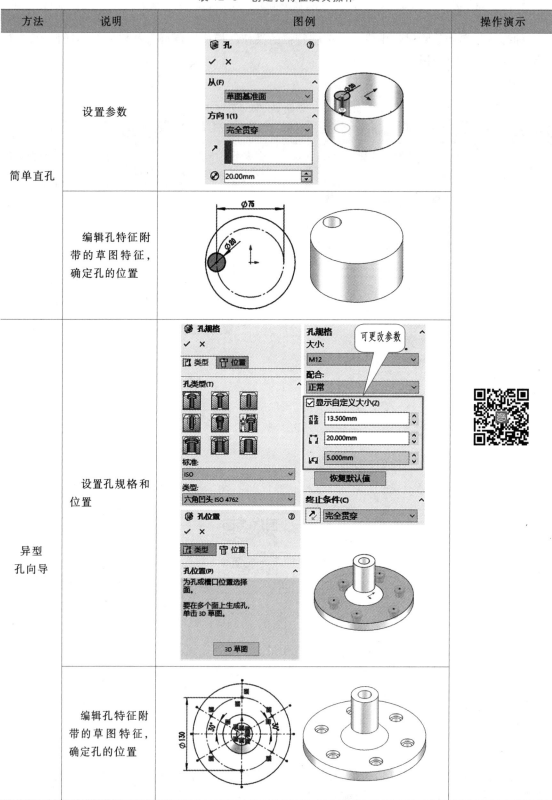	
	编辑孔特征附带的草图特征，确定孔的位置		
异型孔向导	设置孔规格和位置		
	编辑孔特征附带的草图特征，确定孔的位置		

创建包覆特征及其操作见表 12-9。

表 12-9　创建包覆特征及其操作

方法	说明	图例
包覆	浮雕:在面上生成突起特征 蚀雕:在面上生成缩进特征 刻划:在面上生成一草图轮廓的压印 操作演示:	

12.3.8　规则阵列

1. 线性阵列

线性阵列是指沿一条或两条直线路径生成多个子特征。

创建线性阵列及其操作见表 12-10。

2. 圆周阵列

圆周阵列可将源特征围绕一条轴线复制多个特征。

创建圆周阵列及其操作见表 12-11。

12.3.9　镜像

镜像是将一个或多个源特征沿指定的平面复制,生成平面另一侧的特征操作。镜像所生成的特征是与源特征直接相关的,源特征的修改会影响镜像的特征。

创建镜像特征及其操作见表 12-12。

表 12-10　创建线性阵列及其操作

方法	剔除阵列实例	只列阵源	随形变化	操作演示
说明	在生成阵列时跳过在图形区域选择的阵列实例	只使用源特征而不复制方向 1 选项组的阵列实例,在方向 2 选项组中建立线性阵列	允许阵列实例重复时改变其尺寸	
图例				

表 12-11 创建圆周阵列及其操作

方法	说明	图例	操作演示
圆周阵列	选择一个中心轴,可以是基准轴或者临时轴。每一个圆柱和圆锥面都有一条轴线,称为临时轴。临时轴是由模型中的圆柱和圆锥隐含生成的,在图形中一般不可见	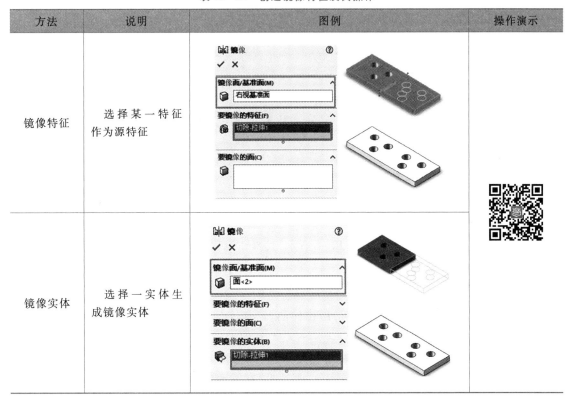	

表 12-12 创建镜像特征及其操作

方法	说明	图例	操作演示
镜像特征	选择某一特征作为源特征		
镜像实体	选择一实体生成镜像实体		

12.4 课上练习

12.4.1 任务一:创建烟灰缸模型

1. 要求

创建烟灰缸模型,其结构尺寸如图 12-3 所示。

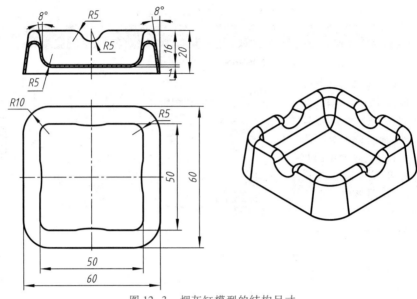

图 12-3　烟灰缸模型的结构尺寸

2. 任务分析

结构特点：

（1）零件结构对称。

（2）上端面采用完整圆角。

（3）采用抽壳，壳体厚度为 1 mm。

涉及的知识点：多半径圆角、拔模、完整圆角、抽壳。

难点：完整圆角的概念及操作方法。

3. 任务导图及操作流程

创建烟灰缸模型的任务导图如图 12-4 所示，其操作流程与演示如图 12-5 所示。

4. 操作步骤提示

（1）创建毛坯

长方体：在上视基准面上绘制草图，用拉伸凸台/基体命令生成长方体，高度为 20 mm。如图 12-6 和图 12-7 所示。

槽：在上表面绘制草图，用拉伸切除命令生成槽，深度为 16 mm，如图 12-8 和图 12-9 所示。

圆角：利用圆角命令，选中"多半径圆角"复选框，在图形区单击半径文本框，输入相应半径，如图 12-10 所示。

（2）拔模

外腔拔模：利用拔模命令，拔模角度为 8°，选择上表面为"中性面"，确定拔模方向，腔体外表面为"拔模面"，如图 12-11 所示。

内腔拔模：利用拔模命令，拔模角度为 8°，选择上表面为"中性面"，确定拔模方向，腔体内表面为"拔模面"，如图 12-12 所示。

（3）切口

前后方向切口：在前视基准面上绘制草图，用拉伸切除命令生成前后方向的切口，如图 12-13

和图 12-14 所示。

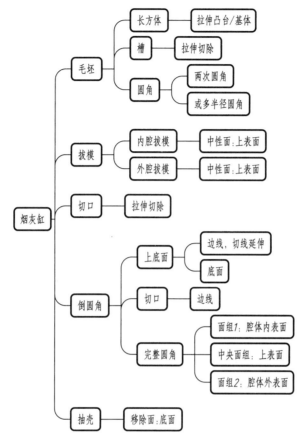

图 12-4　创建烟灰缸模型的任务导图

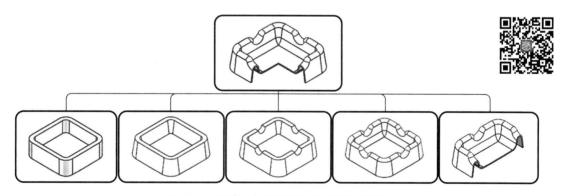

图 12-5　创建烟灰缸模型的操作流程与演示

左右方向切口:在右视基准面上绘制草图,用拉伸切除命令生成左右方向的切口,如图 12-15 和图 12-16 所示。

(4)倒圆角

内腔底面:利用圆角命令,选择内腔底面上一边线,同时选中"切线延伸(G)",或直接选择内腔底面,如图 12-17 所示。

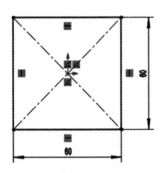

图 12-6　绘制草图(长方体)

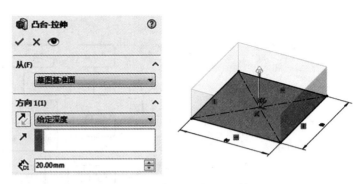

图 12-7　拉伸凸台(长方体)

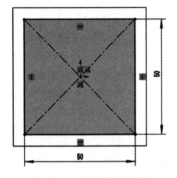

图 12-8　绘制草图(槽)

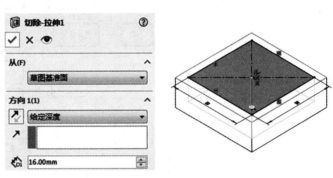

图 12-9　拉伸切除(槽)

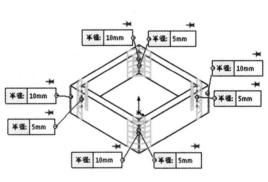

图 12-10　倒圆角

切口:利用圆角命令,选择切口边线,如图 12-18 所示。

完整圆角:利用圆角命令中的完整圆角命令,设置边侧面组 1 为外表面,中央面组为上表面,边侧面组 2 为内表面,如图 12-19 所示。

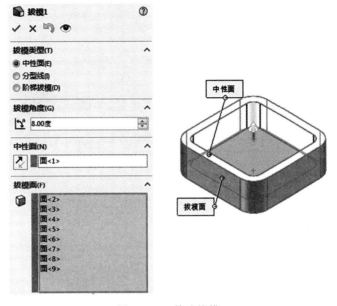

图 12-11　外腔拔模

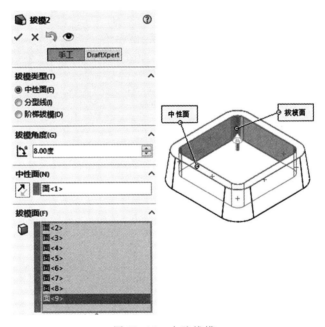

图 12-12　内腔拔模

（5）抽壳

利用抽壳命令,选择底面为"移除的面",抽壳厚度为"1 mm",如图 12-20 所示。

12.4.2　任务二：创建管接头模型

1. 要求

创建管接头模型,其结构尺寸如图 12-21 所示。

307

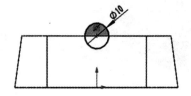

图 12-13　绘制草图（前后向切口）

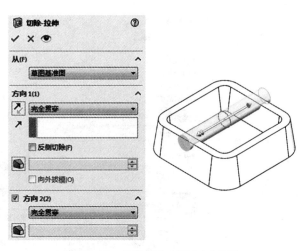

图 12-14　拉伸切除（前后向切口）

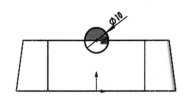

图 12-15　绘制草图（左右向切口）

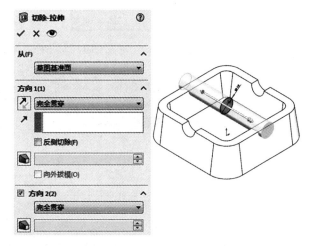

图 12-16　拉伸切除（左右向切口）

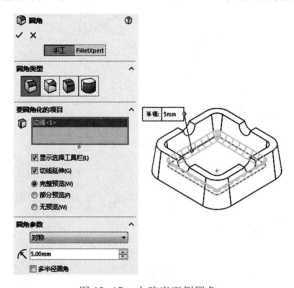

图 12-17　内腔底面倒圆角

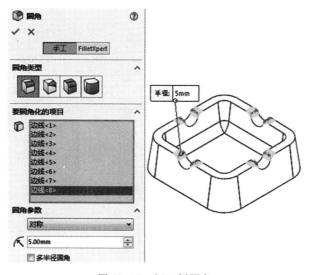

图 12-18 切口倒圆角

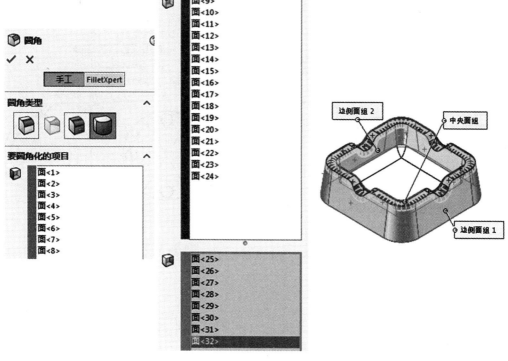

图 12-19 倒完整圆角

2. 任务分析

造型特点:管接头属于箱壳类零件,内外形状较为复杂。

造型原则:先面后孔,基准先行;先主后次,先加后减,先粗后细。

建模理念:

(1)首先利用基准面,确定 3 个方向的设计基准。

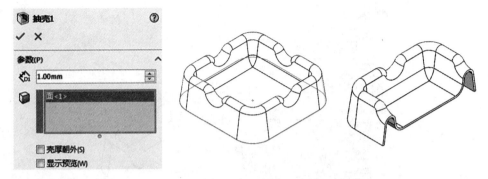

图 12-20　抽壳

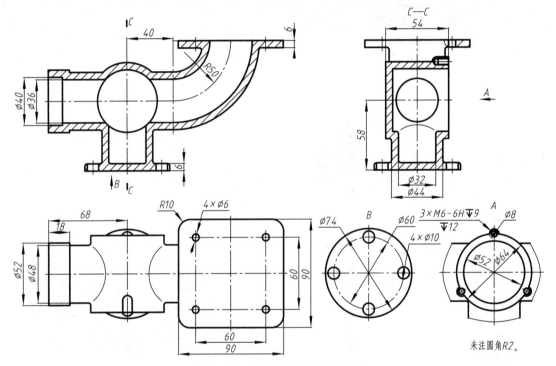

图 12-21　管接头模型的结构尺寸

（2）采用阵列完成系列孔创建。

（3）抽壳厚度为 6 mm。

涉及知识点：抽壳、圆角、简单直孔、异型孔向导、圆周阵列、线性阵列。

难点：抽壳、异型孔向导、线性阵列和圆周阵列的操作方法。

3. 任务导图及操作流程

创建管接头模型的任务导图如图 12-22 所示，其操作流程如图 12-23 所示。

4. 操作步骤提示

（1）毛坯

中间部分：在前视基准面上绘制草图，利用旋转凸台/基体命令生成圆柱，如图 12-24 和图 12-25 所示。

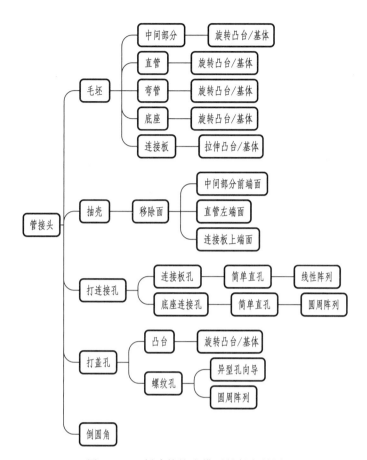

图 12-22　创建管接头模型的任务导图

直管：在上视基准面上绘制草图，用旋转凸台/基体命令生成直管，如图 12-26 和图 12-27 所示。

弯管：选取直管右端面为基准面绘制草图，用转换实体引用命令将圆投影到基准面，画构造线并作为旋转轴，如图 12-28 所示。用旋转凸台/基体命令生成弯管，"角度"文本框内输入 "90.00 度"，可调整旋转方向，如图 12-29 所示。

底座：在前视基准面上绘制草图，用旋转凸台/基体命令生成底座，如图 12-30 和图 12-31 所示。

连接板：以弯管上端面为基准面绘制草图，用拉伸凸台/基体命令生成连接板，如图 12-32 和图 12-33 所示。

（2）抽壳

利用抽壳命令，在"移除的面"中选择"面 1""面 2"和"面 3"，在"厚度"文本框内输入"6.00 mm"，如图 12-34 所示，其剖面视图如图 12-35 所示。

（3）打连接孔

连接板孔：选择连接板上表面为基准面，选择下拉菜单"插入"→"特征（F）"→"简单直孔 （S）"生成孔特征，如图 12-36 所示。在草图编辑状态下，添加尺寸，确定孔的位置，如图 12-37 所示。利用线性阵列命令生成连接板上的其他孔，如图 12-38 所示。

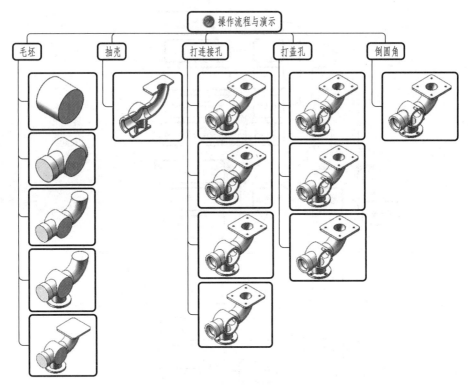

图 12-23 创建管接头模型的操作流程与演示

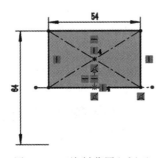

图 12-24 绘制草图（毛坯）

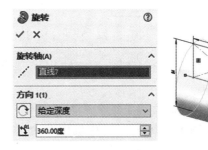

图 12-25 拉伸特征（毛坯）

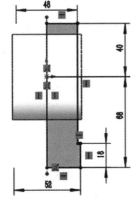

图 12-26 绘制草图（直管）

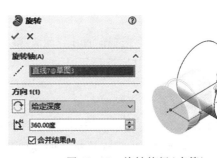

图 12-27 旋转特征（直管）

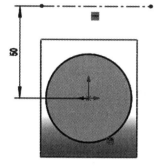

图 12-28 绘制草图（弯管）

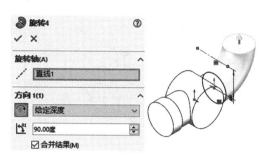

图 12-29 旋转特征（弯管）

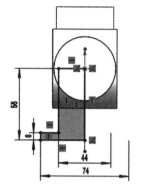

图 12-30 绘制草图（底座）

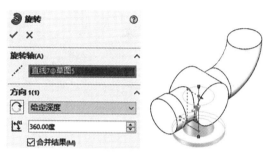

图 12-31 旋转特征（底座）

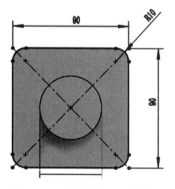

图 12-32 绘制草图（连接板）

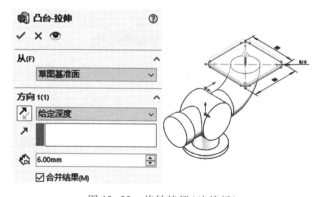

图 12-33 旋转特征（连接板）

图 12-34 抽壳特征

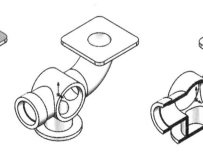

图 12-35 抽壳特征和剖面视图

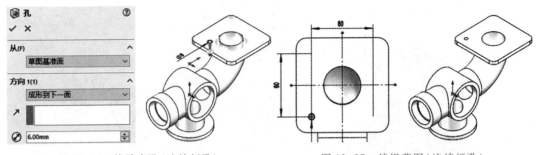

图 12-36　简单直孔(连接板孔)　　　　图 12-37　编辑草图(连接板孔)

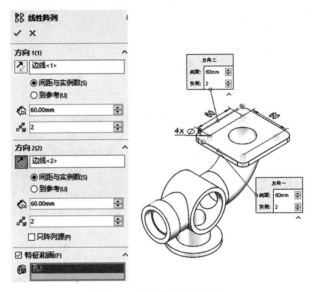

图 12-38　线性阵列特征

底板连接孔:选择底板上表面为基准面,选择下拉菜单"插入"→"特征(F)"→"简单直孔(S)"生成孔特征,如图 12-39 所示。在草图编辑状态下,添加尺寸,确定孔的位置,如图 12-40 所示。利用圆周阵列命令生成底板上的其他孔,"阵列轴"选取底座的临时轴,如图 12-41 所示。

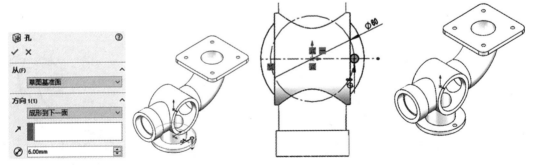

图 12-39　简单直孔(底板连接孔)　　　　图 12-40　编辑草图(底板连接孔)

(4) 打盖孔

凸台:在前视基准面上绘制草图,用旋转凸台/基体命令生成凸台,如图 12-42 所示。

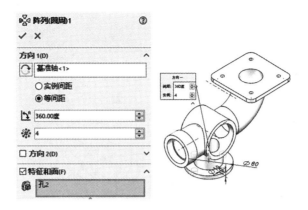

图 12-41　圆周阵列特征(底板连接孔)

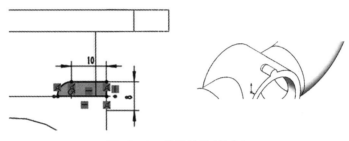

图 12-42　旋转特征(凸台)

螺纹孔:用异型孔向导命令生成螺纹孔,并通过编辑草图命令确定螺纹孔的位置,如图 12-43 和图 12-44 所示。

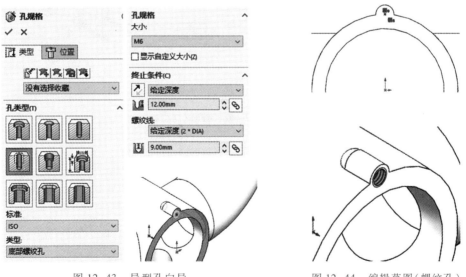

图 12-43　异型孔向导　　　　　　　　　　图 12-44　编辑草图(螺纹孔)

用圆周阵列命令生成其他的螺纹孔,选取临时轴(中间部分的轴线)为"阵列轴",如图 12-45 所示。

(5)倒圆角

用圆角命令,选择边线,生成半径为"2.00 mm"的圆角,如图 12-46 所示。

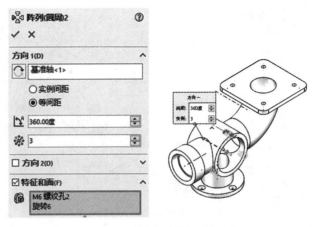

图 12-45　圆周阵列特征（螺纹孔）

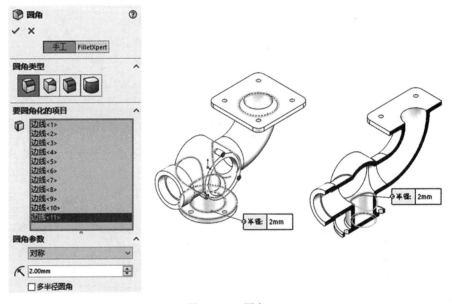

图 12-46　圆角

12.5　课后练习

12.5.1　任务一：创建旋钮模型

1. 要求

创建旋钮模型，如图 12-47 所示，主要造型尺寸如图 12-48，其中内凹曲面造型参考如图 12-49 所示。

2. 任务分析

结构特点：

（1）旋钮模型为回转体结构。

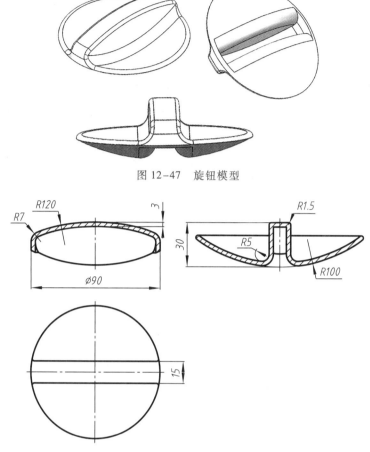

图 12-47　旋钮模型

图 12-48　主要造型尺寸

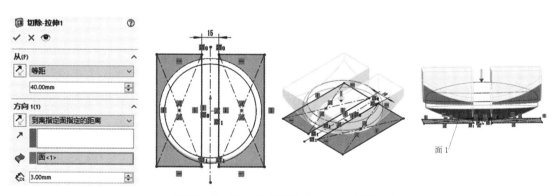

图 12-49　采用拉伸切除命令生成内凹曲面

（2）采用旋转凸台/基体命令生成毛坯。

（3）采用拉伸切除命令生成内凹曲面。

（4）抽壳,壳体厚度为 3 mm。

涉及的知识点:旋转凸台/基体、拉伸切除、圆角、抽壳。

难点:拉伸切除生成内凹曲面。

3. 任务导图及操作流程

创建旋钮的任务导图如图 12-50 所示,其操作流程如图 12-51 所示。

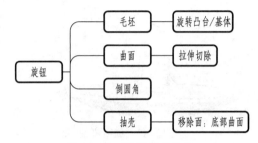

图 12-50 旋钮任务导图

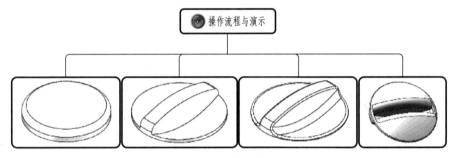

图 12-51 创建旋钮模型的操作流程与演示

12.5.2 任务二:创建螺丝刀模型

1. 要求

创建螺丝刀模型,其主要造型尺寸如图 12-52 所示,模型的两端斜面造型如图 12-53 所示。

2. 任务分析

结构特点:

(1)回转类零件。

(2)下端面采用圆顶。

涉及的知识点:拔模、旋转切除、拉伸切除、圆角、圆顶。

难点:完整圆角的概念及操作方法。

3. 任务导图及操作流程

创建螺丝刀模型的任务导图如图 12-54 所示,其操作流程如图 12-55 所示。

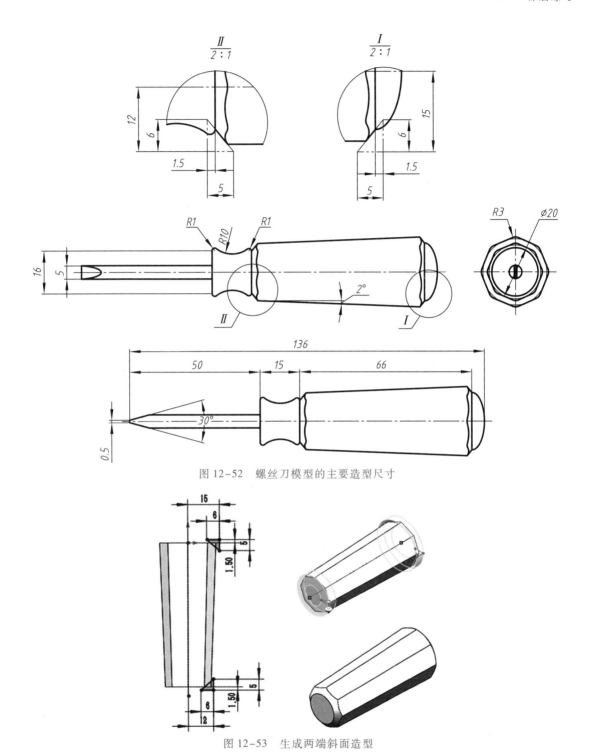

图 12-52　螺丝刀模型的主要造型尺寸

图 12-53　生成两端斜面造型

12.5.3　任务三：创建底座模型

1. 要求

创建底座模型，其结构尺寸如图 12-56 所示。

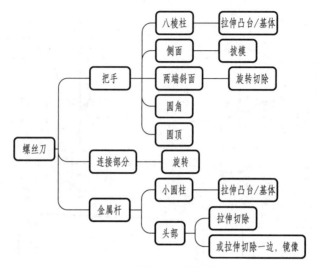

图 12-54　创建螺丝刀模型任务导图

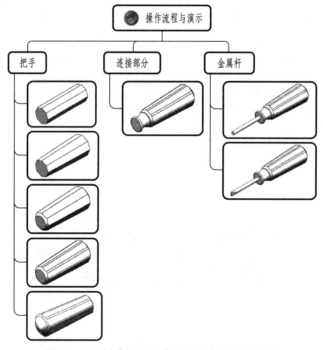

图 12-55　创建螺丝刀模型的操作流程与演示

2. 任务分析

建模理念：

（1）利用基准面，确定 3 个方向的设计基准。

（2）采用阵列完成系列孔创建。

涉及知识点：抽壳、异型孔向导、圆周阵列、线性阵列。

难点：异型孔向导、线性阵列和圆周阵列的操作方法。

3. 任务导图及操作流程

创建底座模型的任务导图如图 12-57 所示，其操作流程如图 12-58 所示。

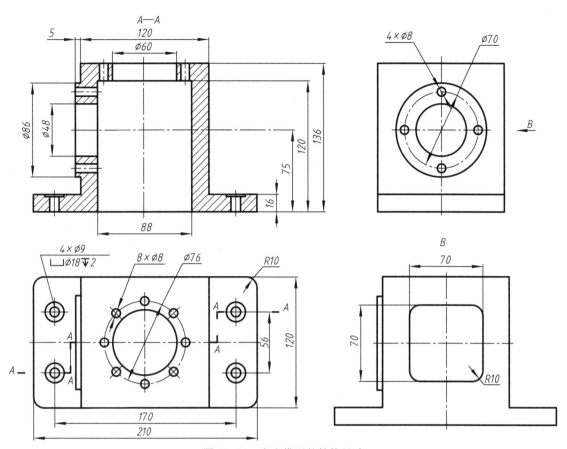

图 12-56 底座模型的结构尺寸

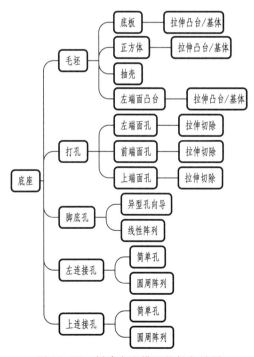

图 12-57 创建底座模型的任务导图

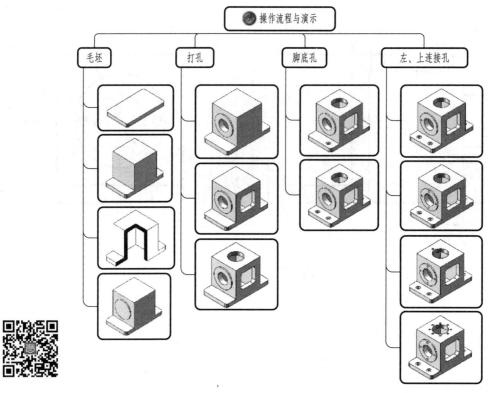

图 12-58　创建底座模型的操作流程与演示

12.5.4　任务四：拓展题

创建图 12-59 ～图 12-62 的模型。

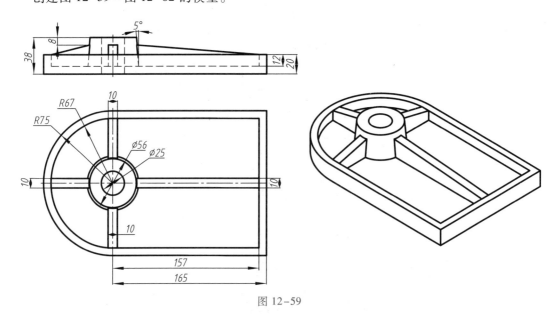

图 12-59

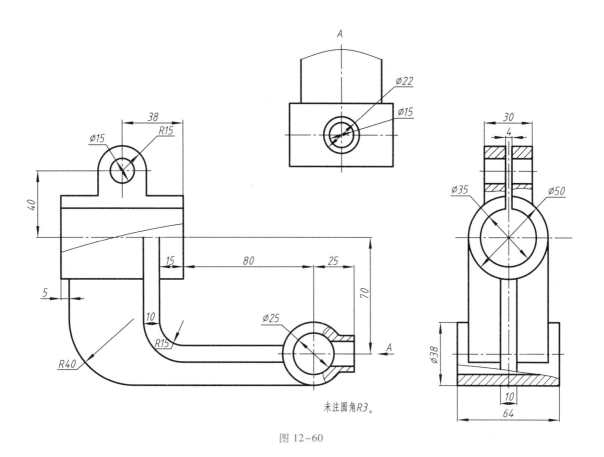

未注圆角R3。

图 12-60

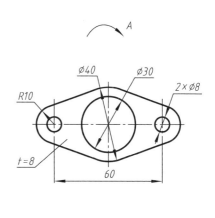

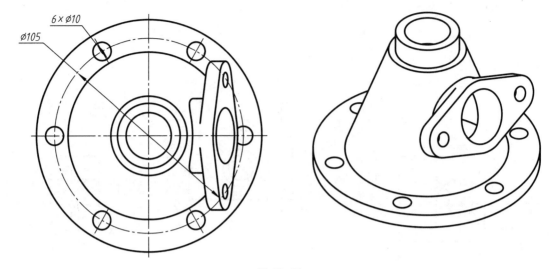

图 12-61

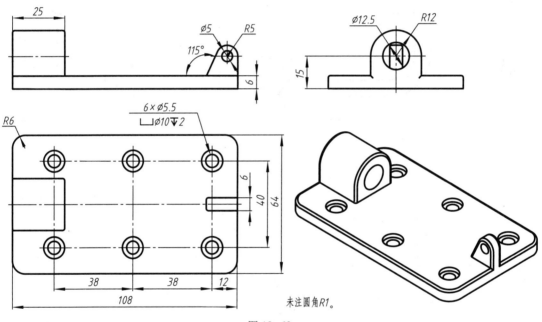

未注圆角R1。

图 12-62

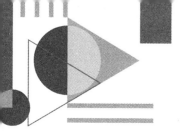

第13章
曲线与曲面

曲线与曲面命令常用于复杂曲面的设计,如飞机、汽车、轮船等。SOLIDWORKS 提供了多种创建曲线和曲面的方法,曲线可用来建立实体和曲面特征,或作为动画设计的路径等。曲面丰富了建模方法,具有更大的造型自由度。

13.1 教学目标

1. 知识目标

(1)能够正确阐述 SOLIDWORKS 的曲线类型、功能及一般创建方法。

(2)能够正确阐述 SOLIDWORKS 的常用曲面类型及创建方法和步骤。

2. 能力目标

(1)能够正确运用曲线造型方法,并能在曲面及实体建模中综合应用。

(2)能够正确运用曲面常用的造型方法,完成曲面对象的造型,并实现初步的工程对象创新设计与表达。

13.2 本章导图

本章内容及结构如图 13-1 所示。

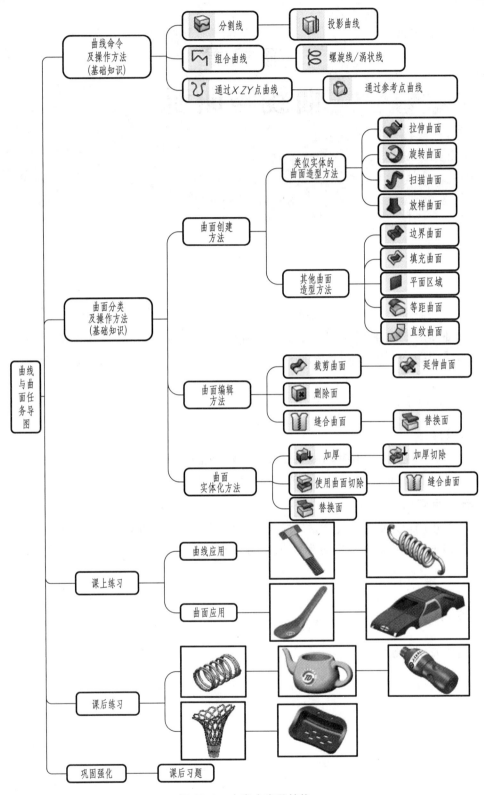

图 13-1　本章内容及结构

13.3 基础知识

曲线与曲面命令如图 13-2 所示。

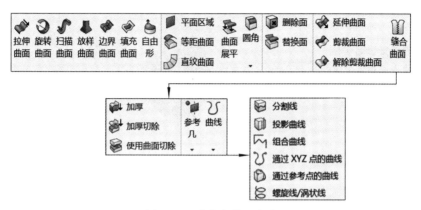

图 13-2 曲线与曲面命令

13.3.1 曲线

1. 投影曲线

功能:将绘制的曲线通过投影的方法生成 3D 曲线。投影曲线及其操作见表 13-1。

表 13-1 投影曲线及其操作

选项	功能说明	图例	操作演示
面上草图	将曲线投影到基准面或模型表面(平面或曲面)生成投影曲线		
草图上草图	两条平面曲线相互投影生成投影曲线		

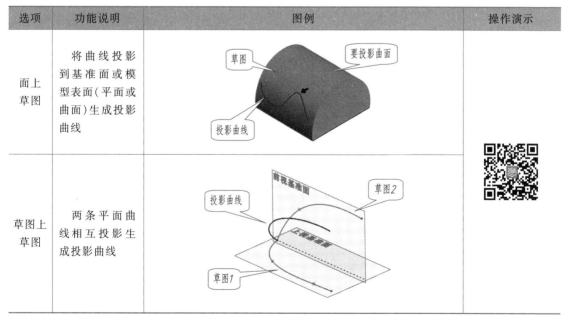

2. 分割线

功能:将草图曲线、模型表面等投影到实体或曲面表面生成分割线,且将表面分割成多个分离的面;分割线可用于放样草图或引导线等操作。分割线及其操作见表 13-2。

表 13-2　分割线及其操作

选项	功能说明	图例	操作演示
轮廓	将平面投影到实体或曲面表面生成轮廓分割线		
投影	将草图投影到实体或曲面表面生成分割线		
交叉点	由两表面的交线生成分割线		

3. 螺旋线/涡状线

功能:用于生成螺旋线或涡状线,可作为实体或曲面特征的扫描路径等。

螺旋线旋向说明:

(1)勾选"反向"复选框,选择"顺时针"为右旋,"逆时针"为左旋;

(2)不勾选"反向"复选框,选择"逆时针"为右旋,"顺时针"为左旋。

具体操作见表 13-3。

4. 其他曲线

组合曲线、通过参考点的曲线、通过 *XYZ* 点的曲线等三类曲线的具体操作见表 13-4。

13.3.2　曲面

1. 类似实体的曲面造型方法

(1)拉伸曲面

功能:将开环或闭环的2D曲线、模型边线等沿着指定方向拉伸生成曲面。

具体操作见表 13-5。

表 13-3 螺旋线及其操作

定义方式	参数	图例	操作演示
涡状线	螺距和圈数	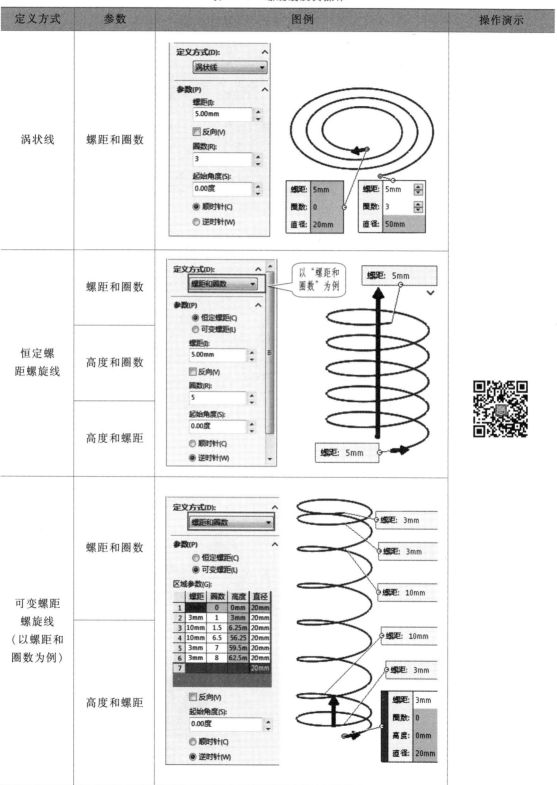	
恒定螺距螺旋线	螺距和圈数		
	高度和圈数		
	高度和螺距		
可变螺距螺旋线（以螺距和圈数为例）	螺距和圈数		
	高度和螺距		

表 13-4　其他曲线及其操作

类型	说明	图例	操作演示
组合曲线	将首尾相连的曲线、草图或模型边线组合为一条曲线,用于扫描或放样特征的路径或引导线等	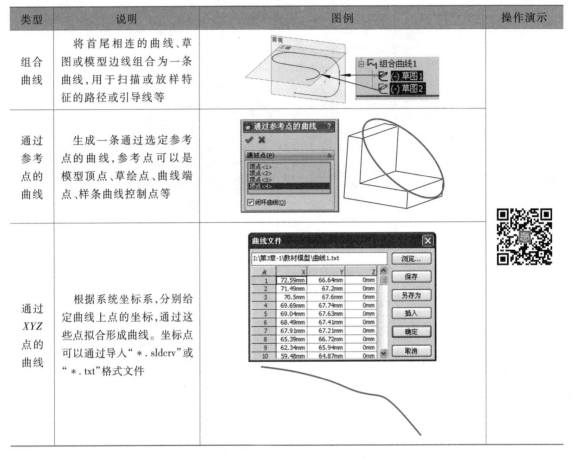	
通过参考点的曲线	生成一条通过选定参考点的曲线,参考点可以是模型顶点、草绘点、曲线端点、样条曲线控制点等		
通过 XYZ 点的曲线	根据系统坐标系,分别给定曲线上点的坐标,通过这些点拟合形成曲线。坐标点可以通过导入"*. sldcrv"或"*. txt"格式文件		

表 13-5　拉伸曲面及其操作

方法	说明	图例	操作演示
开环草图拉伸	开环草图沿法线或倾斜方向拉伸指定距离	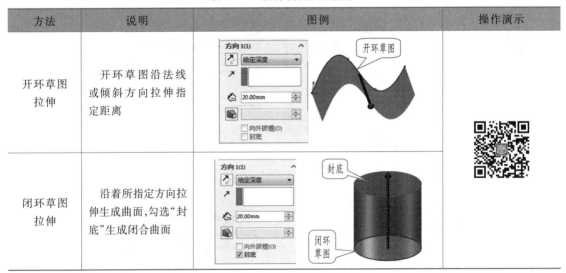	
闭环草图拉伸	沿着所指定方向拉伸生成曲面,勾选"封底"生成闭合曲面		

(2)旋转曲面

功能:将开环的 2D 曲线、模型边线等绕旋转轴旋转所形成的曲面。

具体操作见表13-6。

表13-6 旋转曲面及其操作

方法	说明	图例	操作演示
选择平面绘制草图	草图必须开环,且位于旋转轴一侧		
选择已有草图			

(3)扫描曲面

功能:将轮廓曲线沿一条路径,或一条路径与若干条引导线移动所生成的曲面。

具体操作见表13-7。

表13-7 扫描曲面及其操作

方法	要素	说明	图例	操作演示
简单扫描	轮廓	开环或闭环的平面曲线或模型边线		
	路径	平面或空间曲线,且起点在轮廓的草绘平面上		
引导线扫描	轮廓	开环或闭环的平面曲线或模型边线		
	路径	平面或空间曲线,且起点在轮廓的草绘平面上		
	引导线	控制轮廓的形状,起始点必须与轮廓建立几何约束关系		

（4）放样曲面

功能：将两个或多个不同的轮廓沿其边线连接形成曲面。

具体操作见表 13-8。

表 13-8　放样曲面及其操作

方法	要素	说明	图例	操作演示
简单放样	两个或多个轮廓	轮廓可以是开环或闭环曲线、模型边线、曲面边线等	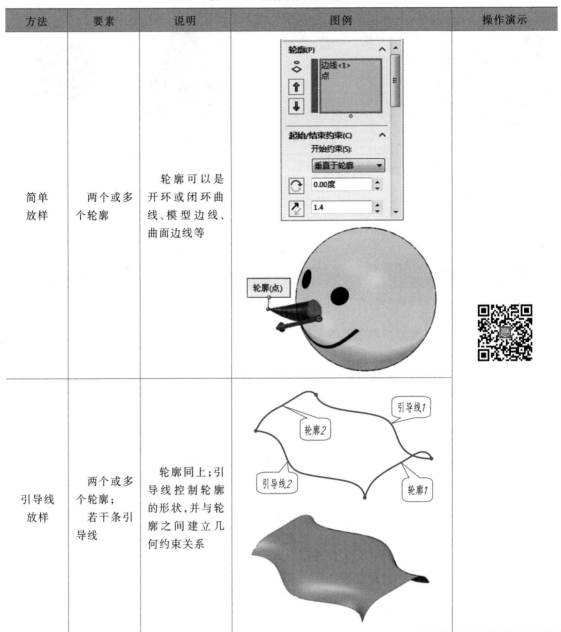	
引导线放样	两个或多个轮廓；若干条引导线	轮廓同上；引导线控制轮廓的形状，并与轮廓之间建立几何约束关系		

2. 其他曲面造型方法

（1）边界曲面

功能：由方向 1 和（或）方向 2 的曲线构成的闭合边界拟合生成曲面（表 13-9）。

表 13-9 边界曲面及其操作

方法	说明	图例	操作演示
两个方向	方向 1 和方向 2 的曲线构成封闭边界	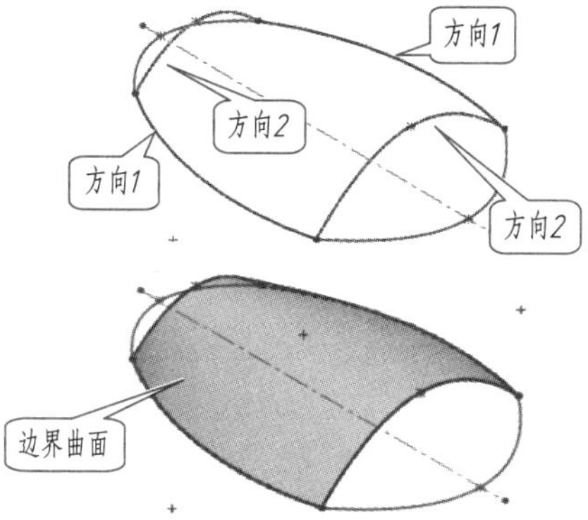	
一个方向	方向 1（或方向 2）的曲线构成边界曲面	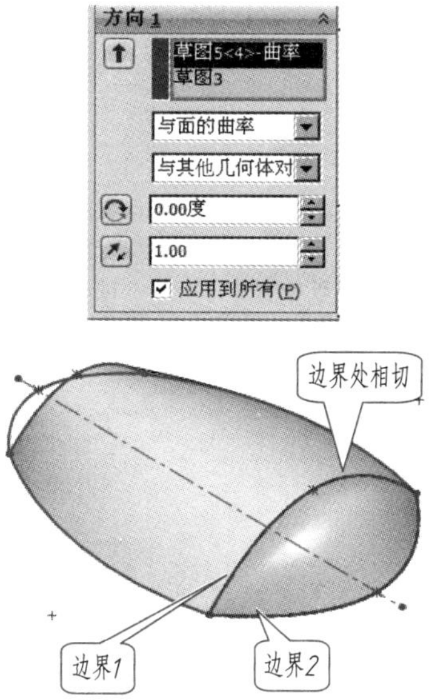	

（2）填充曲面

功能：在模型边线、草图或曲线等构成封闭的边界内形成的曲面修补。

具体操作见表 13-10。

（3）平面区域

功能：由闭合的草图或实体边界生成有界的平面区域，用于开口曲面的填补。

具体操作见表 13-11。

（4）等距曲面

功能：将选定曲面沿其法线方向偏移生成曲面。

具体操作见表 13-12。

（5）直纹曲面

功能：在指定边界处生成母线为直线的曲面，主要用于模具分型面的制作。

表 13-10 填充曲面及其操作

方法	说明	图例	操作演示
草图曲线填充	两条闭环曲线生成填充曲面	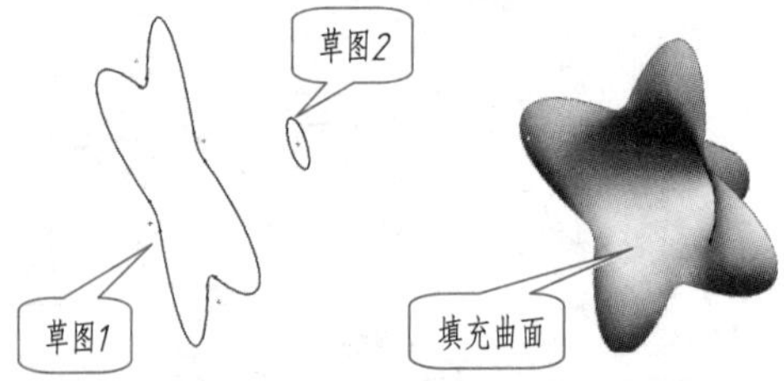	
	两条首尾连接的开环曲线生成填充曲面	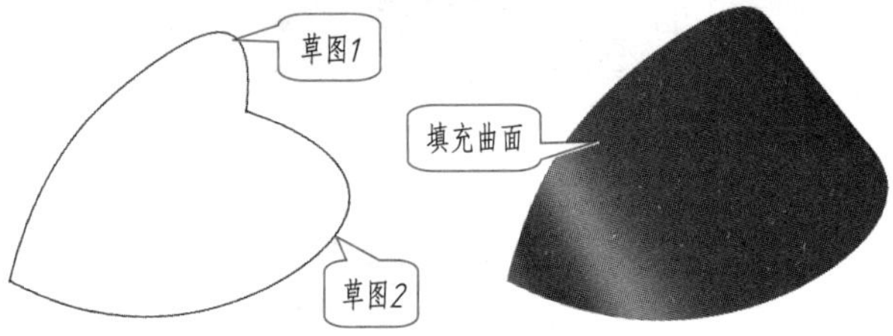	
实体边界填充	已有实体的封闭边界处生成填充曲面	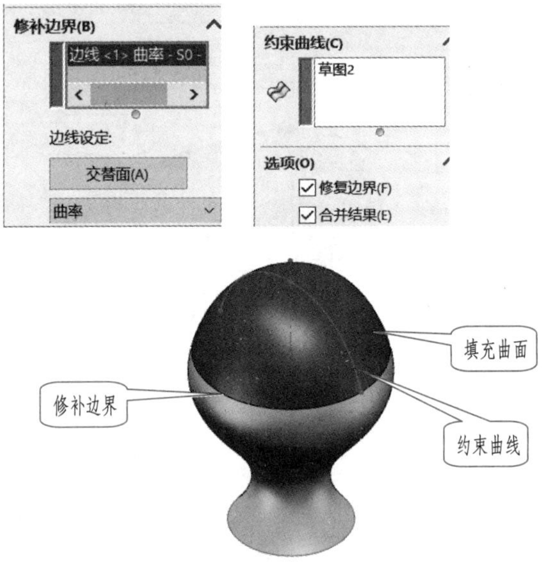	

表 13-11 平面区域及其操作

方法	说明	图例	操作演示
平面区域	利用封闭边界或草图曲线生成平面		

表 13-12　等距曲面及其操作

方法	说明	图例	操作演示
等距曲面	将选定的曲面沿法线方向移动指定距离	等距曲面 原始曲面	

具体操作见表 13-13。

表 13-13　直纹曲面及其操作

选项	说明	图例	操作演示
相切于曲面	将边线沿曲面的切线方向拉伸指定的距离	边线 直纹曲面	
正交于曲面	将边线沿曲面的法线方向拉伸指定的距离	直纹曲面　边线	
锥销到向量	将边线以指定的角度拔模拉伸指定的距离	直纹曲面　参考边	
垂直于向量	将边线以与选定向量垂直的方向拉伸指定的距离	参考向量	
扫描	将边线以选定的参考向量为路径扫描指定的距离	参考向量	

3. 曲面编辑方法

（1）剪裁曲面🧽

功能：用于删除曲面中多余的部分。可以使用曲面或曲线作为剪裁工具，也可以利用两曲面相互剪裁。

具体操作见表 13-14。

表 13-14　剪裁曲面及其操作

选项	说明	图例	操作演示
曲线为剪裁工具	以曲线在曲面的投影为边界，且投影必须在曲面范围内	剪裁曲线	
曲面为剪裁工具	指定要保留的部分，完成曲面剪裁	剪裁曲面	
相互剪裁	以曲面之间的交线为分割线分割曲面组，指定要保留的部分，完成剪裁曲面	剪裁曲面	

（2）延伸曲面🪣

功能：将曲面在指定的边线处开始延伸。

具体操作见表 13-15。

表 13-15　延伸曲面及其操作

方法	说明	图例	操作演示
延伸曲面	终止条件：距离、成形到某一点或某一面；延伸类型：同一曲面、线性	延伸边界　延伸曲面	

（3）删除面📦

功能：从曲面或实体中删除指定的面，同时可以进行填补或修补。

具体操作见表13-16。

表 13-16 删除面及其操作

选项	说明	图例	操作演示
删除	删除指定的面,剩余面出现孔洞	删除　删除填补	
删除并填补	填补删除的面		

（4）缝合曲面 📎
功能:将相连且不重叠的曲面组合为一个曲面。
具体操作见表13-17。

表 13-17 缝合曲面及其操作

方法	说明	图例	操作演示
缝合曲面	将多个曲面进行组合;若为闭合曲面,缝合时可生成实体。	选择(S) 镜向2 边界-曲面3 曲面-基准面2 ☑尝试形成实体(I) ☑合并实体(M)	

（5）替换面 📖
功能:用选定的曲面替换实体或曲面上的目标面。
具体操作见表13-18。

表 13-18 替换面及其操作

方法	说明	图例	操作演示
替换面	实体或曲面上的目标面在替换面上的投影需完全在其内	被替换面　目标面	

4. 曲面实体化方法

曲面实体化方法包括加厚、加厚切除、曲面切除、曲面缝合及替换面,其中曲面缝合及替换面方法不再赘述,其他操作见表13-19。

表 13-19　曲面实体化方法及其操作

方法	说明	图例	操作演示
加厚	将开放或闭合的曲面加厚生成实体;多个相邻曲面需缝合再加厚	加厚参数(T) 曲面-缝合3 厚度: 2.00mm □ 从闭合的体积生成实体(C)	
加厚切除	用曲面加厚切除,并生成指定保留的实体	加厚参数(T) 曲面 厚度: 5.00mm	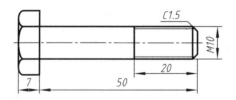
使用曲面切除	用曲面切除实体特征	使用曲面切除 ✓ ✗ 曲面切除参数(P) 曲面	

13.4　课上练习

13.4.1　任务一：创建 M10×50 六角头螺栓模型

1. 要求

创建 M10×50 六角头螺栓模型,其尺寸按照比例画法(GB/T 4459.1—1995),并制作螺尾,如图 13-3 所示。

C1.5　M10　20　50　7

图 13-3　M10×50 六角头螺栓模型的结构尺寸

2. 任务分析

结构特点:

(1) 螺栓头:正六棱柱、端部 30°倒角;

(2) 螺杆:圆柱体,端部倒角 C1.5;

(3) 螺纹:牙型符号为等边三角形的螺纹,且有螺尾效果。

涉及的知识点:恒定螺距、3D 草图、扫描切除。

难点:螺尾结构、3D 草图及扫描切除操作方法。

3. 任务导图及操作流程

创建 M10×50 六角头螺栓的任务导图如图 13-4 所示,且其操作流程如图 13-5 所示,具体详见操作视频(请扫描下方二维码)。

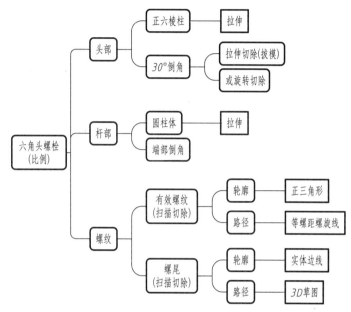

图 13-4　创建 M10×50 六角头螺栓的任务导图

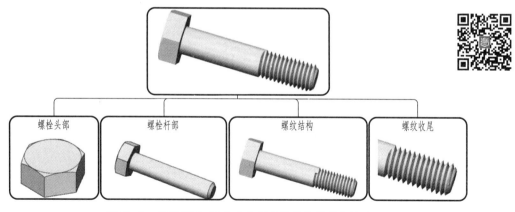

图 13-5　创建 M10×50 六角头螺栓的操作流程与演示

4. 操作步骤提示

(1)螺纹结构

先用恒定螺距命令生成扫描路径,再用草图命令绘制边长为 1.49 mm 的等边三角形,最后用扫描切除命令完成螺纹结构,如图 13-6 所示。

(2)螺纹收尾

先通过 3D 草图命令绘制直线,注意与螺旋线相切,再用扫描切除命令。其中,"草图轮廓"

选择螺纹结构的三角形断面,"起始处相切类型"选择"路径相切",如图 13-7 所示。

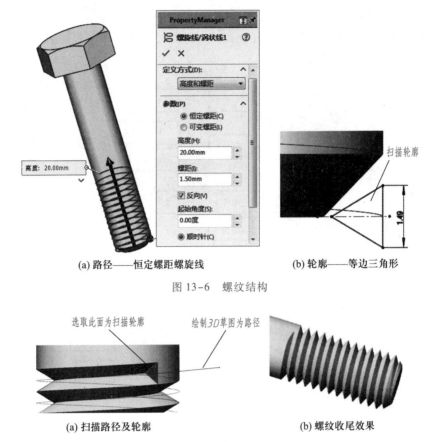

(a) 路径——恒定螺距螺旋线　　　　　　(b) 轮廓——等边三角形

图 13-6　螺纹结构

(a) 扫描路径及轮廓　　　　　　　　　　(b) 螺纹收尾效果

图 13-7　螺纹收尾

13.4.2　任务二:创建圆柱螺旋拉伸弹簧模型

1. 要求

生成参数:材料直径为 5 mm、节距为 10 mm、总圈数为 6、弹簧中径为 20 mm,如图 13-8 所示。

2. 任务分析

结构特点:右旋、两头半圆钩;属于圆截面扫描体。

涉及知识点:恒定螺距螺旋线、3D 草图、扫描。

难点:3D 草图的操作方法。

3. 任务导图及操作流程

创建圆柱螺旋拉伸弹簧模型的任务导图如图 13-9 所示,其操作流程与演示如图 13-10 所示。

4. 操作步骤提示

(1)路径——螺旋线

利用螺旋线命令绘制路径,选择"右视基准面",绘制直径为 20 mm 的圆,依次选择"螺距和圈数""恒定螺距","螺距"设置为10 mm、"圈数"设置为6、"起始角度"设置为0,选择"逆时针"。

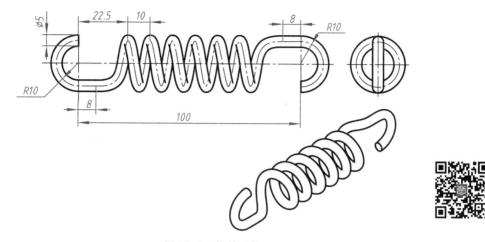

图13-8　拉伸弹簧

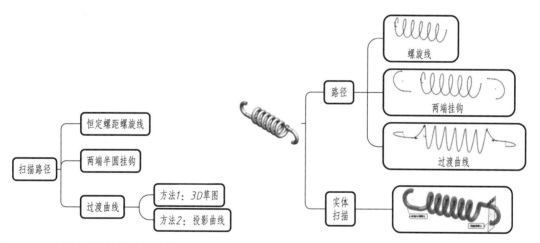

图13-9　创建圆柱螺旋拉伸弹簧模型的任务导图

图13-10　创建圆柱螺旋拉伸弹簧模型的操作流程与演示

（2）路径——两端挂钩

选择"前视基准面"绘制挂钩草图,如图13-11所示。

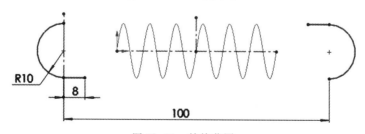

图13-11　挂钩草图

（3）路径——过渡曲线及扫描路径

单击"草图"工具栏,选择"3D草图"按钮 🗗 ,进入草图环境,然后选择图13-11所示的"挂钩草图"及"螺旋线",单击"转换实体引用"按钮 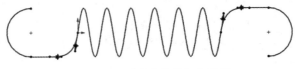。

单击"样条曲线"按钮 N ，再单击左端"直线"和"螺旋线"端点并通过两点绘制"样条曲线"，最后添加"样条曲线"两端"相切"约束，完成扫描路径，如图 13-12 所示。

图 13-12　过渡曲线及扫描路径

13.4.3　任务三：创建勺子模型

1. 要求

创建勺子模型，并进行渲染，如图 13-13 所示，且其主要建模尺寸如图 13-14 所示。

2. 任务分析

造型特点：

（1）顶部轮廓：投影满足主、俯两个视图的轮廓曲线；

（2）底面：平面；

（3）侧面：空间曲面，且受主、左视图的轮廓曲线控制。

涉及知识点：

（1）曲面造型方法：边界曲面、填充曲面、放样曲面；

（2）曲线：投影曲线、分割线；

（3）曲面实体化：加厚。

图 13-13　勺子模型

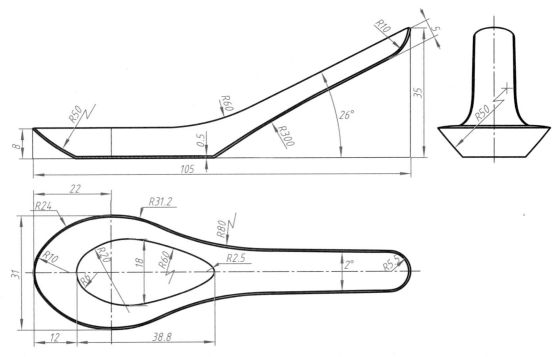

图 13-14　勺子模型的主要建模尺寸

（4）渲染：外观/颜色；

（5）贴图：利用分割线分割贴图表面；再利用外观→高级→图像设置贴图。

难点：侧面造型，边界曲面或放样曲面的操作与应用。

3. 任务导图及操作流程

创建勺子模型的任务导图如图 13-15 所示，其操作流程与演示如图 13-16 所示。

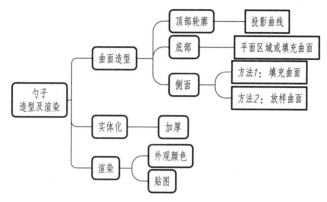

图 13-15　创建勺子模型的任务导图

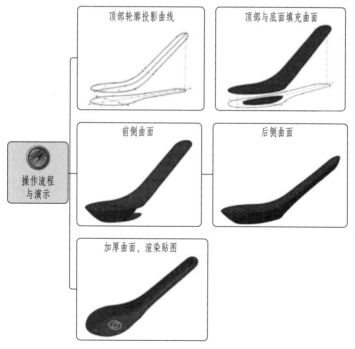

图 13-16　创建勺子模型的操作流程与演示

4. 操作步骤提示

（1）顶部轮廓

利用"投影曲线"的草图上草图命令生成顶部轮廓，如图 13-17 所示。

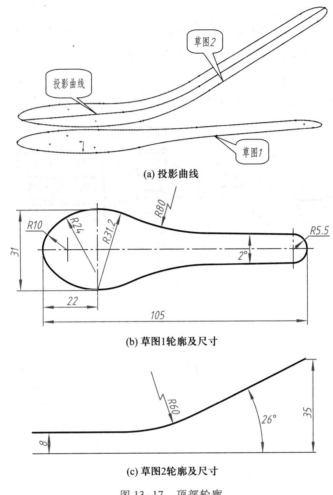

(a) 投影曲线

(b) 草图1轮廓及尺寸

(c) 草图2轮廓及尺寸

图 13–17　顶部轮廓

（2）顶部及底部曲面

顶部曲面：利用曲面填充命令完成顶部曲面，如图 13–18 所示。

底部曲面：利用曲面填充命令或平面区域命令完成底部曲面，如图 13–19 所示。

（3）侧面曲面

分割曲面：利用分割线命令将顶部和底部曲面分成前侧和后侧两部分，如图 13–20 所示。

前后侧曲面分界线：绘制图 13–21 所示的草图，注意两侧圆弧须分两次绘制。

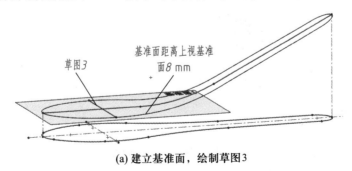

(a) 建立基准面，绘制草图3

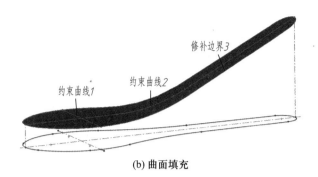

(b) 曲面填充

图 13-18　顶部曲面

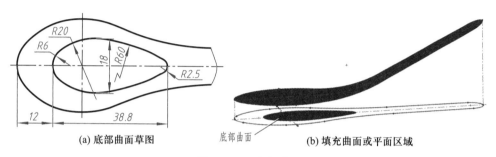

(a) 底部曲面草图　　　底部曲面　　(b) 填充曲面或平面区域

图 13-19　底部曲面

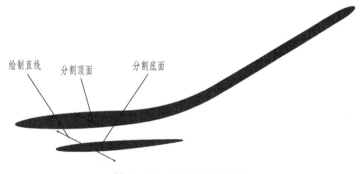

图 13-20　分割顶面与底面

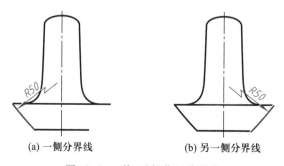

(a) 一侧分界线　　　　(b) 另一侧分界线

图 13-21　前、后侧曲面分界线

前侧曲面:利用填充曲面命令完成前侧曲面,如图 13-22 所示。
后侧曲面:利用填充曲面命令完成后侧曲面,如图 13-23 所示。

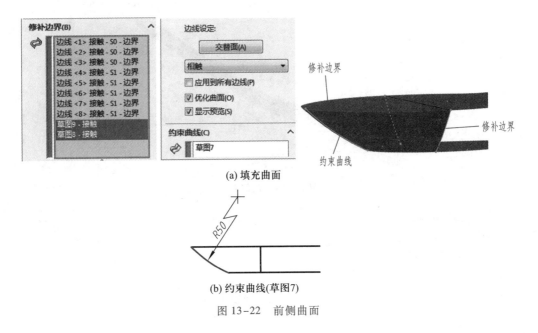

(a) 填充曲面

(b) 约束曲线(草图7)

图 13-22　前侧曲面

（4）曲面加厚实体化

通过曲面缝合命令将底面、前侧面和后侧面缝合为一个曲面,再利用圆角命令将底部光滑处理,最后利用加厚命令完成实体化。注意顶部曲面隐藏即可。

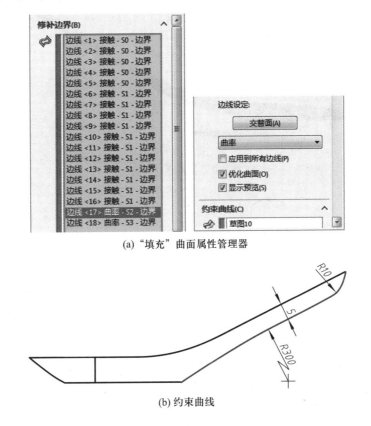

(a) "填充"曲面属性管理器

(b) 约束曲线

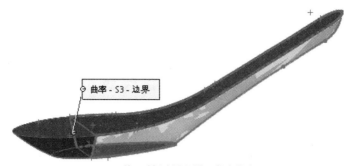

(c) 前、后侧分界处设置曲率约束

图 13-23　后侧曲面

（5）实体渲染

整体渲染：单击前导视图工具栏的"外观"按钮 ⬬，通过颜色命令设置实体外观颜色效果。

局部表面贴图：利用分割线命令将贴图曲面分割，再单击前导视图工具栏的"外观"按钮 ⬬，单击"高级"按钮，设置"图像"及"映射"，完成贴图，如图 13-24 所示。

(a) 外观高级设置

(b) 未调整比例

(c) 通过映射命令调整

图 13-24　局部表面贴图

13.4.4　任务四：创建汽车车身模型

1. 要求

创建汽车车身模型,并进行渲染,其三维效果如图 13-25。

2. 任务分析

造型特点:

(1) 车身:发动机机盖、车身侧面等都为曲面;

(2) 车窗:具有透明效果,且为曲面;

(3) 其他:通过剪裁曲面命令完成前灯、后灯、中
网等部分。

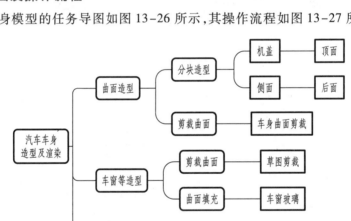

图 13-25　汽车车身三维效果

涉及知识点:

(1) 曲面建模方法:拉伸曲面、扫描曲面、填充曲
面、剪裁曲面;

(2) 曲线:分割线;

(3) 渲染:外观/颜色。

难点:车身造型,扫描曲面、剪裁曲面等造型命令的综合应用。

3. 任务导图及操作流程

创建汽车车身模型的任务导图如图 13-26 所示,其操作流程如图 13-27 所示。

图 13-26　创建汽车车身模型的任务导图

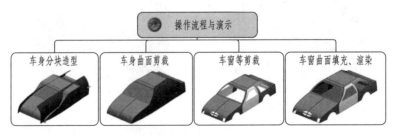

图 13-27　创建汽车车身模型的操作流程

4. 建模步骤提示

（1）车身分块建模及剪裁

机盖曲面：选择"前视基准面"绘制图 13-28 所示的草图，通过拉伸曲面命令完成造型，深度为 60；

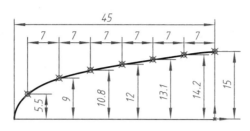

图 13-28 机盖拉伸草图

顶部曲面：选择"前视基准面"绘制图 13-29 所示的草图，通过拉伸曲面命令完成造型，深度为 60。

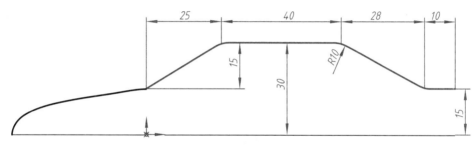

图 13-29 顶部拉伸草图

侧面曲面：利用扫描曲面命令完成，如图 13-30 所示。其中，扫描路径以"上视基准面"为草绘平面；扫描轮廓以"基准面 1"为草绘平面，而以"图 13-30a 所示的草图"作为扫描路径；另一侧面通过镜像命令完成。

后面曲面：选择"前视基准面"绘制图 13-31 所示的草图，通过拉伸曲面命令完成造型，深度为 60。

车身曲面相互剪裁：利用剪裁曲面命令选择上述 5 个曲面，完成剪裁，如图 13-32 所示。

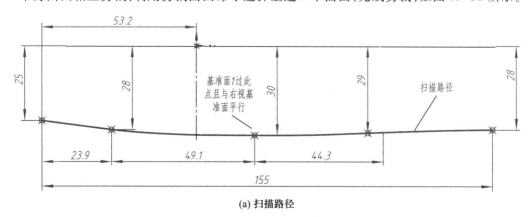

(a) 扫描路径

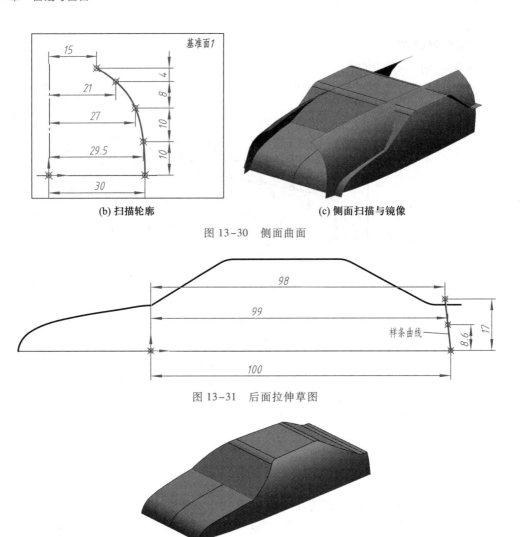

(b) 扫描轮廓　　　　　　　　(c) 侧面扫描与镜像

图 13-30　侧面曲面

图 13-31　后面拉伸草图

图 13-32　曲面剪裁

（2）车窗等剪裁

车门轮廓：选择"前视基准面"，再利用分割线命令完成图 13-33 所示的草图。

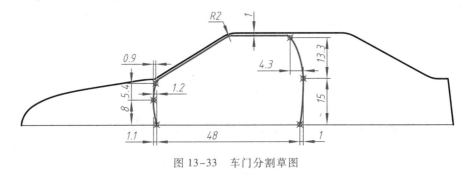

图 13-33　车门分割草图

车窗轮廓：

选择"前视基准面"绘制图 13-34a 所示的草图作为侧窗剪裁草图；选择"上视基准面"，利用等距实体命令绘制图 13-34b 所示的草图作为前窗剪裁草图;选择"上视基准面",利用等距实体命令绘制图 13-34c 所示的草图作为后窗剪裁草图。

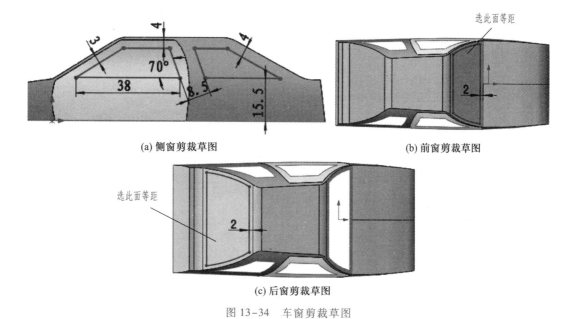

(a) 侧窗剪裁草图　　　　(b) 前窗剪裁草图

(c) 后窗剪裁草图

图 13-34　车窗剪裁草图

车轮轮廓:选择"前视基准面"绘制图 13-35 所示的车轮剪裁草图。

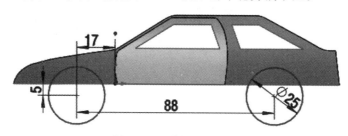

图 13-35　车轮剪裁草图

前灯和后灯轮廓:选择"前视基准面"绘制图 13-36 所示前灯及中网剪裁草图;选择"前视基准面"绘制图 13-37 所示的后灯及车牌剪裁草图。

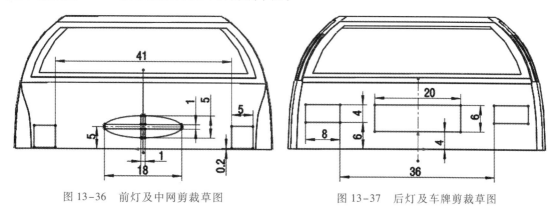

图 13-36　前灯及中网剪裁草图　　　图 13-37　后灯及车牌剪裁草图

（3）车窗造型

可利用填充曲面命令完成车窗造型。在"修补边界"中选择前侧窗的 4 条边线,在 4 条边线的"曲率控制"中选择"相切",最后单击"修复边界"复选框,完成前侧窗玻璃的创建,如图 13-38 所示。

用同样的操作方式填充其他车窗玻璃。

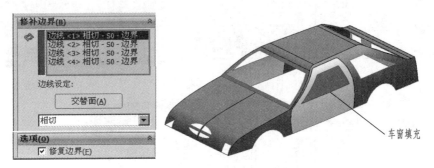

图 13-38　前侧窗玻璃的填充

（4）外观渲染

在前导视图工具栏中单击"外观"按钮,在"颜色"属性管理器设置外观颜色,并设置玻璃为透明效果,如图 13-39 所示。

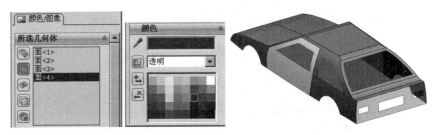

图 13-39　更改车窗玻璃的外观颜色

13.5　课后练习

13.5.1　任务一：创建圆柱螺旋压缩弹簧模型

1．要求

生成参数:节距为 5 mm,材料直径为 3 mm,中径为 18 mm,有效圈数为 8.5,总圈数为 11,自由高度为 50 mm,如图 13-40 所示。

2．任务分析

结构特点:右旋、两头并紧,支承圈为 2.5 圈。

涉及知识点:可变螺距螺旋线、扫描、拉伸切除。

难点:可变螺距螺旋线的操作方法。

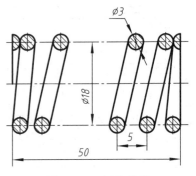

图 13-40　压缩弹簧

3. 任务导图及操作流程

创建圆柱螺旋压缩弹簧的任务导图如图 13-41 所示,且其操作流程与演示如图 13-42 所示。

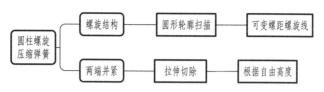

图 13-41　创建圆柱螺旋压缩弹簧的任务导图

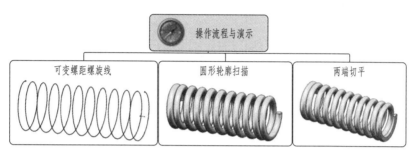

图 13-42　创建圆柱螺旋压缩弹簧的操作流程与演示

13.5.2　任务二：创建茶壶模型

1. 要求

创建茶壶模型,并渲染与贴图,如图 13-43 所示。且其主要参考尺寸如图 13-44 所示。

2. 任务分析

造型特点:

(1)壶身:回转体造型;

(2)壶嘴:直径在 $\phi20 \sim \phi46$ 变化,且轮廓受两条曲线控制;

图 13-43　茶壶三维造型效果

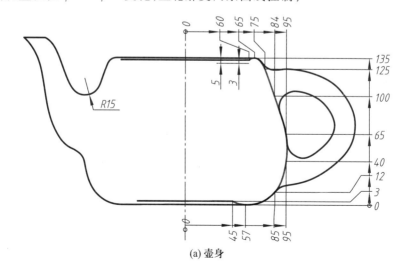

(a)壶身

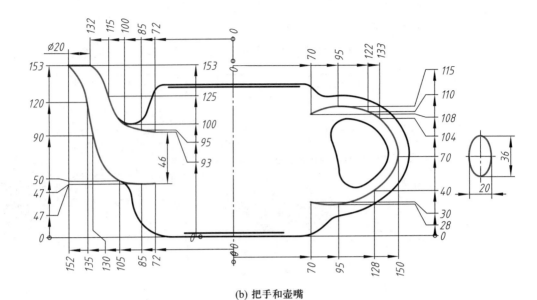

(b) 把手和壶嘴

图 13-44　茶壶的主要参考尺寸

（3）把手：断面为椭圆，且椭圆中心位于一曲线上；

（4）把手、壶嘴与主体光滑过渡连接。

涉及知识点：

（1）曲面造型方法：旋转曲面、扫描曲面、放样曲面、填充曲面；

（2）曲面编辑方法：剪裁曲面、圆角；

（3）草图绘制及尺寸标注方法：样条曲线、水平尺寸链、竖直尺寸链；

（4）渲染与贴图：外观。

$\left\{\begin{array}{l}\rightarrow 高级/照明度、颜色与图像 \\ \rightarrow 贴图/图像、映射\end{array}\right.$

难点：壶嘴造型，引导线放样的操作方法与技巧。

3. 任务导图及操作流程

创建茶壶模型的任务导图如图 13-45 所示，且其操作流程与演示如图 13-46 所示。

13.5.3　任务三：创建花篮模型

1. 要求

创建花篮模型，并渲染与贴图，其主要建模尺寸如图 13-47 所示。

2. 任务分析

造型特点：

（1）整体：喇叭状造型（下小上大、上端倾斜）；

（2）镂空造型：呈圆周分布规律。

涉及知识点：

（1）曲面造型方法：边界曲面或放样曲面；

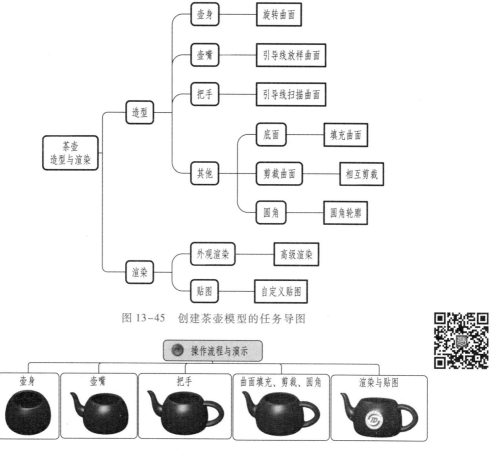

图 13-45　创建茶壶模型的任务导图

图 13-46　创建茶壶模型的操作流程与演示

（2）曲面编辑方法：分割线、阵列曲面、删除面；

（3）曲面实体化：加厚；

（4）外观渲染与贴图：同任务二。

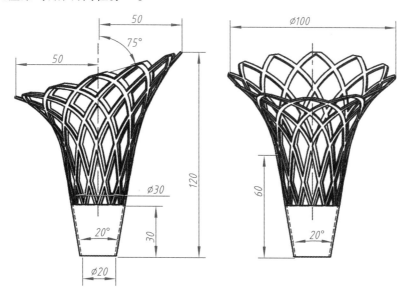

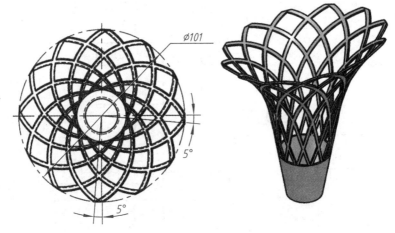

图 13-47　花篮的主要建模尺寸及三维效果

难点:花篮主体造型:边界曲面或放样曲面的操作与应用。

3. 任务导图及操作流程

创建花篮模型的任务导图如图 13-48 所示,且其操作流程与演示如图 13-49 所示。

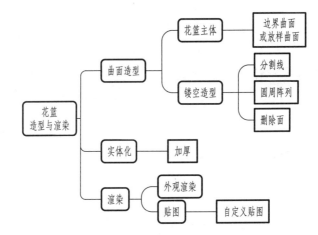

图 13-48　创建花篮模型的任务导图

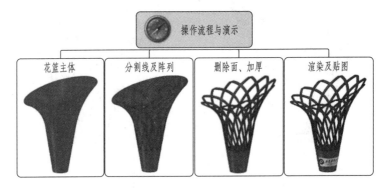

图 13-49　创建花篮模型的操作流程与演示

13.5.4 任务四：创建矿泉水瓶模型

1. 要求

创建矿泉水瓶模型，并进行渲染与贴图，如图13-50所示，且其主要建模尺寸如图13-51所示。

2. 任务分析

造型特点：（1）瓶身主体：回转体造型；

（2）瓶身凹坑：边界为四段相切圆弧、形状受一曲线控制的曲面造型，且呈圆周分布规律；

图13-50　矿泉水瓶三维建模效果

（3）瓶底花纹：呈圆周分布规律，单个花纹为扫描造型（轮廓直径为 $\phi4.5$ mm）

（4）瓶口螺纹：螺距为4 mm、2圈等螺距螺纹，且有螺纹收尾造型。

涉及知识点：（1）曲面造型方法：旋转曲面、扫描曲面、填充曲面；

（2）曲面编辑方法：删除面、缝合曲面、剪裁曲面、圆角、圆周阵列；

（3）曲面实体化：加厚；

（4）高级外观渲染与贴图：方法同任务二。

难点：（1）瓶身凹坑造型：曲线控制的填充曲面、曲面阵列、删除面等命令的操作方法；

（2）瓶底花纹造型：剪裁曲面的操作与应用。

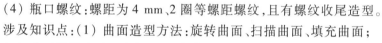

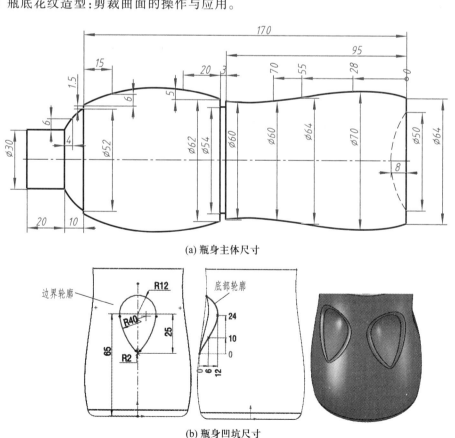

(a) 瓶身主体尺寸

(b) 瓶身凹坑尺寸

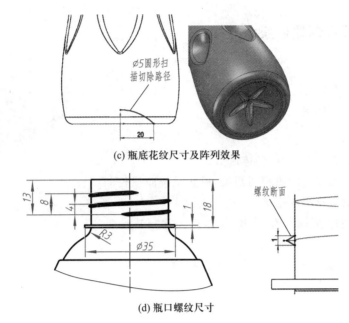

(c) 瓶底花纹尺寸及阵列效果

(d) 瓶口螺纹尺寸

图 13-51　矿泉水瓶模型的主要建模尺寸

3. 任务导图及操作流程

创建矿泉水瓶模型的任务导图如图 13-52 所示,且其操作流程与演示如图 13-53 所示。

13.5.5　任务五:创建肥皂盒模型

1. 要求

创建肥皂盒模型,并进行渲染,如图 13-54 所示,且其主要建模尺寸如图 13-55 所示。

2. 任务分析

造型特点:

(1) 底部:相对简单,壁厚为 2 mm 的壳体。

(2) 顶部外缘:比较复杂,厚度为 2 mm 的薄壁。

(3) 其他:漏水孔、安装孔等。

涉及知识点:

(1) 实体与曲面建模方法:等距曲面、曲面切除。

(2) 曲面建模的方法读者自己思考。

难点:顶部外缘:等距曲面、曲面切除等的应用。

3. 任务导图及操作流程

创建肥皂盒模型的任务导图如图 13-56 所示,且其操作流程与演示如图 13-57 所示。

13.5.6　任务六:拓展题

综合利用 SOLIDWORKS 的曲线曲面功能,完成图 13-58 ~ 图 13-64 所示的三维模型的创建。

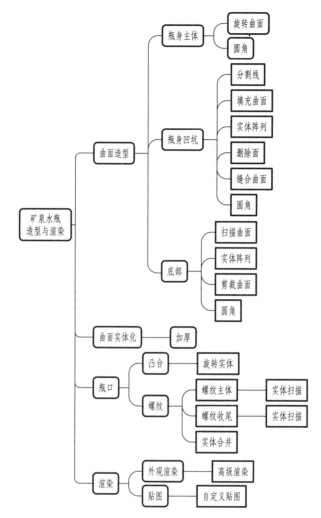

图 13-52　创建矿泉水瓶模型的任务导图

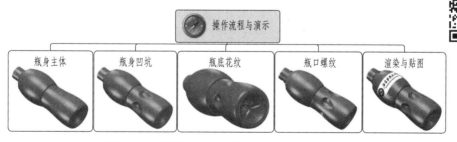

图 13-53　创建矿泉水瓶模型的操作流程与演示

图 13-54　肥皂盒模型三维建模效果

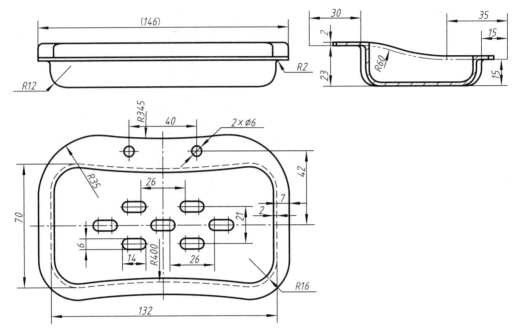

图 13-55 肥皂盒模型的主要建模尺寸

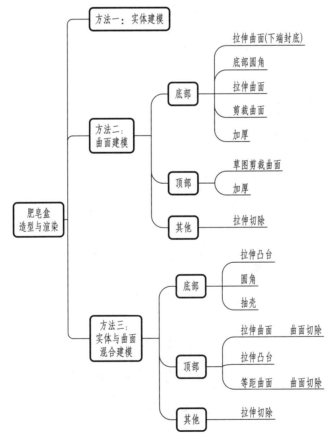

图 13-56 创建肥皂盒模型的任务导图

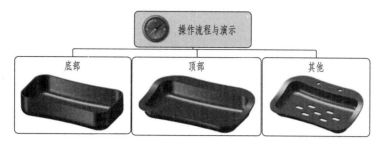

图 13-57 创建肥皂盒模型的操作流程与演示

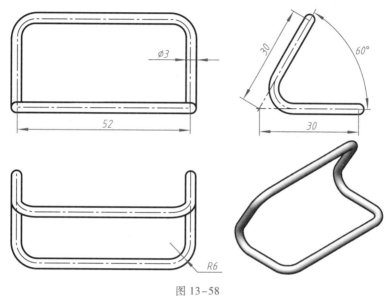

图 13-58

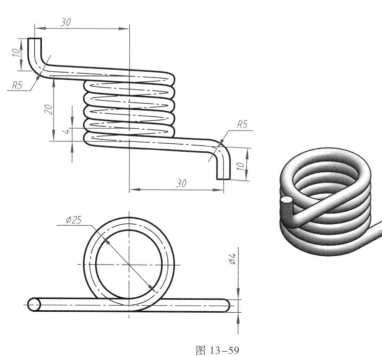

图 13-59

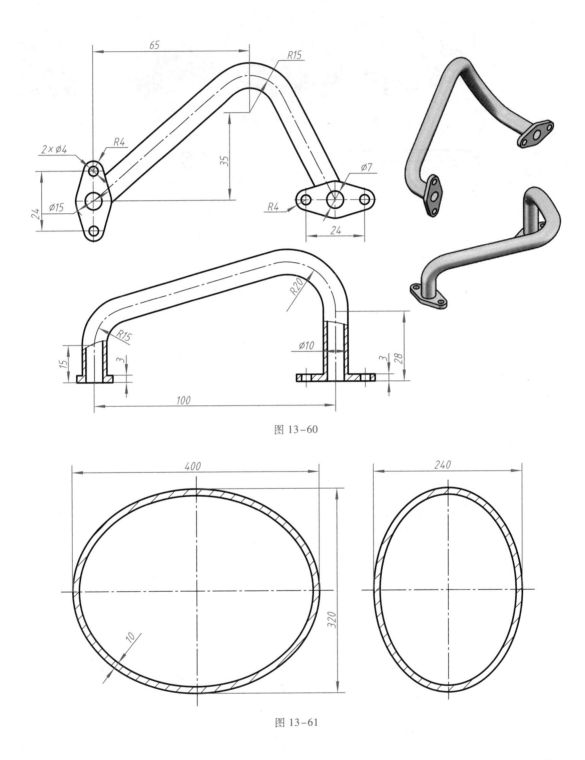

图 13-60

图 13-61

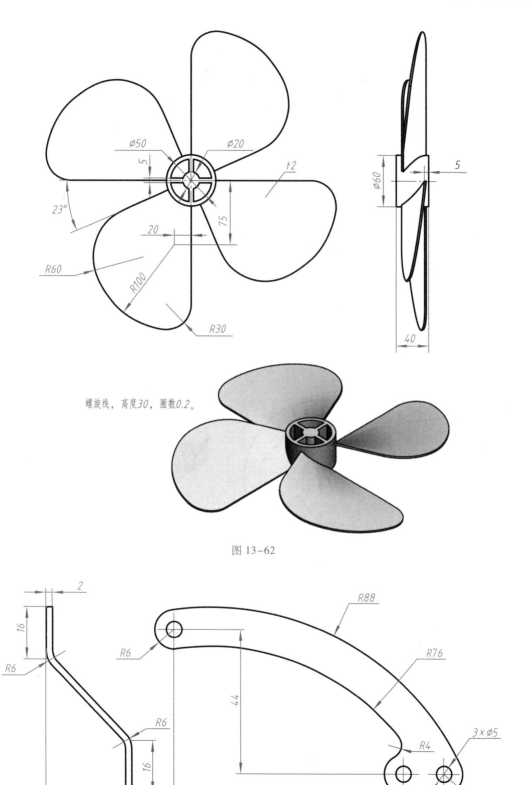

螺旋线，高度30，圈数0.2。

图 13-62

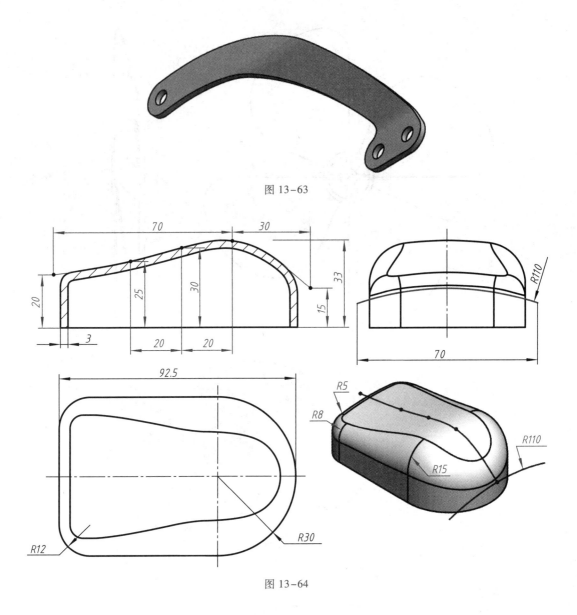

图 13-63

图 13-64

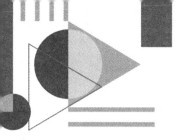

第 14 章
装 配 设 计

装配设计可以使设计者直观表达产品结构、展示产品零部件间的装配关系、验证零部件设计与装配运动关系是否正确等,对缩短产品设计周期,提高设计质量具有重要意义。SOLID-WORKS 的装配模块可方便、快捷、直观地完成装配设计,生成爆炸图,并能进行零部件干涉检查等。另外,SOLIDWORKS 中的 Motion 模块,可实现运动仿真。

14.1 教学目标

1. 知识目标
(1)能正确阐述自下向上和自上向下的装配设计思想。
(2)能正确阐述 SOLIDWORKS 装配设计的一般方法和步骤。
(3)能正确归纳 SOLIDWORKS 的配合类型、功能及作用。
(4)能正确阐述装配体爆炸图制作及动画设计的基本操作方法。

2. 能力目标
(1)能够综合应用 SOLIDWORKS 的自下向上和自上向下装配设计方法,完成工程对象的装配设计表达。
(2)能从 Toolbox 库中正确调用、编辑、管理标准件及传动件。
(3)能完成装配体拆装及工作原理的动画设计。
(4)能综合应用 SOLIDWORKS 实现复杂零部件的建模和设计表达。

14.2 本章导图

本章内容及结构如图 14-1 所示。

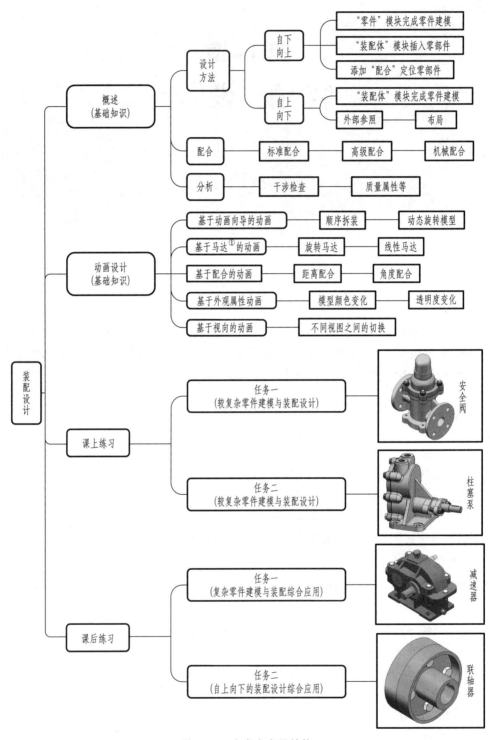

图 14-1　本章内容及结构

---

① 注:本书中"马达"即电动机,为和 SOLIDWORKS 软件一致,故采用"马达"表述。

14.3 装配设计概述

装配设计的相关命令如图 14-2 所示。

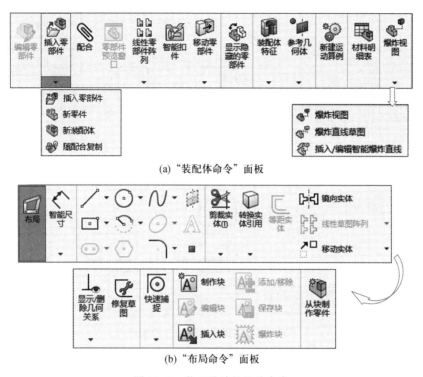

(a)"装配体命令"面板

(b)"布局命令"面板

图 14-2 装配设计的相关命令

14.3.1 创建装配体的一般步骤

采用自下向上的装配设计方法创建装配体的一般步骤如图 14-3 所示。

以螺栓连接装配体为例,其装配操作如图 14-4 所示。

14.3.2 装配设计的相关概念

1. 装配环境下,特征树管理器中零部件显示的相关内容及其说明如图 14-5 所示。

2. 零部件的约束状态及说明见表 14-1。

3. 零部件的后缀及含义说明见表 14-2。

14.3.3 配合

1. 配合概述

空间完全自由的零部件包含 6 个自由度(沿着 *XYZ* 轴的移动和绕 *XYZ* 轴的转动),通过装配环境下的配合命令可实现对零部件的约束定位,消除零部件的某些自由度,从而限制零部件的某些运动,实现对零部件的装配定位。

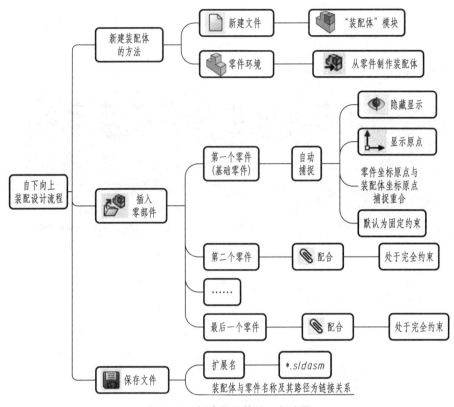

图 14-3　创建装配体的一般步骤

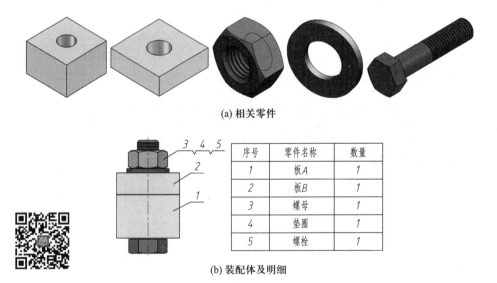

(a) 相关零件

(b) 装配体及明细

序号	零件名称	数量
1	板A	1
2	板B	1
3	螺母	1
4	垫圈	1
5	螺栓	1

图 14-4　螺柱连接的装配操作

2. 配合类型

配合类型包括标准配合、高级配合和机械配合三类,其配合及说明分别如图 14-6、图 14-7、图 14-8 所示。

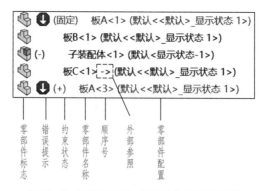

图 14-5　零部件显示的相关内容及其说明

表 14-1　零部件的约束状态及说明

约束类型	说明
（固定）	表示零部件处于固定状态。第一个插入的零部件默认为"固定"约束,单击鼠标右键弹出快捷菜单,可实现"浮动"与"固定"的切换。
无	表示零部件完全约束。
（－）	表示零部件不完全约束。
（＋）	表示零部件过约束。过约束的零部件名称前有红色箭头提示。

表 14-2　零部件的后缀及含义说明

后缀	含义说明
<n>	表示零部件被插入到装配体中的顺序号,每添加一次,n 自动增加 1。
- >	表示零部件相对于其他零部件有外部参照,如尺寸、几何约束等。

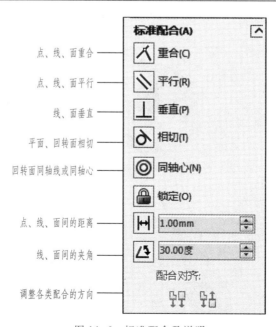

图 14-6　标准配合及说明

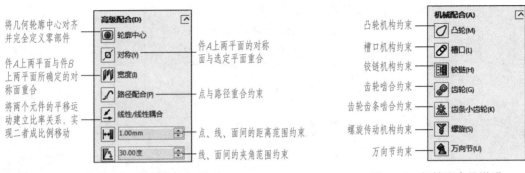

将几何轮廓中心对齐并完全定义零部件

件A上两平面与件B上两平面所确定的对称面重合

将两个元件的平移运动建立比率关系，实现二者成比例移动

高级配合(D)
- 轮廓中心
- 对称(Y)
- 宽度(I)
- 路径配合(P)
- 线性/线性耦合
- 1.00mm
- 30.00度

件A上两平面的对称面与选定平面重合

点与路径重合约束

点、线、面间的距离范围约束

线、面间的夹角范围约束

图 14-7　高级配合及说明

凸轮机构约束
槽口机构约束
铰链机构约束
齿轮啮合约束
齿轮齿条啮合约束
螺旋传动机构约束
万向节约束

机械配合(A)
- 凸轮(M)
- 槽口(L)
- 铰链(H)
- 齿轮(G)
- 齿条小齿轮(K)
- 螺旋(S)
- 万向节(U)

图 14-8　机械配合及说明

3. 配合操作方法与应用

（1）标准配合的操作方法及其应用见表 14-3。

表 14-3　标准配合的操作方法及其应用

类型	说明	应用示例	操作演示
重合	配合对齐：（反向）	两面反向重合	
	配合对齐：（同向）	两面同向重合	
同轴心	两圆柱面同轴线配合	两圆柱面同轴线	
	两球面同轴心配合	两球面同球心	

续表

类型	说明	应用示例	操作演示
相切 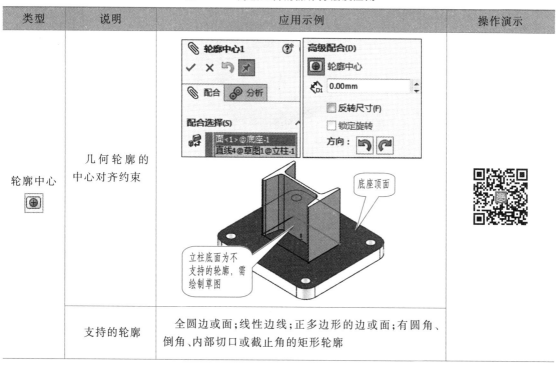	两圆柱面相切	两圆柱面相切	
距离	两平面（直线）距离配合	平移机构两平面距离配合	
角度	两平面角度配合	连杆机构角度配合	

（2）高级配合的操作方法及应用见表 14-4。

表 14-4　高级配合的操作方法及应用

类型	说明	应用示例	操作演示
轮廓中心	几何轮廓的中心对齐约束	轮廓中心1 ✓ ✗ ↺ ★ 配合 分析 配合选择(S) 面<1>@底座-1 直线4@草图1@立柱-1 高级配合(D) 轮廓中心 0.00mm 反转尺寸(F) 锁定旋转 方向：　　底座顶面　立柱底面为不支持的轮廓，需绘制草图	
	支持的轮廓	全圆边或面；线性边线；正多边形的边或面；有圆角、倒角、内部切口或截止角的矩形轮廓	

类型	说明	应用示例	操作演示
	不支持的轮廓	不支持周长有切口或凸台的矩形;需绘制草图轮廓,才能添加轮廓中心配合	
对称	两平面间的对称面与选定对称面重合约束		
宽度	两平面的对称面与另外两平面的对称面重合约束		
路径配合	将零部件的某顶点约束在选定路径		
角度限制	两平面旋转限制约束		

续表

类型	说明	应用示例	操作演示
距离限制 ⊢⊣	两平面移动限制约束	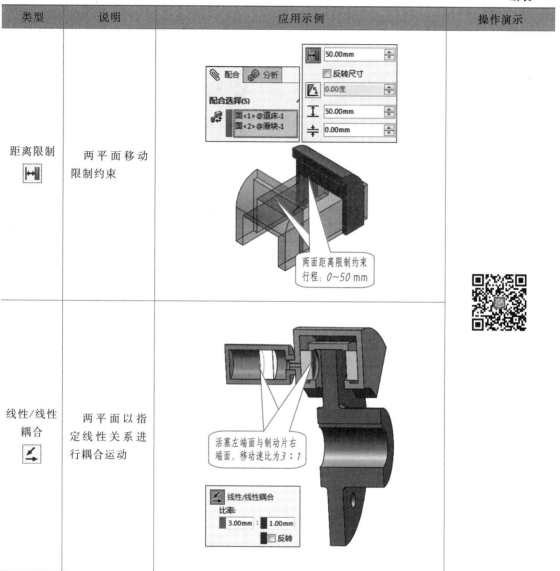	
线性/线性耦合 ◢	两平面以指定线性关系进行耦合运动		

（3）机械配合的操作方法及应用见表 14-5。

14.3.4 配合的编辑修改

1. 查看零部件添加的配合

（1）查看某个零部件的配合

通过零部件名称下的"*xxx* 中的配合"可查看该零部件添加的所有配合关系，如图 14-9a 所示。

（2）查看整个装配体的配合

通过特征树管理器中的"配合"可查看整个装配体的配合关系，如图 14-9b 所示。

表 14-5　机械配合的操作方法及应用

类型	说明	应用示例	操作演示
凸轮 ⬭	凸轮约束，推杆作上下往复运动		
槽口 🔗	回转面与直槽或弧形槽约束		
齿条小齿轮 ⚙	齿条小齿轮啮合约束		

续表

类型	说明	应用示例	操作演示
齿轮	齿轮啮合（比率为齿数之比，即传动比）	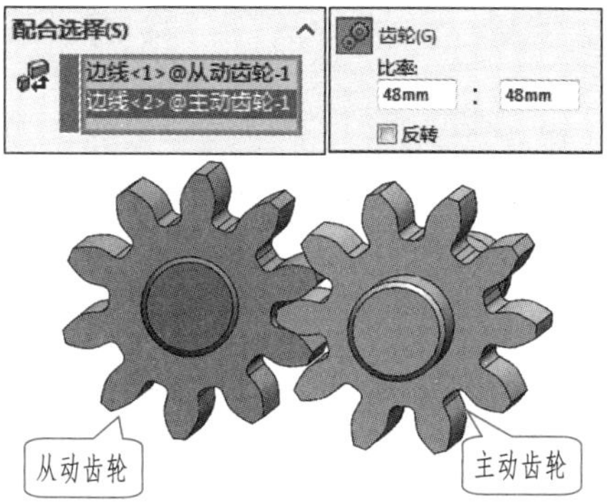	
铰链	约束两元件使其仅具有绕轴线旋转的自由度，即相当于添加同轴线和重合约束	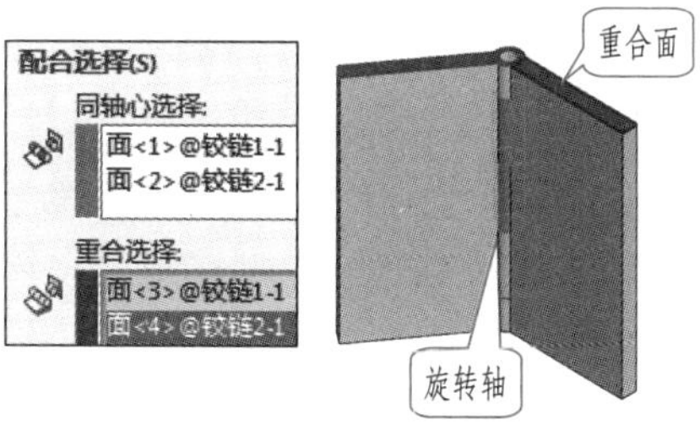	
螺旋	螺旋传动约束	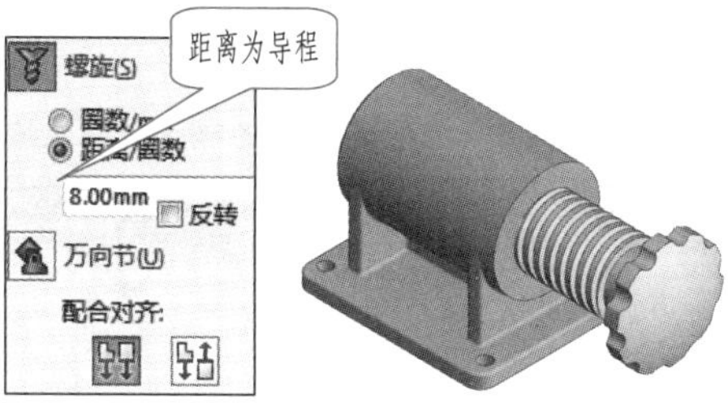	
万向节	十字轴万向节	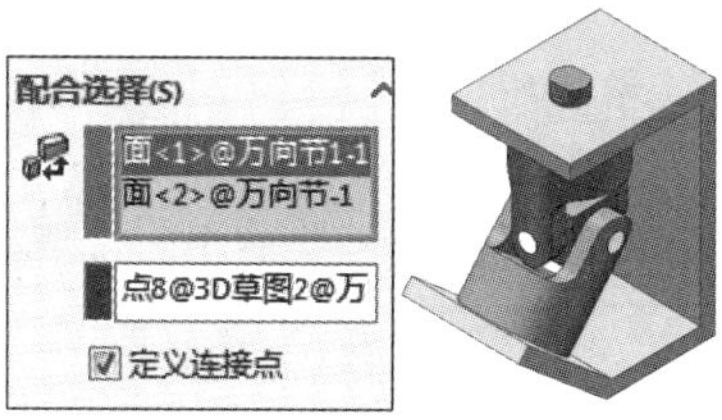	

2. 编辑零部件已经添加的配合

单击鼠标左键，可对配合进行“编辑特征”、“压缩”、“解除压缩”或删除（按<Delete>键）等操作。

14.3.5 零部件操作

装配环境下的零部件操作包括复制、阵列、镜像等。

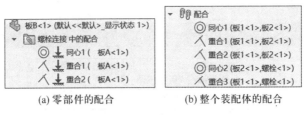

| (a) 零部件的配合 | (b) 整个装配体的配合 |

图 14-9　配合

1. 零部件复制

零部件复制可以通过以下两种方法完成。

简单复制:按住 Ctrl 键+左键拖动零部件(可以多选)可以复制零部件,同时被复制的零部件处于"浮动"状态。

随配合复制:单击鼠标右键,在快捷菜单中选择"随配合复制",指定配合到新实体或选择"重复"保留原配合关系,实现零部件复制。

2. 零部件的阵列及镜像

装配体中有些零部件具有对称性、线性或圆周分布等规律,SOLIDWORKS 装配环境提供了零部件的阵列及镜像功能,操作人员可以通过这些功能实现零部件的快速复制,提高设计效率。

零部件的阵列及镜像命令的操作方法与零部件建模环境下的相应命令类似,如线性零部件阵列、草图驱动零部件阵列、镜像零部件等操作,在此不再赘述。

圆周零部件阵列、曲线驱动零部件阵列、阵列驱动零部件阵列、链零部件阵列的操作方法及应用见表 14-6。

表 14-6　零部件阵列的操作方法及应用

类型	说明	图例	操作演示
圆周零部件阵列	利用圆周零部件阵列实现圆周规律分布,如圆柱滚子轴承等	参数(P) 面<1>@内圈-1 360.00度 13 ☑ 等间距(E) 要阵列的零部件(C) 滚子<1>	
曲线驱动零部件阵列	利用曲线驱动零部件阵列,如滚珠丝杆等	曲线驱动的阵列 方向1(1) 边线<1>@丝杠-1 62 ☑ 等间距(E) 50.00mm 参考点: ◉ 边界框中心(B) ○ 零部件原点(O) ○ 所选点(P) 曲线方法: ◉ 转换曲线(R) ○ 等距曲线(O) 对齐方法: ○ 与曲线相切(T) ◉ 对齐到源(A)　螺旋线为驱动曲线	

续表

类型	说明	图例	操作演示
阵列驱动零部件阵列	根据一个现有阵列生成零部件阵列	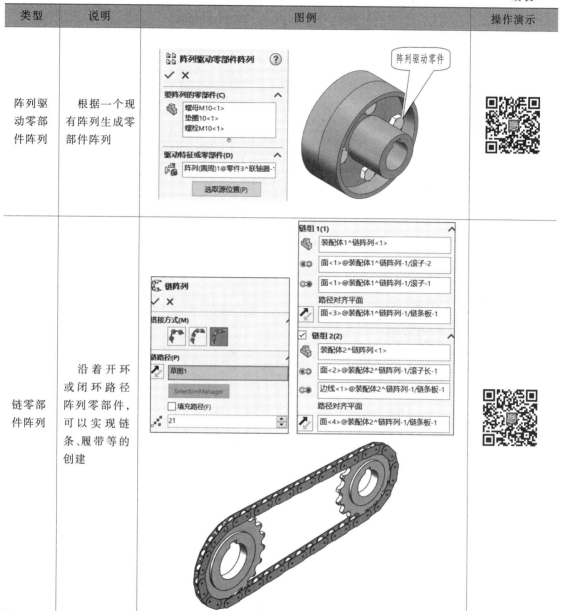	
链零部件阵列	沿着开环或闭环路径阵列零部件,可以实现链条、履带等的创建		

14.3.6 爆炸视图

为了直观地展示零部件之间的装配关系,可将部件按照配合关系生成爆炸图。爆炸图常用于介绍零部件的组装流程、仪器的操作手册及产品使用说明书等。

1. 爆炸视图的生成

生成爆炸视图的一般流程如图 14-10 所示。

单击命令面板"爆炸视图" ,或主菜单"插入"→"爆炸视图",弹出"爆炸视图"属性管理器,如图 14-11 所示,根据操作流程完成爆炸视图。

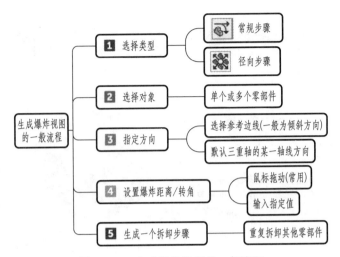

图 14-10　生成爆炸视图的一般流程

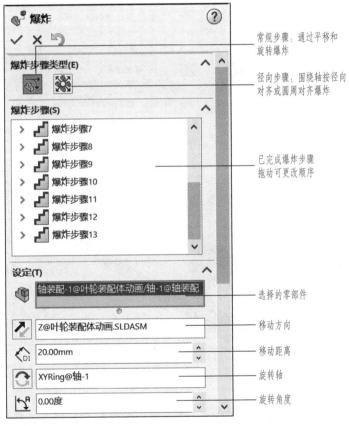

图 14-11　爆炸视图属性管理器

2. 爆炸视图的编辑

　　生成的爆炸视图位于配置管理器中,如图 14-12 所示。在配置管理器中,单击鼠标右键,通过快捷菜单可以对爆炸视图进行编辑、删除、解除爆炸视图等操作。

配置管理器

单击鼠标右键，通过快捷菜单可对爆炸视图进行编辑、删除、解除爆炸视图等操作

图 14-12 配置管理器

具体操作方法参见图 14-13 所示的装配体爆炸视图操作视频。

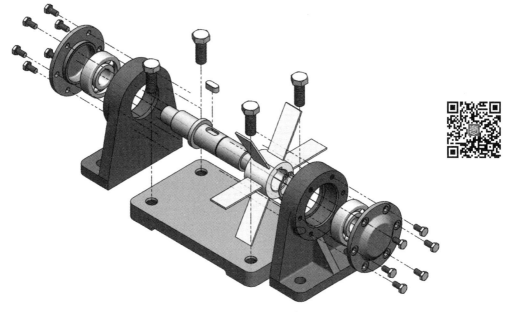

图 14-13 爆炸视图应用举例

14.4 动画设计

14.4.1 运动算例及 MotionManager 简介

（1）功能

在运动算例中通过基于时间线动画设计的"MotionManager"模块可完成装配体的动画设计，以动态的方式展示结构组成和装配关系。

（2）命令操作与界面简介

单击"运动算例 1"标签，或单击鼠标右键，然后单击"生成新运动算例"按钮，进入 Motion-Manager 工作界面，如图 14-14 所示。

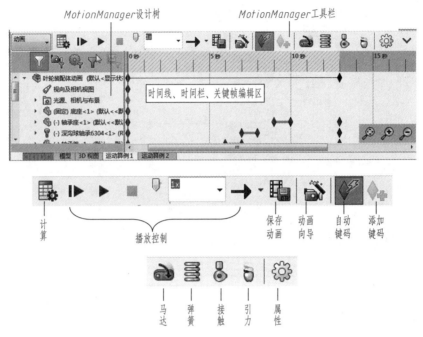

图 14-14　MotionManager 界面及工具栏

14.4.2　动画设计

（1）基于动画向导的动画

功能：可以实现绕 *XYZ* 轴旋转零部件，以及基于爆炸视图的零部件拆卸和装配。

操作方法：单击"动画向导"按钮 ，弹出图 14-15 所示的"选择动画类型"对话框，选择要生成的动画类型，单击"下一步（N）>"按钮，设置动画起始和结束时间，完成动画制作。

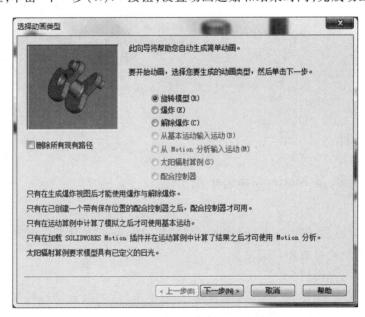

图 14-15　"选择动画类型"对话框

具体操作参考图 14-16 所示的操作视频。

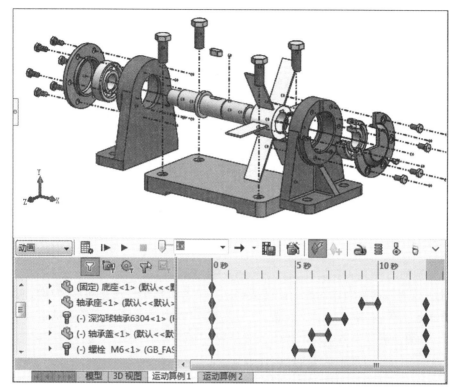

图 14-16 动画向导制作拆装动画示例

（2）基于配合的动画

功能：通过修改距离、角度等配合，可以设置指定时长的动画。

操作方法如图 14-17 所示。

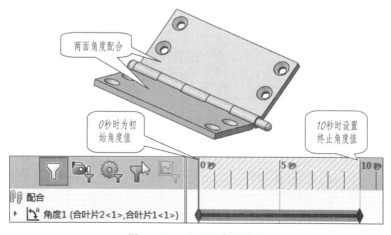

图 14-17 基于配合的动画

（3）基于鼠标拖动的动画

功能：可以沿时间线拖动时间栏到某一时间关键点，移动零部件到目标位置，实现零部件的移动或旋转。

操作方法如图 14-18 所示。

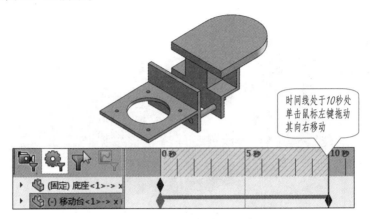

图 14-18　基于鼠标拖动的动画

（4）基于马达的动画

功能：通过"马达" 驱动零部件的旋转或移动。马达包括线性马达和旋转马达两类，运动方式包括等速、距离、振荡、表达式、函数等，可以实现不同运动效果的运动或旋转动画、运动分析。马达动画及操作方法见表 14-7。

表 14-7　马达动画及操作方法

马达类型	操作方法
线性马达	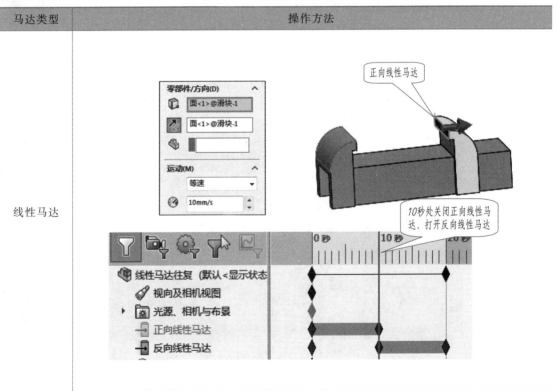

马达类型	操作方法
旋转马达 "Motion 运动"	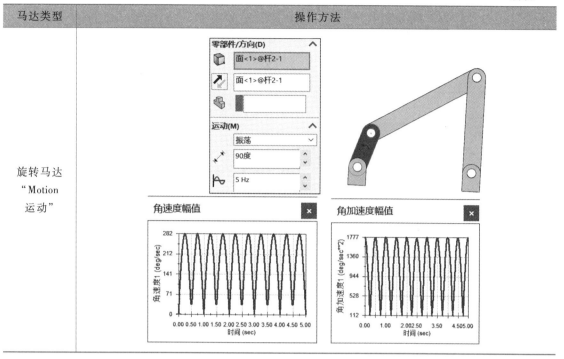

（5）基于外观属性的动画

功能：更改外观属性，如模型显示模式、更改透明度、隐藏零部件、外观颜色等实现基于关键帧的动画。

操作方法如图 14-19 所示。

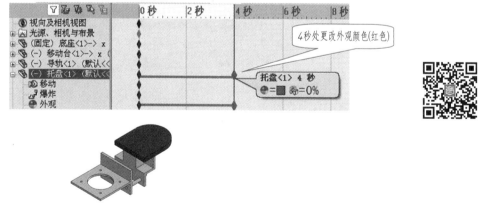

图 14-19 外观属性动画

（6）基于配合与装配特征的动态剖切动画

功能：装配体中有两种独立的特征，即切除和孔，这些特征单独作用于装配体时对零部件不产生影响。运动算例能够记录模型更新时的状态，利用这个特性，配合装配体的"切除"特征，可以制作动态剖切效果。

操作方法如图 14-20 所示。

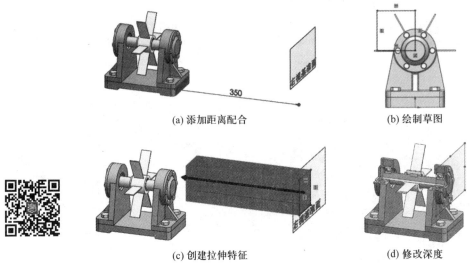

(a) 添加距离配合　　　　　　　　　(b) 绘制草图

(c) 创建拉伸特征　　　　　　　　　(d) 修改深度

图 14-20　动态剖切动画

14.4.3　动画保存

单击 MotionManager 工具栏上的"保存动画"按钮,打开"保存动画到文件"对话框,选择保存类型"Microsoft AVI 文件(＊.avi)"、设置图像大小比例及画面信息等,完成动画的保存,如图 14-21 所示。

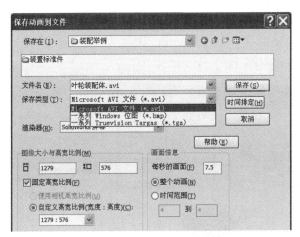

图 14-21　保存动画

14.5　课上练习

14.5.1　任务一:安全阀装配设计

1. 要求

根据安全阀的零件图和装配图(扫描二维码下载)完成零件三维建模和装配设计,并制作爆炸视图和工作原理动画。

2. 工作原理

安全阀是油路中用于稳压的部件。正常情况下,阀门关闭,液压油从右端入口流入,从下端出口流出,如图 14-22 所示。当油压升高而使阀门底面所受的压力超过弹簧的预定压力时,阀门被向上顶起,一部分油液从左侧回油箱出口流回油箱,管道中的油压随之降低,当阀门底面所受压力与弹簧张力相等时,阀门关闭。

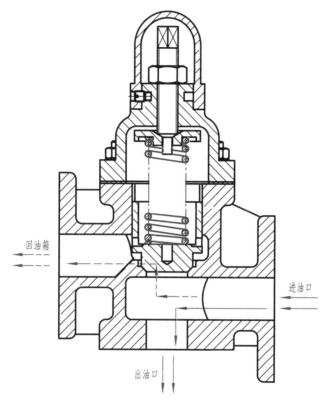

回油箱

进油口

出油口

图 14-22 工作原理示意图

3. 任务分析

(1)该部件包含 13 类零件,且这 13 类零件的图样都已给定,因而可采用自下向上的设计方法,即根据给定的零件图,分别完成各零件的三维建模,再根据装配图完成装配体设计。

(2)阀体为复杂形体,其建模是本实训任务的难点。

(3)弹簧建模参照"13.5.1 节任务一"。

(4)螺纹采用装饰螺纹线,保证生成工程图时螺纹画法符合国标规定。

(5)在工作原理动画制作中,弹簧的轴向伸缩效果是难点。

4. 任务导图及实训流程

安全阀装配设计的任务导图如图 14-23 所示,且其任务操作参考流程如图 14-24 所示。

5. 零件建模

(1)复杂零件建模

以阀体为例,其建模过程如图 14-25 所示。

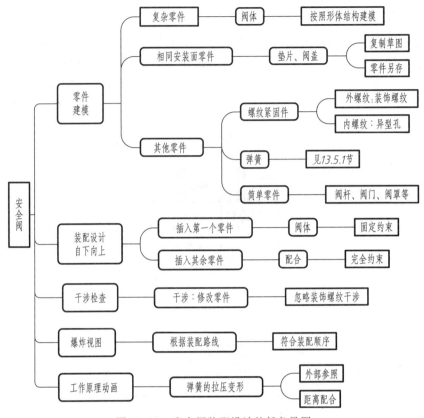

图 14-23 安全阀装配设计的任务导图

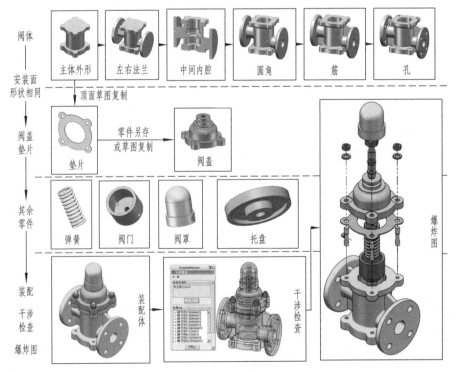

图 14-24 安全阀装配设计的任务操作参考流程

(a) 底座　　　(b) 中间外形　　　(c) 顶面　　　(d) 右连接法兰

(e) 左连接法兰　　(f) 中间旋转切割　　(g) 中上拉伸切割　　(h) 右油孔切割

(i) 左油孔切割　　(j) 倒圆角　　(k) 肋板　　(l) 孔

图 14-25　阀体建模过程分析

（2）具有相同安装结构的零件建模（图 14-26）

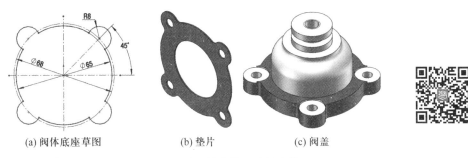

(a) 阀体底座草图　　　(b) 垫片　　　(c) 阀盖

图 14-26　具有相同安装结构的零件建模

方法 1：零件另存后再修改编辑。

方法 2：复制粘贴草图。

6. 装配设计

操作说明：

（1）新建"装配体"，在装配模块完成后续操作。

（2）阀体：作为第一个调入的零件，固定约束。

（3）弹簧：弹簧两端分别与件 2 阀门和件 5 托盘添加"重合"配合；螺旋线的草图"圆"与阀门内表面添加"同轴"配合，如图 14-27 所示。

完成上述操作后的安全阀装配结构如图 14-28 所示。

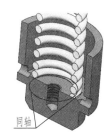

图 14-27　弹簧配合

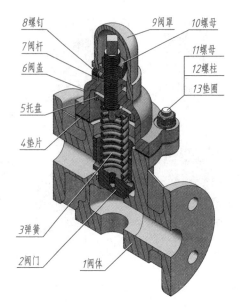

图 14-28 安全阀装配结构图

7. 干涉检查

干涉检查位于"评估"面板上,如图 14-29 所示。

干涉检查及处理:选择要检查的装配体,单击"计算(C)"按钮,干涉部位在"结果"中显示。如图 14-30 所示,干涉是由于修饰螺纹产生,故可以忽略。

图 14-29 评估命令面板

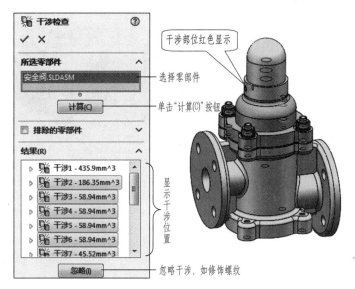

图 14-30 干涉检查

8. 爆炸视图

单击"爆炸视图"按钮,然后选择零部件,并设置爆炸移动的方向或旋转角度,生成爆炸视图,最后选择插入智能爆炸直线,生成爆炸直线图,如图 14-31 ~ 图 14-33 所示。

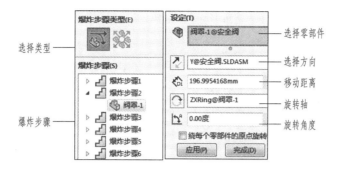

图 14-31 爆炸视图属性管理器

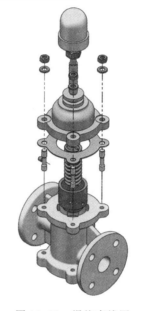

图 14-32 爆炸视图　　　　　　图 14-33 爆炸直线图

9. 工作原理动画

安全阀工作原理动画设计流程如图 14-34 所示。

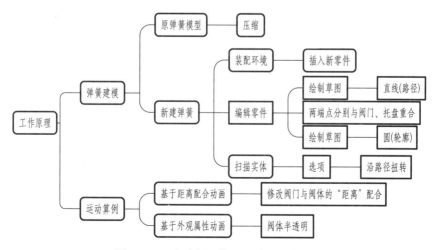

图 14-34 安全阀工作原理动画设计流程

安全阀的工作原理动作操作步骤如图 14-35 所示。

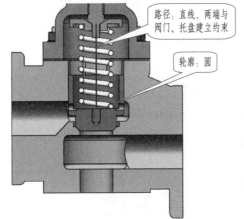

(a) 新建弹簧模型，绘制扫描路径及轮廓，完成弹簧扫描

(b) 设置距离配合

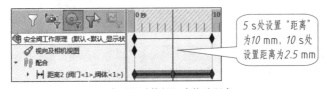

(c) 在"运动算例"中修改距离

图 14-35　安全阀的工作原理动画操作步骤

14.5.2　任务二：偏心柱塞泵装配设计

1. 要求

根据偏心柱塞泵的零件图和装配图(扫描二维码下载)完成零件建模和装配设计，并制作爆炸视图、拆装和工作原理动画。相关标准件从 Toolbox 中调用。

2. 工作原理

当曲轴逆时针旋转时，前半圈曲轴通过偏心销带动柱塞向上运动，迫使圆盘左摆，工作室内压力增加，油液排出；后半圈曲轴带动柱塞向下运动，圆盘右摆，工作室内压力降低，油液吸入，如图 14-36 所示。

3. 任务分析

（1）该部件包含 13 类零件，其中有 4 类标准件和填料(无图)，标准件从 Toolbox 中调用，填料可"采用外部零件参照"建模。

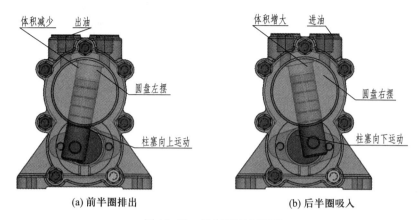

图 14-36　柱塞泵工作原理

（2）泵体较复杂，其建模是本任务的难点。

（3）本任务采用自下向上和外部参照相结合的方法进行装配设计。

（4）Toolbox 调用标准件的方法及属性设置是本任务的重点。

4. 任务导图及任务流程

偏心柱塞泵装配设计的任务导图如图 14-37 所示，其操作参考流程如图 14-38 所示。

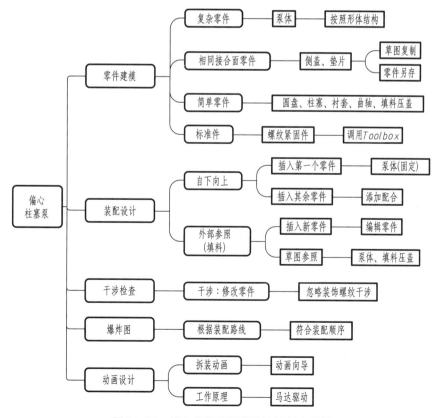

图 14-37　偏心柱塞泵装配设计的任务导图

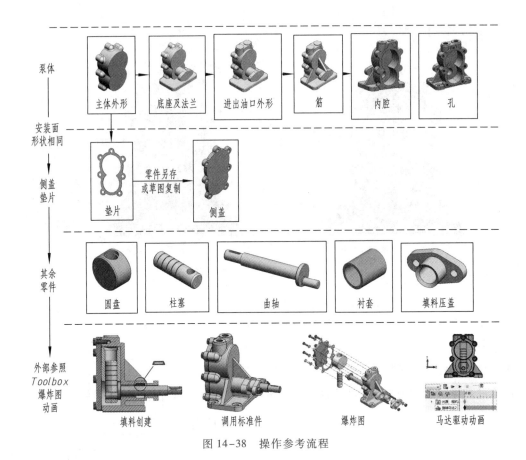

图 14-38　操作参考流程

5. 零件建模

（1）复杂零件建模

以泵体为例，其建模过程如图 14-39 所示。

（2）具有相同安装结构的零件建模

方法 1：零件另存后再修改编辑。

方法 2：复制草图（图 14-40）。

6. 装配设计

操作说明：

（1）泵体：作为第一个调入的零件，固定约束，装配后的结构如图 14-41 所示。

（2）填料创建

填料采用外部参照方式建模，即在装配环境中，单击"新零件"按钮🔧，根据提示选择"前视基准面"放置新零件，生成一空零件，同时自动进入零件编辑状态，然后绘制图 14-42 所示的草图。注意填料草图与泵体、填料压盖的对应轮廓线添加共线的几何约束关系（即外部参照），并生成旋转特征，最后单击"编辑零部件"按钮🔧退出零件编辑状态，完成填料创建。

（3）Toolbox 中调用零件

Toolbox 调用零件的方法如图 14-43 所示。

以螺栓 M8×25 GB/T 5783 为例，其参数设置如图 14-44 所示。

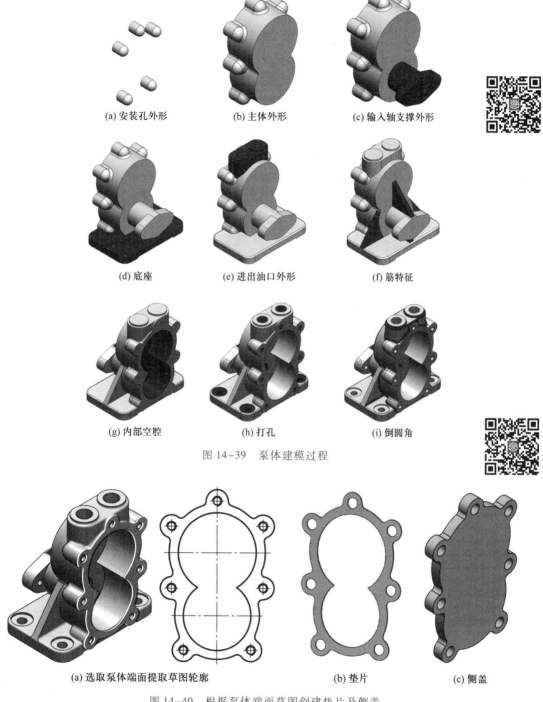

(a) 安装孔外形　　　(b) 主体外形　　　(c) 输入轴支撑外形

(d) 底座　　　(e) 进出油口外形　　　(f) 筋特征

(g) 内部空腔　　　(h) 打孔　　　(i) 倒圆角

图 14-39　泵体建模过程

(a) 选取泵体端面提取草图轮廓　　　(b) 垫片　　　(c) 侧盖

图 14-40　根据泵体端面草图创建垫片及侧盖

注意事项：

① Toolbox 中调用的零件，默认为只读文件，可以通过"另存为"进行保存、编辑等操作。

② Toolbox 文件的存储位置如图 14-45，不要勾选"将此文件夹设为 Toolbox 零部件的默认搜索位置"选项，否则今后每次打开装配体文件，默认从此文件夹中调用标准件。

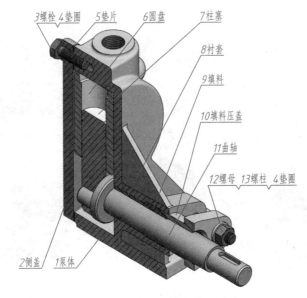

图 14-41 偏心柱塞泵装配设计

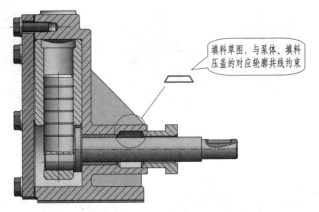

图 14-42 填料创建

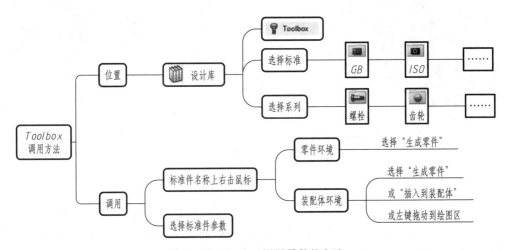

图 14-43 Toolbox 调用零件的方法

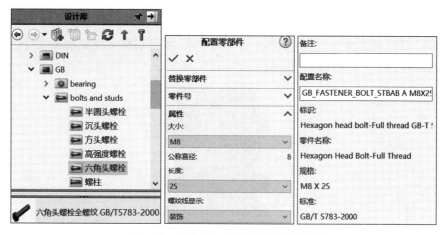

图 14-44　螺栓 M8×25 GB/T 5783 的调用

图 14-45　Toolbox 存储位置

7. 爆炸视图

生成爆炸视图(图 14-46),方法同安全阀,此处不再赘述。

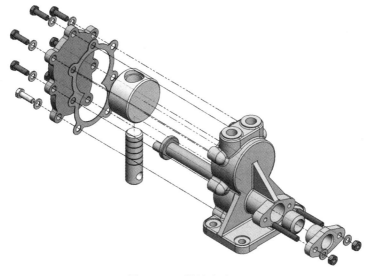

图 14-46　爆炸直线图

8. 拆装及工作原理动画

通过动画向导、马达命令,配合零部件隐藏与显示、视向切换等完成动画设计,如图 14-47 所示,具体过程可扫描下方左侧二维码观看操作视频。

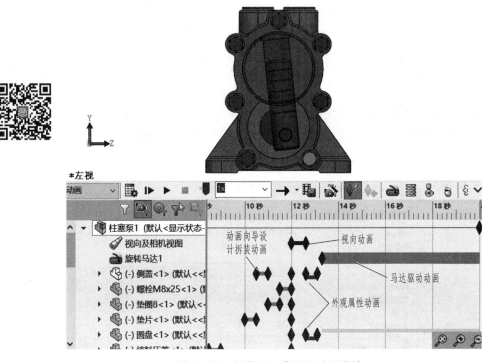

图 14-47 拆装及工作原理动画设计

14.6 课后练习

14.6.1 任务一：一级圆柱齿轮减速器的装配设计

1. 要求

根据减速器的零件图(扫描二维码下载)和装配示意图(图 14-48)完成零件建模和装配设计,并制作爆炸视图。其中,螺栓、滚动轴承等标准件和齿轮可从 Toolbox 中调用。

2. 工作原理

减速箱是装在原动机和工作机之间的减速传动装置,动力由主动齿轮轴 32 输入,从动轴 25 输出。

本减速器为一级直齿圆柱齿轮减速器,传动比:$i = Z_2/Z_1 = 55/15 = 11/3$,如图 14-49 所示。

3. 任务分析

(1)该部件包含 35 种零件,其中一般类零件 19 种,标准件 14 种(毡圈为纺织行业标准件),传动件(齿轮)2 种。

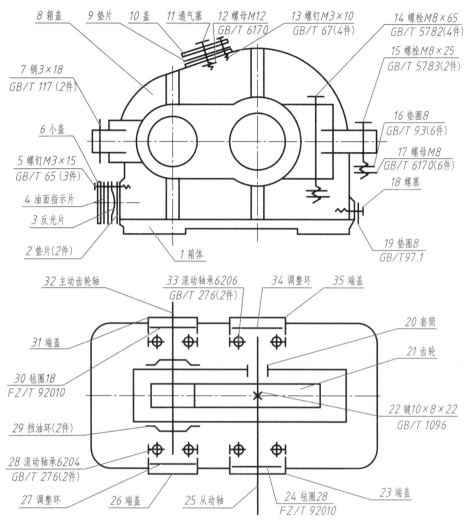

图 14-48　减速器装配示意图

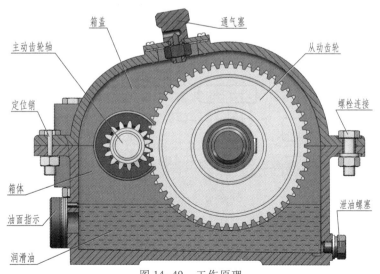

图 14-49　工作原理

（2）标准件及齿轮从 Toolbox 中调用,强化 Toolbox 调用标准件的方法及属性设置。

（3）毡圈可以采用外部参照的方式或根据端盖 31、23 上的标准结构建模。

（4）箱体和箱盖为复杂形体,其建模是本任务的难点。

4. 任务导图及操作流程

任务导图如图 14-50 所示,任务操作的参考流程如图 14-51 所示。

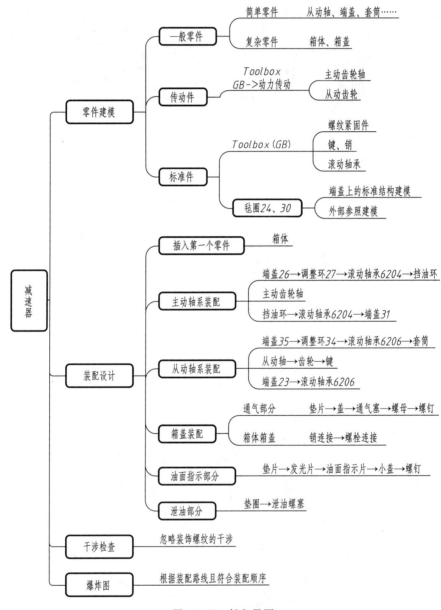

图 14-50　任务导图

5. 零件建模

以箱盖、箱体为例,其建模过程如图 14-52 和图 14-53 所示。

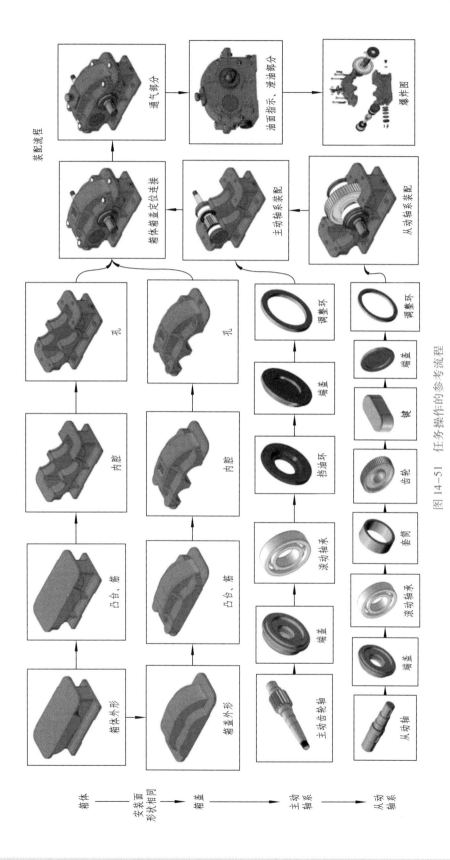

图 14-51 任务操作的参考流程

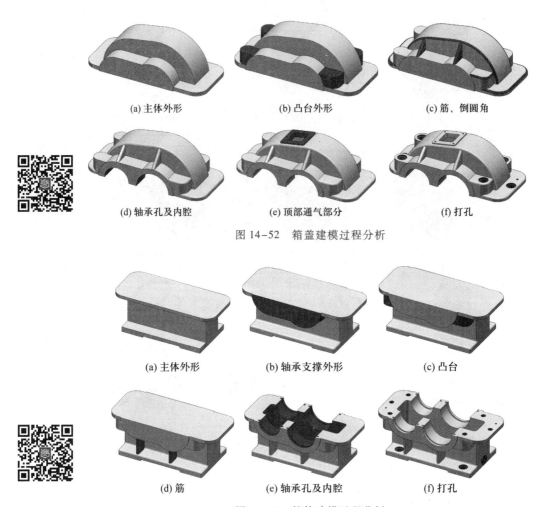

图 14-52　箱盖建模过程分析

(a) 主体外形　　(b) 凸台外形　　(c) 筋、倒圆角

(d) 轴承孔及内腔　　(e) 顶部通气部分　　(f) 打孔

图 14-53　箱体建模过程分析

(a) 主体外形　　(b) 轴承支撑外形　　(c) 凸台

(d) 筋　　(e) 轴承孔及内腔　　(f) 打孔

6. 装配设计

（1）从动齿轮轴装配设计

从动轴系的装配结构如图 14-54 所示,涉及的相关零件如图 14-55 所示。

从 Toolbox 中调用滚动轴承 6206（GB/T 276）及键 10×8×22（GB/T 1096）,其参数设置如图 14-56、图 14-57 所示。

先通过 Toolbox 调用从动齿轮,设置模数、齿数、标称轴直径等参数,再单击"另存为"按钮,添加旋转切除特征,完成齿轮创建,如图 14-58 所示。

毡圈的创建可采用外部参照方式,如图 14-59 所示。

（2）主动齿轮轴装配设计

主动轴系的装配结构如图 14-60 所示,涉及的相关零件如图 14-61 所示。

（3）其他结构装配设计

通气塞部分、油面指示部分、泄油螺塞、箱盖、箱体、销及螺栓等的装配如图 14-62 所示。

7. 爆炸视图

生成爆炸视图,如图 14-63 所示。

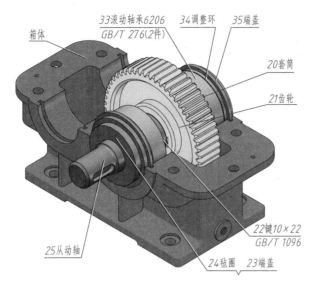

图 14-54　从动轴系的装配结构

图 14-55　相关零件

图 14-56　滚动轴承 6206（GB/T 276）　　　图 14-57　键 10×22（GB/T 1096）

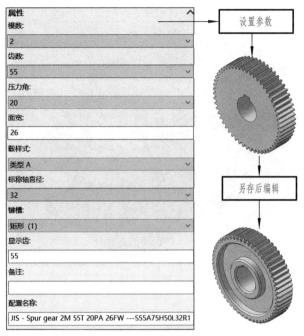

图 14-58　调用与编辑齿轮

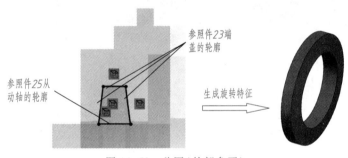

图 14-59　毡圈（外部参照）

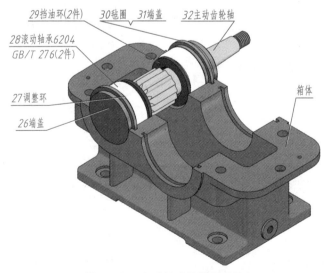

图 14-60　主动轴系的装配结构

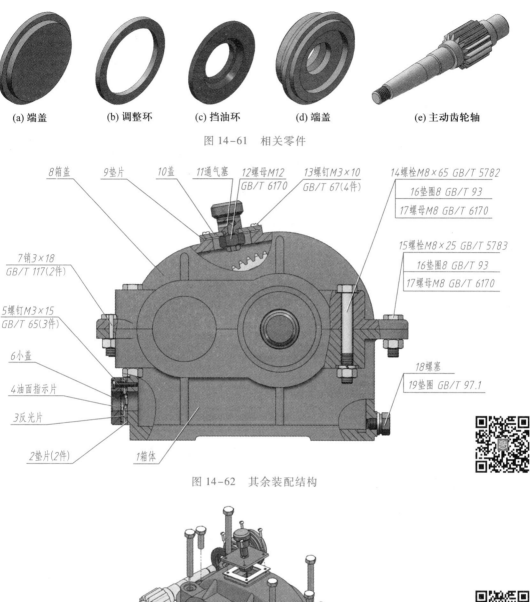

(a) 端盖　　(b) 调整环　　(c) 挡油环　　(d) 端盖　　(e) 主动齿轮轴

图 14-61　相关零件

8箱盖　9垫片　10盖　11通气塞　12螺母M12 GB/T 6170　13螺钉M3×10 GB/T 67(4件)　14螺栓M8×65 GB/T 5782　16垫圈8 GB/T 93　17螺母M8 GB/T 6170

15螺栓M8×25 GB/T 5783　16垫圈8 GB/T 93　17螺母M8 GB/T 6170

7销3×18 GB/T 117(2件)

5螺钉M3×15 GB/T 65(3件)

6小盖

4油面指示片

3反光片

2垫片(2件)

1箱体

18螺塞　19垫圈 GB/T 97.1

图 14-62　其余装配结构

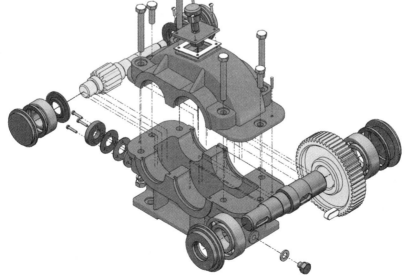

图 14-63　爆炸视图

14.6.2　任务二：联轴器的装配设计

1. 要求

（1）以自上向下的装配设计方法，利用布局、外部参照等功能完成联轴器左右结构装配。

（2）利用装配特征完成轴孔、键槽、螺栓孔的设计（图14-64、图 14-65）。

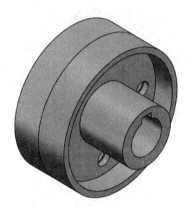

图 14-64　联轴器

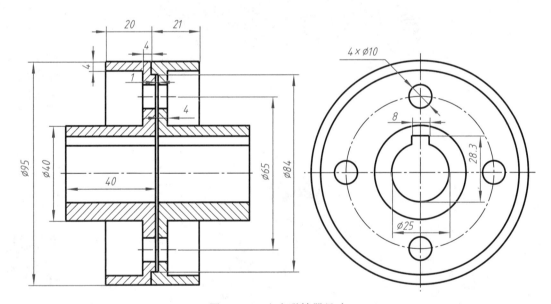

图 14-65　左右联轴器尺寸

2. 任务分析

（1）左右联轴器的结构相差不多，采用布局和外部参照等功能进行自上向下地装配设计，即在装配环境下进行零件设计，并从部件整体角度出发，通过添加尺寸、几何约束等参照进行约束，保持相关零件的协调和装配关系。自上向下的设计思想和设计过程非常符合实际，是新产品开发常采用的方法。

（2）左右联轴器的中心轴孔、键槽及 4 个安装螺栓的小孔，同轴度要求较高，实际加工时将两个零件夹紧后同时加工,利用装配环境中"装配特征"中的拉伸切除、异型孔命令,实现在装配体中构建装配加工的结构。

3. 任务导图及操作流程

采用自上向下的设计方法对联轴器进行装配设计的任务导图如图 14-66 所示,其操作流程与演示如图 14-67 所示。

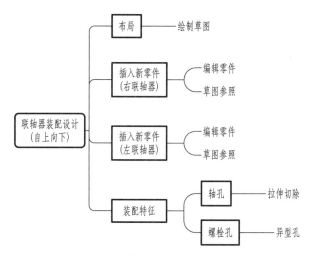

图 14-66　联轴器装配设计的任务导图

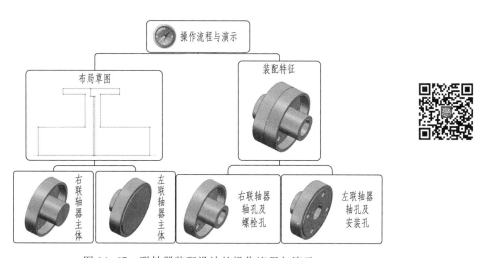

图 14-67　联轴器装配设计的操作流程与演示

14.6.3　任务三：拓展题

1. 如图 14-68 所示,根据定滑轮装配简图及明细(各零件的三维模型扫描二维码自行下载),完成其装配体设计、爆炸图,制作拆装和原理动画。

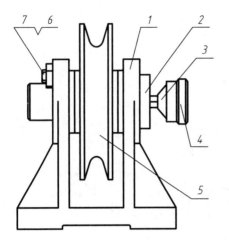

图 14-68　定滑轮装配示意图

7	螺钉	2	
6	卡板	1	Q235
5	滑轮	1	HT250
4	旋盖	1	HT150
3	油杯	1	
2	心轴	1	45
1	支座	1	HT200
序号	零件名称	数量	材料

2. 根据齿轮油泵的明细表(表 14-8)、装配示意图(图 14-69)及各零件图(图 14-70),绘制所有零件的三维模型,完成装配设计和爆炸图。

表 14-8　零件明细表

零件名称	数量	材料(备注)	零件名称	数量	材料(备注)
泵盖	1	HT200	螺母	1	Q235
泵体	1	HT200	压盖	1	HT200
纸垫片	1		钢球	1	45
齿轮轴	1	$45(z=10, m=4)$	弹簧	1	65Mn
从动齿轮	1	$45(z=10, m=4)$	调节螺钉	1	Q235
从动轴	1	45	防护螺母	1	Q235
圆柱销	2	Q235(5×52)	螺栓 M8×22	4	Q235(GB/T 5782)
填料	1	毡	垫圈	4	Q235(GB/T 97.1)

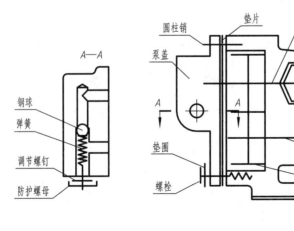

图 14-69　齿轮油泵装配示意图

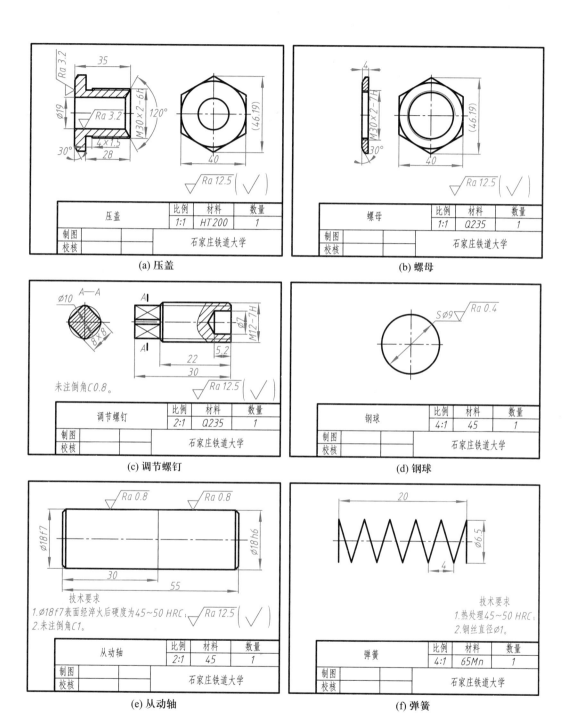

(a) 压盖

(b) 螺母

(c) 调节螺钉

(d) 钢球

(e) 从动轴

(f) 弹簧

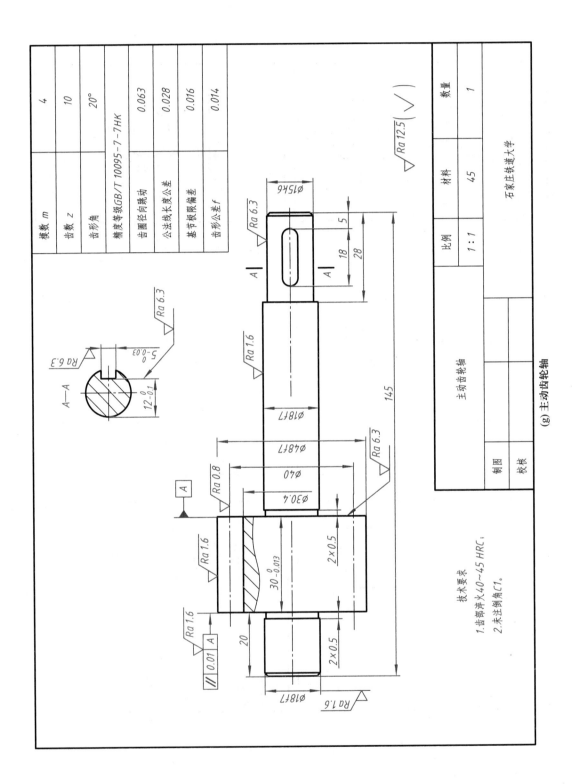

模数 m	4
齿数 z	10
齿形角	20°
精度等级GB/T 10095-7-7HK	
齿圈径向跳动	0.063
公法线长度公差	0.028
基节极限偏差	0.016
齿形公差 f	0.014

	比例	1:1		数量	1
	材料	45			

主动齿轮轴

石家庄铁道大学

制图　　校核

(g) 主动齿轮轴

技术要求
1. 齿部淬火40~45 HRC;
2. 未注倒角C1。

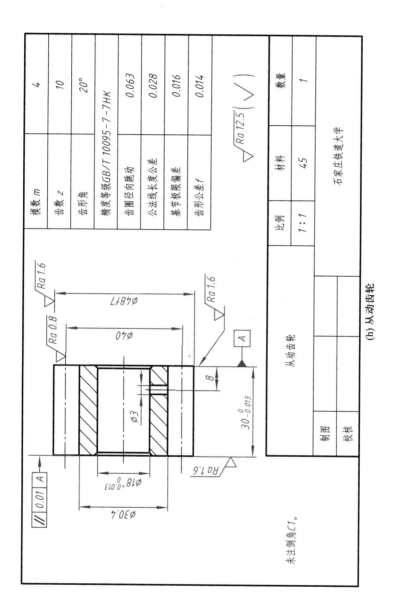

模数 m	4
齿数 z	10
齿形角	20°
精度等级GB/T 10095-7-7HK	
齿圈径向跳动	0.063
公法线长度公差	0.028
基节极限偏差	0.016
齿形公差 f	0.014

$\sqrt{Ra\,12.5}\left(\sqrt{}\right)$

	比例	材料	数量
	1:1	45	1
从动齿轮			
制图			石家庄铁道大学
校核			

(h) 从动齿轮

未注倒角C1。

$\sqrt{Ra\,1.6}$

$\sqrt{Ra\,0.8}$

$\phi 48f7$

$\phi 40$

$\sqrt{Ra\,1.6}$

A

8

$30^{\,0}_{-0.013}$

$\phi 3$

$\sqrt{Ra\,1.6}$

$\phi 18^{+0.013}_{\,0}$

$\phi 30.4$

// | 0.01 | A

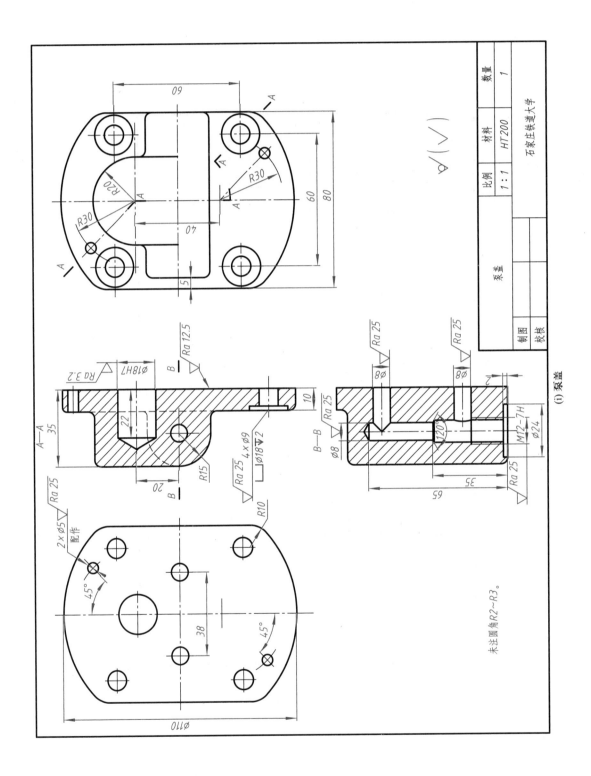

(i) 泵盖

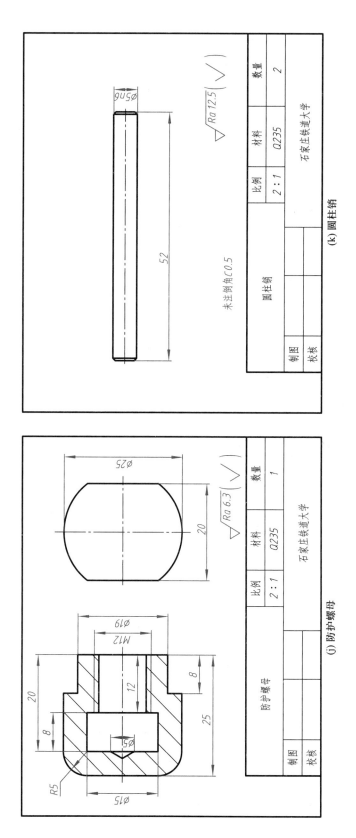

(k) 圆柱销

(j) 防护螺母

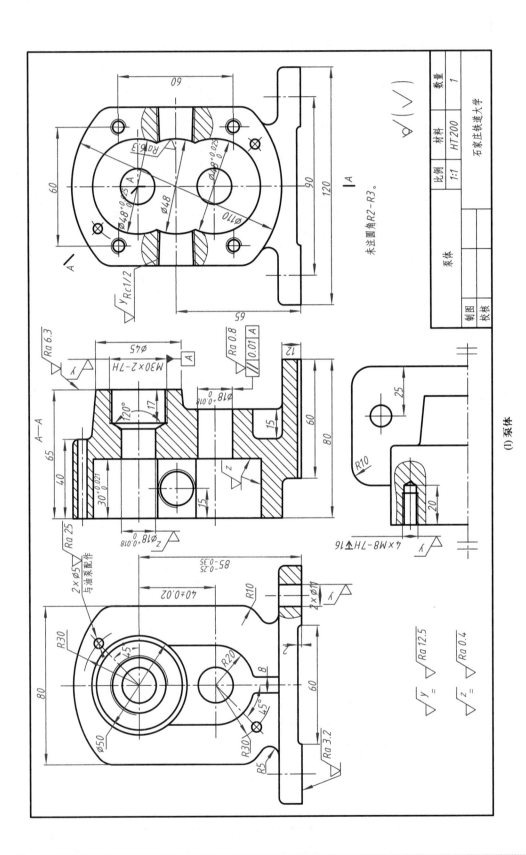

(I) 泵体

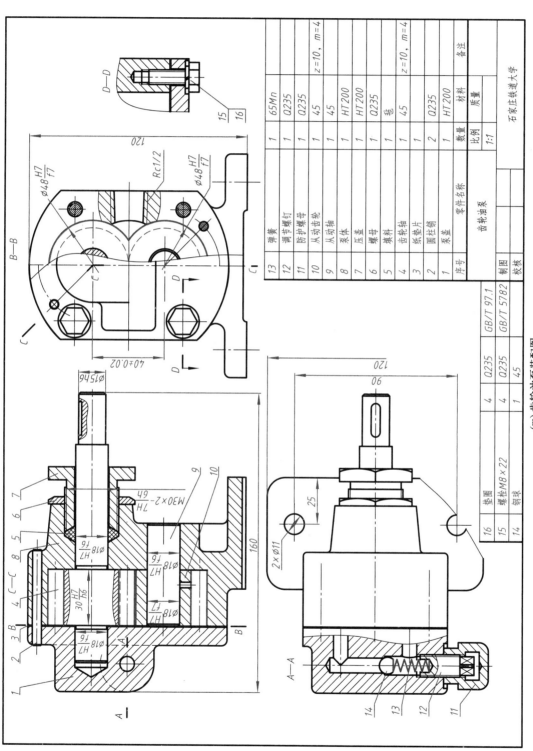

图 14-70　齿轮油泵装配图

（m）齿轮油泵的各零件及装配图

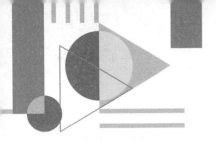

第 15 章
工　程　图

工程图是对设计对象的表达,是生产过程的重要技术文件,为机械零部件的加工、装配、检验等环节提供技术依据,具有重要意义。一张零件图包括一组视图、完整尺寸、技术要求、标题栏等,装配图还包括零部件编号和明细栏。SOLIDWORKS 通过"工程图"模块生成基于零部件的工程图;"视图布局"面板提供多种命令,用于创建符合国家标准的零部件表达方法;"注释"面板可以完成工程图样中的尺寸、表面结构要求、几何公差等技术要求及装配图中的零部件编号和明细表等内容的标注。

15.1　教学目标

1. 知识目标

(1) 能够正确阐述 SOLIDWORKS 创建工程图的一般方法和步骤。

(2) 能够阐述 SOLIDWORKS 实现机械图样常用的各种表达方法。

2. 能力目标

(1) 能够运用 SOLIDWORKS 完成尺寸、技术要求等工程图样内容的标注。

(2) 能够综合运用 SOLIDWORKS 完成零件图的创建与设计表达。

(3) 能够综合运用 SOLIDWORKS 完成装配图的创建与设计表达。

15.2　本章导图

本章内容及结构如图 15-1 所示。

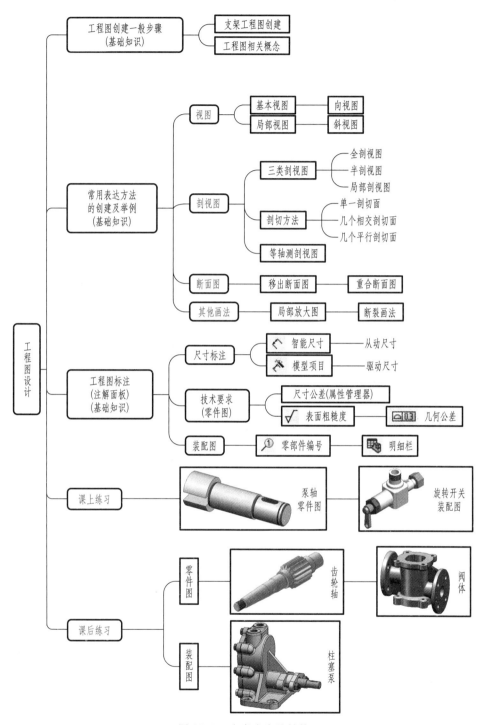

图 15-1　本章内容及结构

15.3　基础知识

工程图设计的相关命令如图 15-2 所示。

(a) 视图布局命令面板

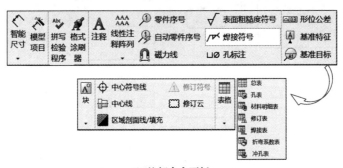

(b) 注解命令面板

图 15-2　工程图设计的相关命令

15.3.1　创建工程图的一般步骤和方法

以图 15-3 所示的支架为例,说明创建工程图的一般步骤。

1. 要求

(1) 根据支架三维模型,通过"工程图"模块完成支架工程图;

(2) A3 幅面,1 : 1 绘图比例;

(3) 标注尺寸。

2. 任务分析

(1) 支架工程图表达方法:共 4 个视图,其中主视图和左视图用局部剖视图表达,俯视图为局部视图,连接结构用断面图表达。

(2) 如何通过"工程图"模块生成工程图样中的各种表达方法,是训练目的和难点。

支架工程图的创建流程如图 15-4 所示。

15.3.2　工程图相关概念

SOLIDWORKS 工程图扩展名为 slddrw,工程图与零部件之间为路径链接关系,此关联性包含零部件的"文件名"和"存储位置"。

1. "视图"属性管理器

"视图"属性管理器如图 15-5 所示,其中,"模型视图"命令生成的视图称为"基础视图",由基础视图通过投影或剖切产生的视图称为"派生视图"。

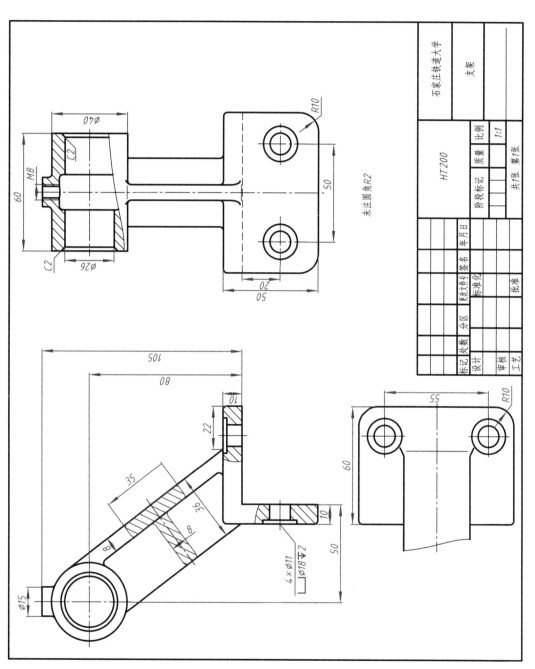

图15-3 支架

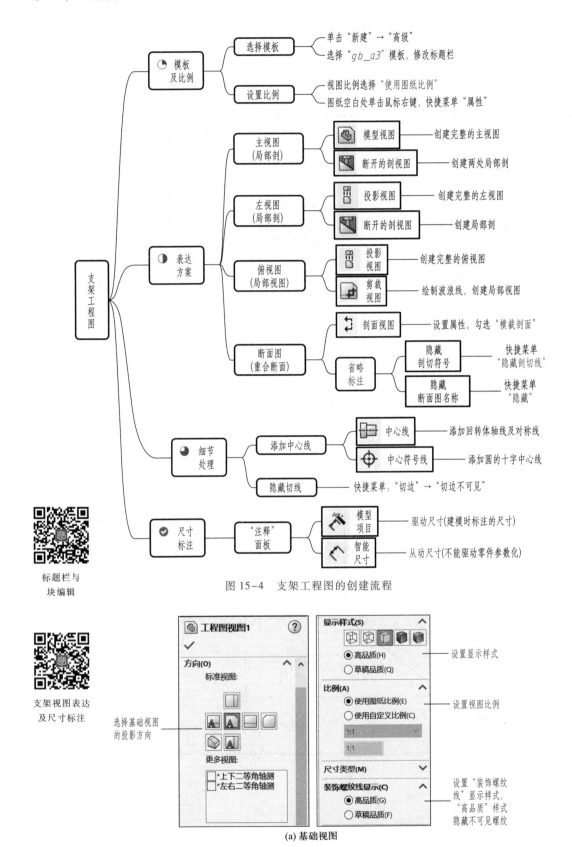

标题栏与
块编辑

支架视图表达
及尺寸标注

图 15-4　支架工程图的创建流程

(a) 基础视图

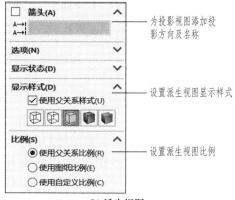

(b) 派生视图

图 15-5　"视图"属性管理器

"视图"属性管理中各部分含义说明:

（1）选择视图

可以从 6 个基本视图和 1 个等轴测视图中选择。

（2）显示样式

如图 15-6 所示,控制视图以三种线框模式或两种实体渲染模式显示,默认为"消除隐藏线"模式;派生视图默认与其父视图的显示样式相同。

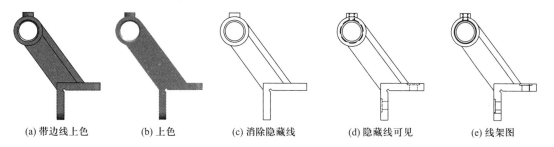

(a) 带边线上色　　　(b) 上色　　　(c) 消除隐藏线　　　(d) 隐藏线可见　　　(e) 线架图

图 15-6　视图的五种显示样式

（3）比例

① 使用图纸比例:绘图比例为"图纸属性"对话框中设置的比例。

打开"图纸属性"对话框的方法:在图纸空白处单击鼠标右键,在快捷菜单中选择"属性"按钮,弹出"图纸属性"对话框,设置比例、投影类型等(图 15-7a)。

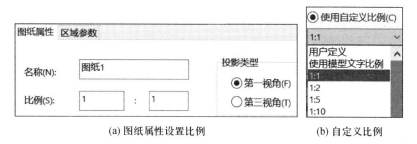

(a) 图纸属性设置比例　　　　　(b) 自定义比例

图 15-7　比例设置

② 使用自定义比例：根据用户输入或选择预设的比例作为绘图比例（图 15-7b）。

③ 使用父关系比例：投影视图默认比例与其父视图比例一致。

（4）投影方向

添加投影方向（箭头）及视图名称（大写字母）。

2. 图纸格式

（1）功能

SOLIDWORKS 将工程图分为"图纸格式"和"工程图内容"两部分，其中，图纸格式在底层，用于设置图纸中相对固定的内容，如图纸大小、图框格式、标题栏等；工程图内容用于创建各种视图、绘制几何元素、添加尺寸及注释文字等。

（2）编辑图纸格式

在图纸空白处单击鼠标右键，从快捷菜单选择"编辑图纸格式"，进入图纸格式编辑环境。修改标题栏使其符合国家标准规定的样式（详见图 1-5）。单击图示按钮，退出编辑，如图 15-8 所示。注意：图纸格式为编辑状态时，工程图内容部分不可见。

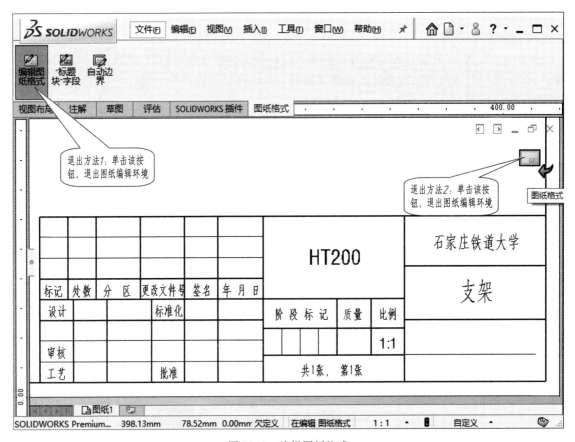

图 15-8　编辑图纸格式

3. 与视图相关的快捷菜单及工具栏

选择工程图，单击鼠标右键弹出与该视图相关的快捷菜单，可对工程图中的切线、视图对齐及其他属性进行编辑，如图 15-9 所示。

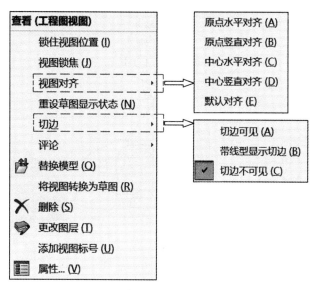

图 15-9　与视图相关的快捷菜单

前导视图工具栏(图 15-10)可以对工程图进行查看、旋转、显示样式切换等操作。

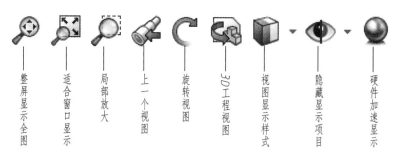

图 15-10　工程图环境下的前导视图工具栏

单击某一轮廓边线,弹出快捷工具栏(图 15-11),可以修改线型、线宽及颜色等。

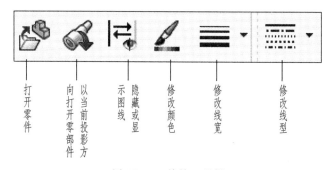

图 15-11　快捷工具栏

15.3.3　常用表达方法的创建

由图 15-12 可以看出,仅用三视图难以表达清楚复杂形体。

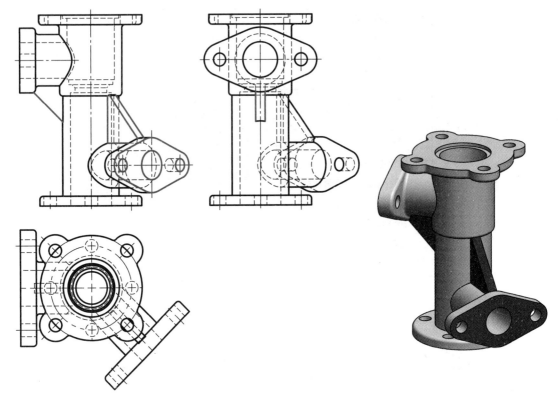

图 15-12　箱体及其三视图

　　国家标准规定了机件常用的表达方法,如图 15-13 所示。机件常用表达方法与视图布局命令的对应关系如图 15-14 所示。

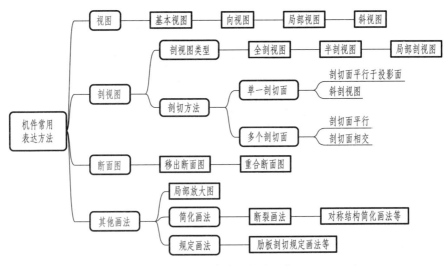

图 15-13　机件常用的表达方法

1. 视图的创建

　　视图用于表达机件的外部形状,包括基本视图、向视图、局部视图和斜视图。各类视图的创

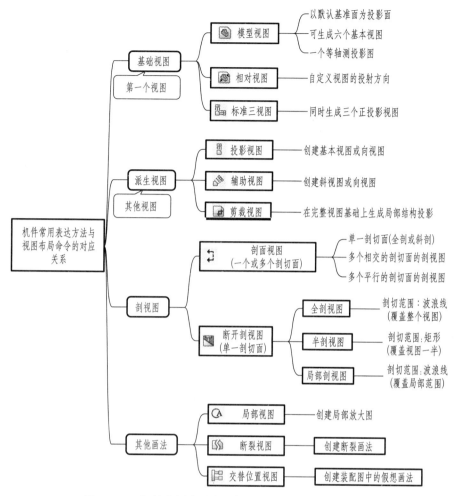

图 15-14 机件常用表达方法与视图布局命令的对应关系

建方法如图 15-15 所示。

（1）视图创建

以图 15-16 和图 15-17 为例,说明各类视图的创建,分析如下:

① 左视图为局部视图(去除了不反映实形的部分),按基本视图配置时,可省略标注。

② B 向斜视图表达倾斜部分实形,斜视图可以按照投射方向配置,也可以摆正绘制,但此时需标注旋转符号。

③ C 向局部视图表达底座,以向视图形式配置时,不可省略标注。

（2）视图标注的相关设置

单击工具栏中的"选项"按钮 ⚙,弹出"系统选项"对话框,依次单击"文档属性""视图"按钮,设置如下视图的标注及字体(图 15-18)。

① 视图名称设置中字体样式及大小,字体样式默认为"汉仪长宋体",字体大小应比尺寸标注字体的大一号。

② 视图标注设置　不勾选"依照标准"复选框,根据各类视图的标注要求进行设置。

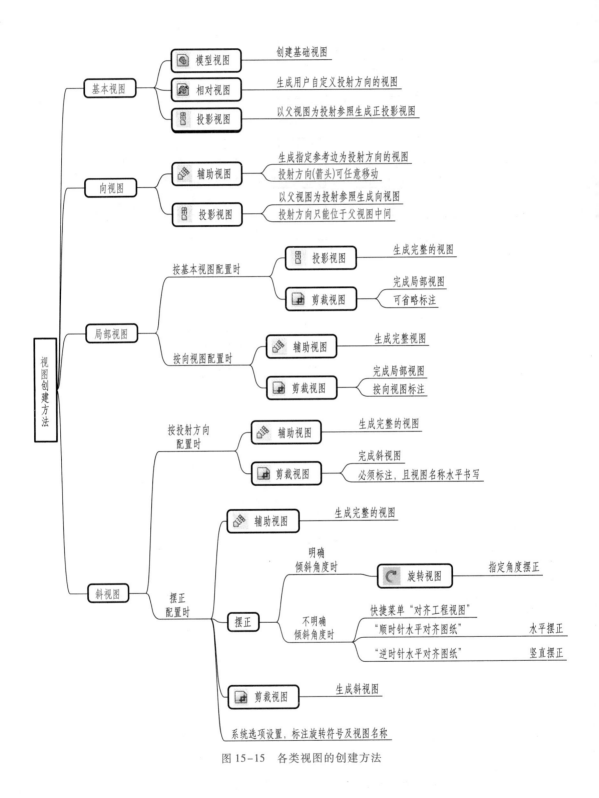

图 15–15　各类视图的创建方法

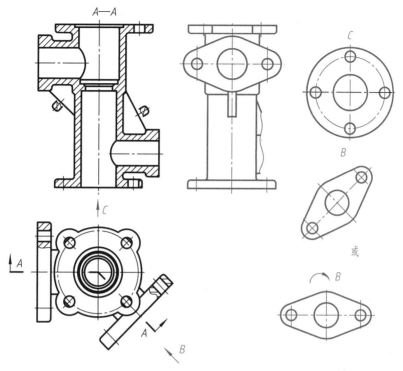

图 15-16 箱体表达方法(仅以视图为例)

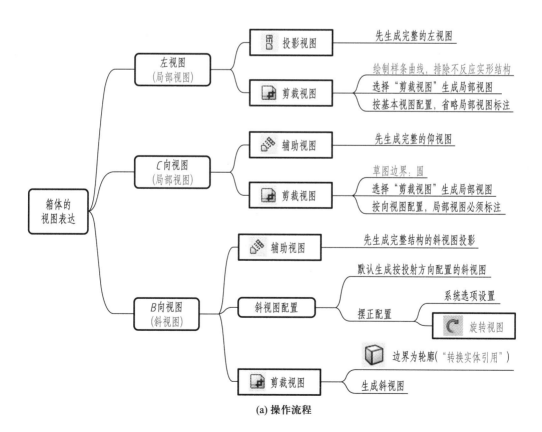

(a) 操作流程

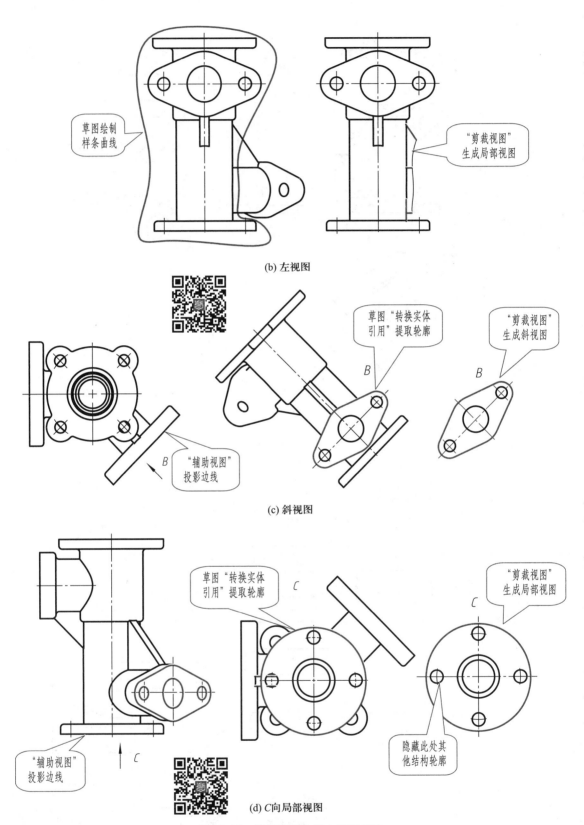

草图绘制
样条曲线

"剪裁视图"
生成局部视图

(b) 左视图

草图"转换实体
引用"提取轮廓

"剪裁视图"
生成斜视图

"辅助视图"
投影边线

(c) 斜视图

草图"转换实体
引用"提取轮廓

"剪裁视图"
生成局部视图

"辅助视图"
投影边线

隐藏此处其
他结构轮廓

(d) C向局部视图

图 15-17　箱体表达方案之视图创建

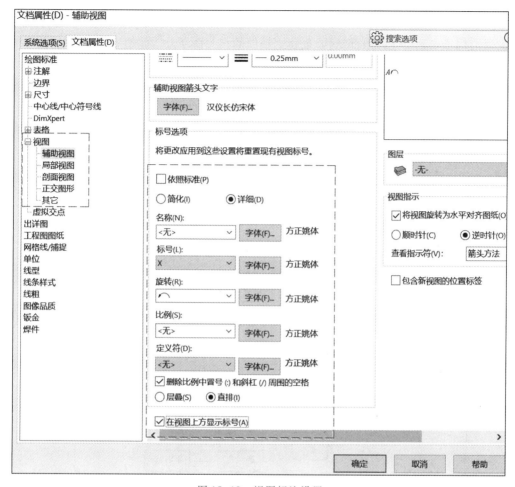

图 15-18 视图标注设置

（3）相对视图 📷

用于生成用户自定义投射方向的视图。

方法：单击主菜单选择"插入"→"工程图视图"→"相对于模型"，弹出"相对视图"属性管理器，根据提示打开零件模型，在模型中依次选择两个正交平面，并指定所选面的朝向，生成指定投射方向的视图，如图 15-19 所示。

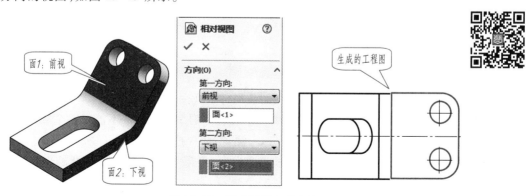

图 15-19 相对视图生成方法

2. 剖视图的创建

剖视图用于表达机件的内部结构,创建剖视图的相关命令及功能如图 15-20 所示。

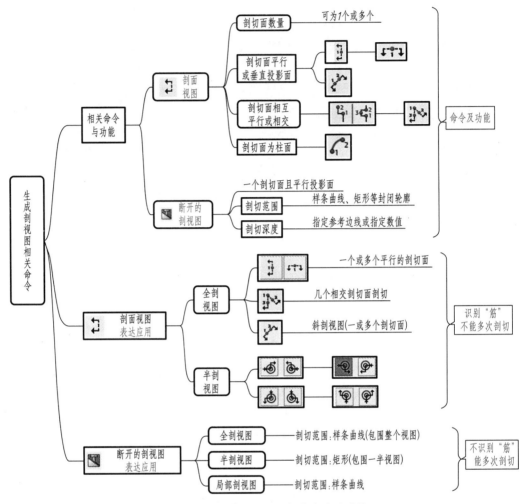

图 15-20　创建剖视图的相关命令及功能

(1) 全剖视图(单一剖切面且平行于投影面)

以图 15-21 中的机件为例,说明全剖视图的创建。

分析:俯视图和左视图为全剖视图,可用剖面视图命令或断开的剖视图命令完成,其操作流程导图如图 15-22 所示。

(2) 半剖视图与局部剖视图综合表达

以图 15-23 中的机件为例,说明半剖视图及局部剖视图的创建。

分析:① 主视图通过半剖视图和局部剖视图表达。剖面视图命令不能对一个视图进行再剖切,需用断开的剖视图命令完成主视图的表达。注意:肋板按不剖绘制。

② 俯视图为半剖视图,且省略投影方向(箭头)。可采用剖面视图或断开的剖视图命令完成,剖视图标注需通过草图和注释完成。

主视图的创建过程如图 15-24 所示,俯视图的创建过程如图 15-25 所示。

（3）旋转剖视图（两个相交的剖切平面）

以图 15-26 中的机件为例,说明两个相交的剖切平面的创建方法。

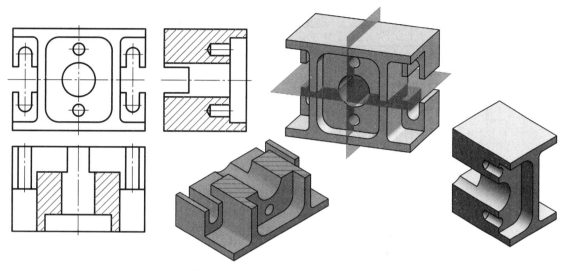

图 15-21　单一剖切面且平行于投影面的全剖视图表达举例

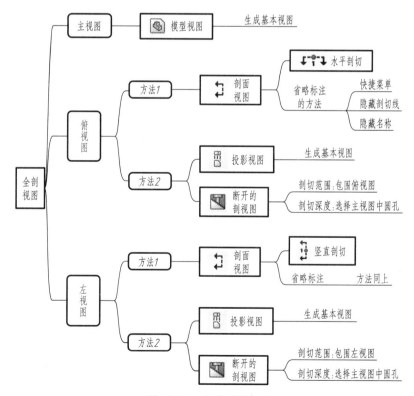

图 15-22　操作流程导图

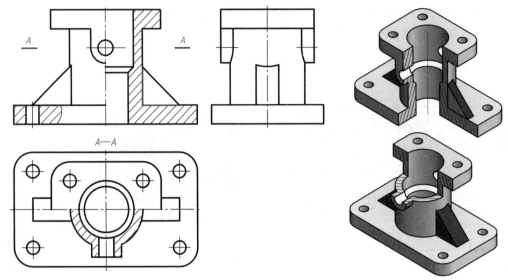

图 15-23　半剖视图及局部剖视图表达举例

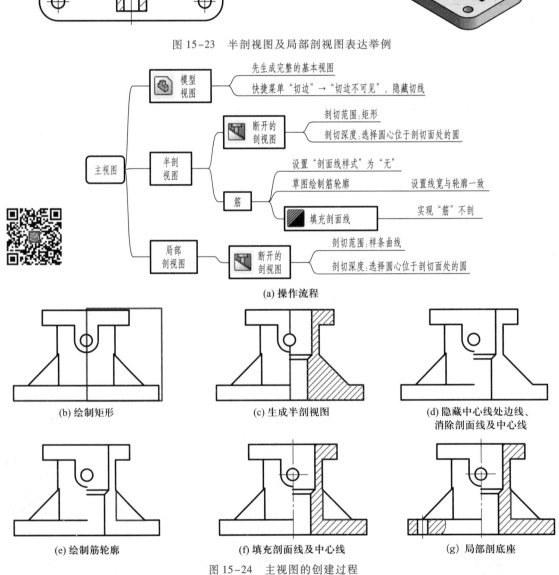

(a) 操作流程

(b) 绘制矩形

(c) 生成半剖视图

(d) 隐藏中心线处边线、
消除剖面线及中心线

(e) 绘制筋轮廓

(f) 填充剖面线及中心线

(g) 局部剖底座

图 15-24　主视图的创建过程

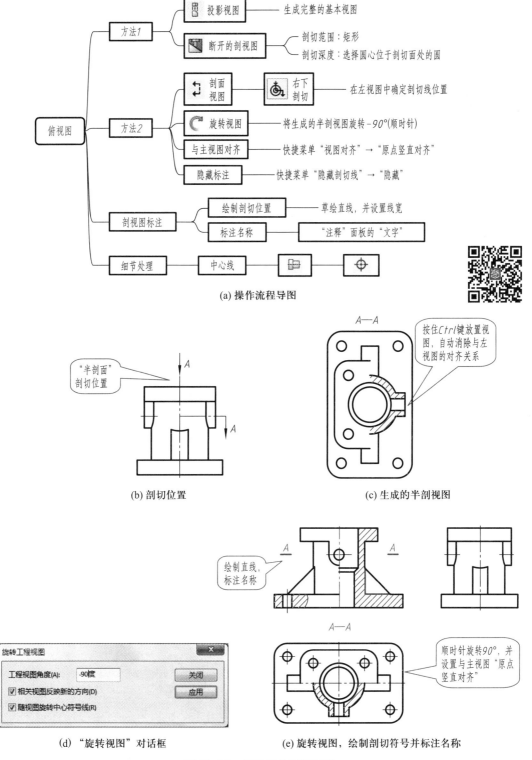

(a) 操作流程导图

(b) 剖切位置

(c) 生成的半剖视图

(d) "旋转视图"对话框

(e) 旋转视图,绘制剖切符号并标注名称

图 15-25 俯视图的创建过程

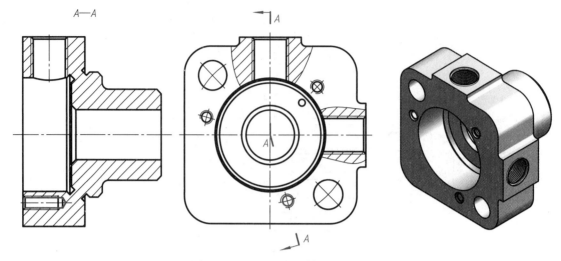

图 15-26　两个相交的剖切平面剖切

分析：主视图为旋转剖，用剖面视图命令的对齐剖切命令 完成。具体操作如图 15-27 所示。

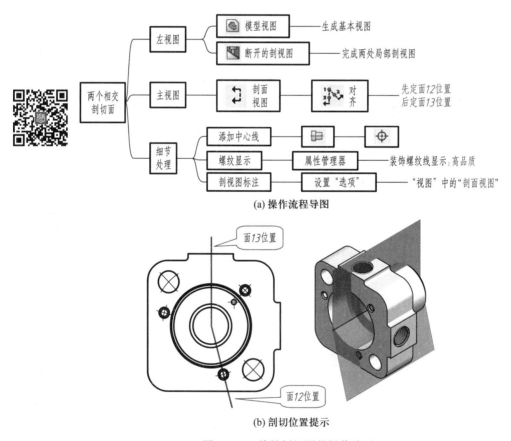

(a) 操作流程导图

(b) 剖切位置提示

图 15-27　旋转剖视图的操作演示

主视图中，剖视图需要标注，相关设置通过单击"选项"→"文档属性"→"视图"→"剖面视图"进行,如图 15-28 所示。

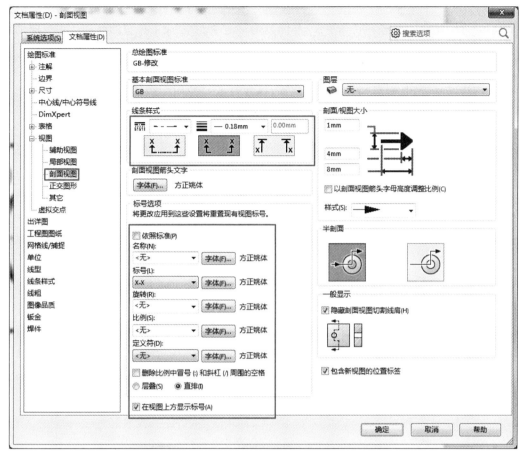

图 15-28　剖视图标注设置

（4）多个相交的剖切面（平面与柱面剖切）

以图 15-29 中的机件为例,说明创建多个相交的剖切面剖切的方法。

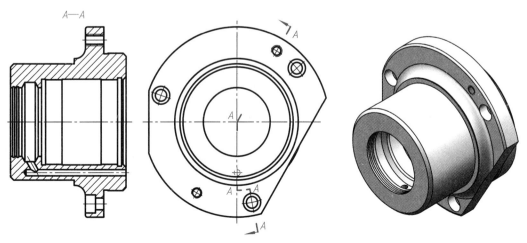

图 15-29　多个相交剖切面表达方法

分析：

① 主视图

用剖面视图命令的对齐剖切命令 📍 和圆弧偏移命令 🔧 完成主视图的绘制。主视图剖切后与左视图保持"高平齐"投影对应关系，需通过对齐工程视图、视图对齐命令完成。

② 左视图

左视图为基本视图，润滑油孔位于右端面，虚线显示。如何在图样中显示部分虚线，需要特殊处理。

具体操作如图 15-30 所示。

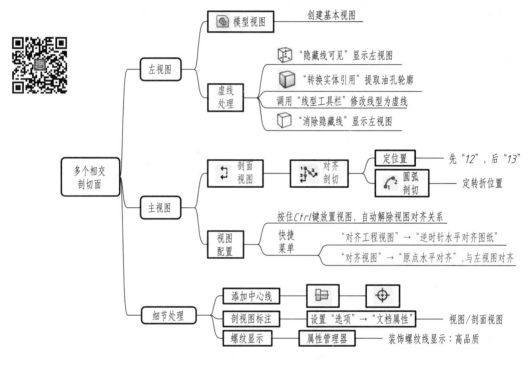

(a) 操作流程导图

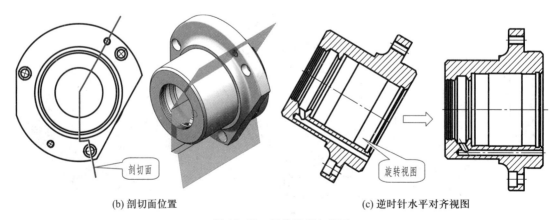

(b) 剖切面位置　　　　　　　　(c) 逆时针水平对齐视图

图 15-30　操作流程与演示

（5）几个平行的剖切平面

以图 15-31 中的支座为例，说明几个平行的剖切平面剖切方法的创建。

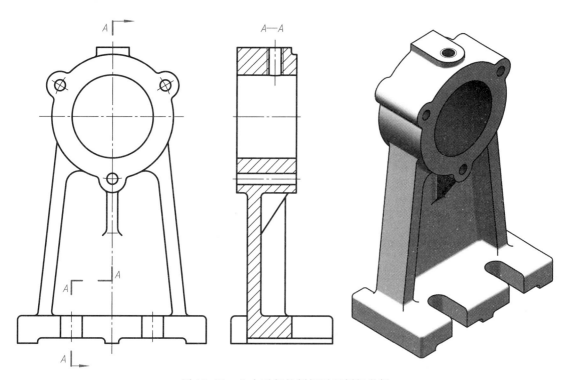

图 15-31　几个平行的剖切平面剖切举例

分析：

左视图为两个平行的剖切平面剖切，此时，筋按不剖绘制（纵向剖切），用剖面视图命令的单偏移命令 ⤷ 完成剖切表达。

操作流程导图与演示如图 15-32 所示。

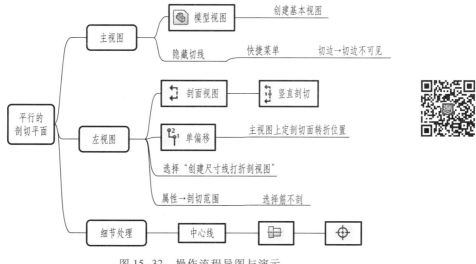

图 15-32　操作流程导图与演示

3. 断面图的创建

断面图用于表达筋、腹板、薄板、轴类零件键槽等横断面实形,包括移出断面图和重合断面图两类。利用 SOLIDWORKS 创建断面图的相关命令及方法如图 15-33 所示。

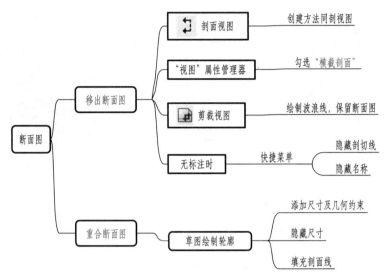

图 15-33　创建断面图的相关命令及方法

（1）移出断面图

以图 15-34 中的轴上键槽为例,说明移出断面图的创建。

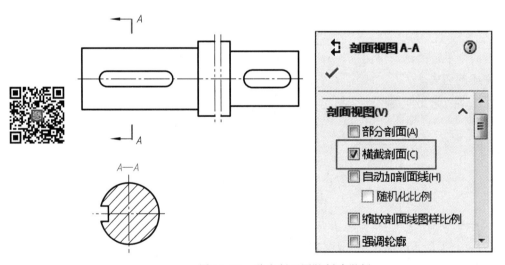

图 15-34　移出断面图的创建举例

在属性管理器中单击"横截剖面(C)"复选框,其余操作方法同剖视图的创建过程。

（2）重合断面图

以图 15-35 为例,说明重合断面图的创建。

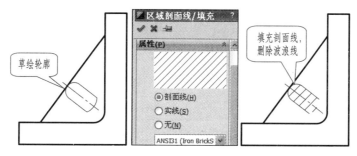

图 15-35　重合断面图的创建举例

4. 局部放大图及其他画法

（1）局部放大图

以图 15-36 为例,说明局部放大图的创建。

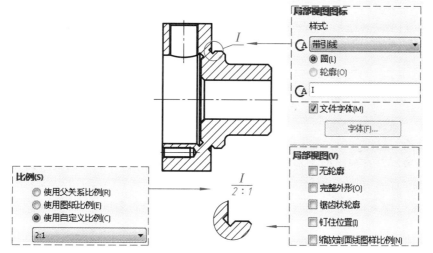

图 15-36　局部放大图的创建举例

（2）断裂画法

以图 15-37 为例,说明断裂画法的创建。

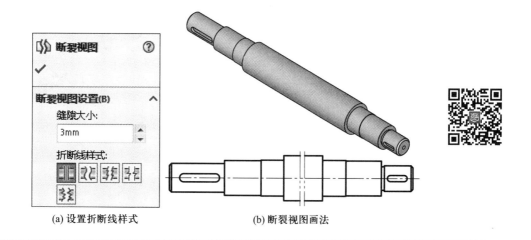

(a) 设置折断线样式　　　　　(b) 断裂视图画法

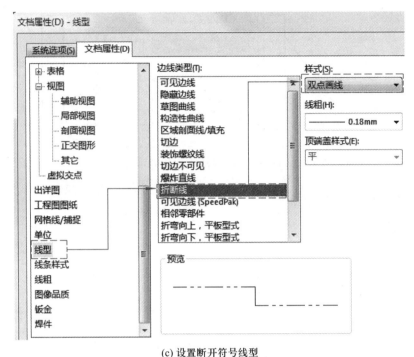

(c) 设置断开符号线型

图 15-37　断裂画法的创建举例

（3）等轴测剖视图

通过剖面视图命令创建的剖视图可以转化为等轴测剖视图,等轴侧剖视图也可还原为二维剖视图,半剖视图可转化为四分之一剖切轴测图。

方法:单击快捷菜单"等轴测剖视图"按钮,设置剖面线倾斜角度为 75°,如图 15-38 所示。

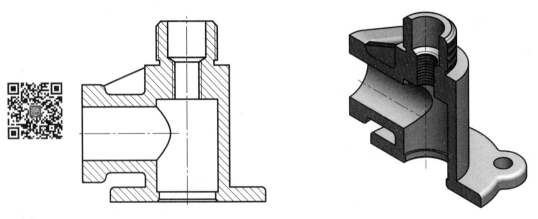

图 15-38　等轴测剖视图的创建举例

15.3.4　零件图的尺寸与技术要求标注

1. 零件图的尺寸标注

SOLIDWORKS 中包含驱动尺寸和从动尺寸两类尺寸,详见表 15-1。

表 15-1　两类尺寸

类型	说明
驱动尺寸 （模型尺寸）	系统数据库中的尺寸信息,来源于创建零件特征时标注的尺寸,通过单击"模型项目"按钮  添加。其特点是模型尺寸在零件模型或工程图中修改时,都驱动模型更新
从动尺寸 （参考尺寸）	是用户根据需要手动创建的尺寸,如智能尺寸等。其特点是编辑参考尺寸数值不能改变模型;但模型尺寸改变时,参考尺寸随之变化。

模型项目用于为工程图添加来自模型的尺寸和注解等,"模型项目"属性管理器如图 15-39 所示。

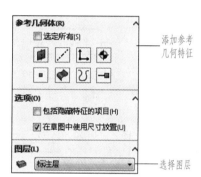

图 15-39　"模型项目"属性管理器

零件图添加尺寸后,需要进行整理和编辑,常用的操作方法见表 15-2。

表 15-2　关于尺寸的常用操作方法

类型	操作说明
移动尺寸到 另一个视图	按 Shift 键的同时单击鼠标左键拖拽尺寸文本到另一个视图
复制尺寸到 另一个视图	按 Ctrl 键的同时单击鼠标左键拖拽尺寸文本到另一个视图
隐藏尺寸或 显示尺寸	在尺寸上单击鼠标右键,弹出快捷菜单,单击"隐藏"按钮。被隐藏的尺寸呈灰色,鼠标指针呈 状。若要显示被隐藏的尺寸,可单击主菜单"视图"→"隐藏/显示"→"注解"。
删除尺寸	选择尺寸后,按 Delete 键可删除该尺寸。被删除的尺寸不能显示,必须重新标注
隐藏尺寸的 一个箭头	在箭头处单击鼠标右键,弹出快捷菜单,单击"隐藏尺寸线"按钮。

半径与直径、角度、小尺寸、倒角等的标注与处理方法如图 15-40 所示,具体操作方法如图 15-41 所示。

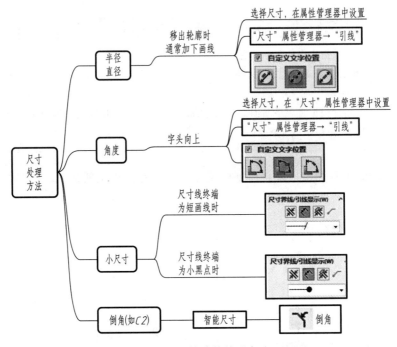

图 15-40 尺寸的处理方法

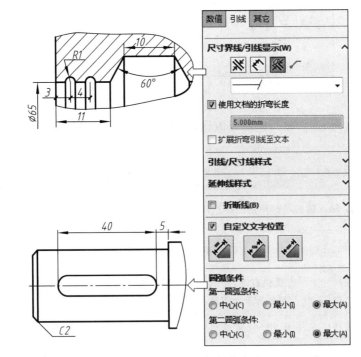

图 15-41 尺寸处理操作方法

2. 零件图的技术要求标注

零件图上的技术标注要求包括尺寸公差、表面结构要求、几何公差等,具体标注方法如下。

（1）尺寸公差标注

单击尺寸标注,在"尺寸"属性管理器中设置相关参数,常见的标注形式见表 15-3。

表 15-3　零件图上常用的尺寸公差标注形式及标注方法

标注形式	含义说明	属性设置	属性设置示例
$\phi 130h6$	公称尺寸与公差带代号	"套合"	
$\phi 130^{0}_{-0.025}$	公称尺寸与上下极限偏差	"双边" 精度与极限偏差一致	
$\phi 130h6\binom{0}{-0.025}$	公称尺寸与公差带代号、上下极限偏差	"与公差套合" 勾选"显示括号"复选框 精度与极限偏差一致	
130 ± 0.1	上下极限偏差为相反数	"标注尺寸文字"后添加符号"±"	

（2）表面结构要求标注

表面结构要求代号在图形轮廓上的标注方向如图 15-42 所示。

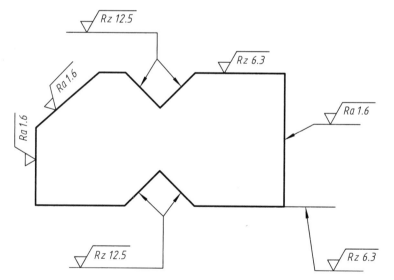

图 15-42　表面结构要求代号在图形轮廓上的标注方向

通过"注释"面板中的表面粗糙度命令 √ 标注零件图中的表面粗糙度,其属性及参数设置如图 15-43 所示。

（3）几何公差的标注

几何公差是指实际要素的形状、方向、位置等对理想要素的允许变动量。

几何公差包括形状公差、方向公差、位置公差及跳动公差。国家标准规定的几何公差项目符号如图 15-44 所示。

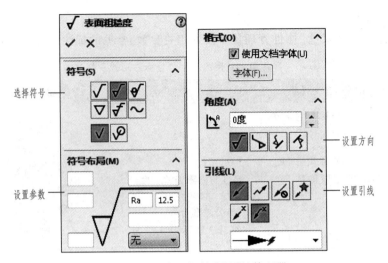

图 15-43　"表面粗糙度"属性管理器

公差类型	几何特征	符号	有无基准要求	公差类型	几何特征	符号	有无基准要求
形状	直线度	—	无	方向	平行度	//	有
	平面度	▱	无		垂直度	⊥	有
	圆度	○	无		倾斜度	∠	有
	圆柱度	⌀	无	位置	同心度和同轴度	◎	有
形状方向位置	线轮廓度	⌒	有或无		对称度	⹀	有
					位置度	⊕	有或无
	面轮廓度	⌓	有或无	跳动	圆跳动	↗	有
					全跳动	↗↗	有

图 15-44　国家标准规定的几何公差项目符号

几何公差符号及基准代号如图 15-45 所示。

(a) 几何公差符号　　　　　　　　(b) 基准代号

图 15-45　几何公差符号及基准代号

（4）技术要求标注综合举例

以图 15-46 中缸体为例,说明零件图上尺寸公差、表面粗糙度、几何公差等技术要求的标注方法。

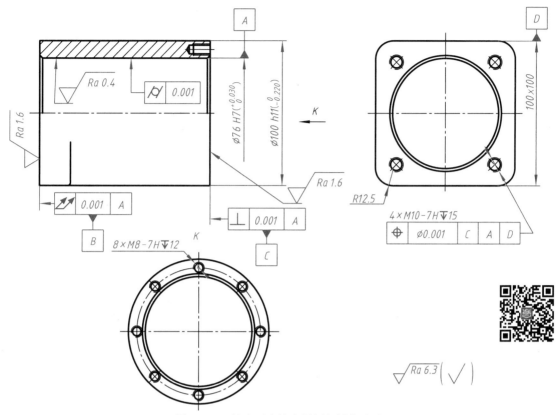

图 15-46　技术要求综合举例与操作演示

15.4　课上练习

15.4.1　任务一：完成泵轴的零件图

1. 要求

完成图 15-47 所示的泵轴三维建模,并生成其零件图,具体要求如下:

(1) 图纸幅面及比例

选择 GB 模板 A4 幅面,横放(297×210),左侧留装订边;绘图比例为 1:1;

标题栏中材料、图名、单位及代号为 7 号字,其余为 5 号字。

(2) 视图

根据泵轴的三维模型生成与图样表达方案一致的零件图。

(3) 尺寸标注

标注图中所有尺寸,尺寸数字为 3.5 号字,尺寸标注要符号国家标准要求。

(4) 技术要求

标注图中技术要求,其中表面结构代号数字与尺寸数字的设置相同。

2. 任务分析

该轴零件图共有 5 个视图,主视图用模型视图命令和断开的剖视图命令生成,断面图用剖面视图命令生成,局部放大图用局部视图命令生成,表达键形状的局部视图用剪裁视图命令生成。

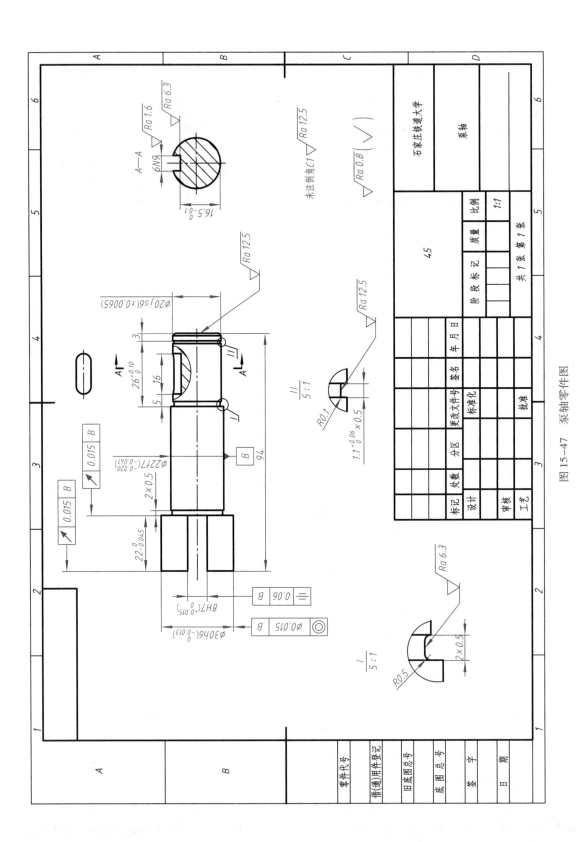

图 15-47　泵轴零件图

3. 任务导图

创建泵轴零件图的任务导图如图 15-48 所示。

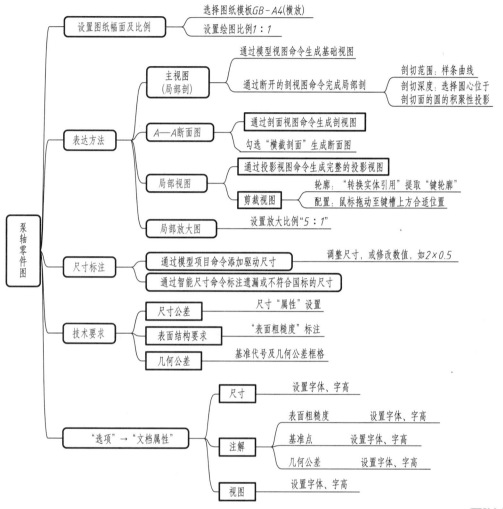

图 15-48　创建泵轴零件图的任务导图

4. 操作步骤提示

泵轴零件图操作流程与演示如图 15-49 所示,主要步骤如下:

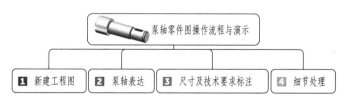

图 15-49　泵轴零件图操作演示

泵轴零件图的
视图表达

泵轴零件图的
尺寸及技术
要求

（1）生成局部剖的主视图

先通过模型视图命令生成主视图及俯视图两个基本视图,再用断开的剖视图命令完成对主视图中键槽的局部剖表达,如图 15-50 所示。

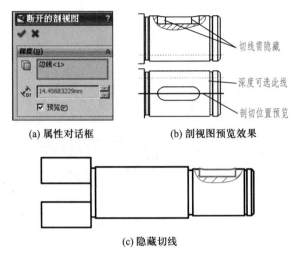

(a) 属性对话框　　　　(b) 剖视图预览效果

(c) 隐藏切线

图 15-50　局部剖主视图

(2) 生成表达键槽形状的局部视图

生成剪裁视图边界:在俯视图中,按住 Ctrl 键,选择键槽四条轮廓线,单击草图工具"转换实体引用"按钮,提取键槽轮廓作为剪裁视图边界。

生成局部视图:按住 Ctrl 键,选择提取的四条轮廓线,单击"剪裁视图"按钮,生成局部视图。

位置调整:选择局部视图,移动到主视图上方合适位置,如图 15-51 所示。

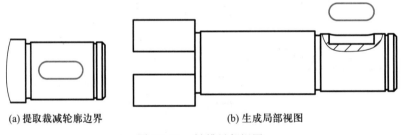

(a) 提取裁减轮廓边界　　　　　　　　　(b) 生成局部视图

图 15-51　键槽局部视图

(3) 生成 *A—A* 断面图

用剖面视图命令在主视图键槽处剖切。在"剖面视图"属性管理器中选择"横截剖面(C)"生成断面图,如图 15-52 所示。

(4) 生成局部放大图

用局部视图命令在主视图上绘制圆,设置比例为 5∶1,生成第Ⅰ处局部放大图,同样方法生成第Ⅱ处局部放大图,如图 15-53 所示。

(5) 细节处理——添加中心线

用"注释"工具栏中中心符号线命令和中心线命令为各视图、断面图及局部视图添加对称中心线和十字中心线,如图 15-53 所示。

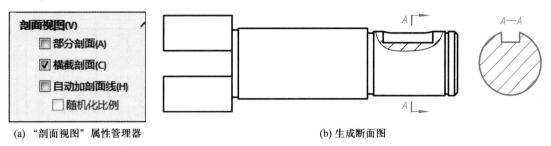

| (a) "剖面视图"属性管理器 | (b) 生成断面图 |

图 15-52 断面图

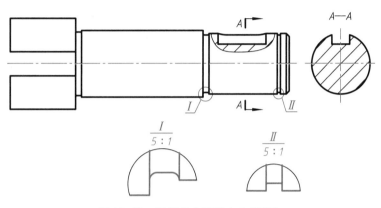

图 15-53 局部放大图及中心线添加

15.4.2 任务二：生成旋转开关装配图

1. 要求

生成图 15-54 所示的装配图,相关零件及装配体文件可扫描下方二维码下载。

（1）图纸幅面及比例

选择 GB 模板 A3 幅面（420×297）横放,左侧留装订边;绘图比例为 1∶2.5;
标题栏中图名、单位、代号为 7 号字,其余为 5 号字。

（2）视图

根据旋转开关装配体生成与图样表达方案一致的装配图。

（3）尺寸标注

标注装配图的尺寸。

（4）零部件编号、明细栏及技术要求

零部件编号的字号比尺寸标注的字号大 1 号或 2 号,明细栏中的字为 5 号字。

2. 任务分析

该装配图包括两个视图,其中主视图比较复杂,需要注意:

（1）调节螺帽 10 需二次剖切,剖面视图命令不能进行二次剖切,需用断开的剖视图命令完成主视图。

（2）根据国家标准,"筋"的纵向剖切按不剖绘制,需用断开的剖视图命令进行特殊处理。

（3）内外螺纹旋合时,应注意二者的大径和小径要一致。

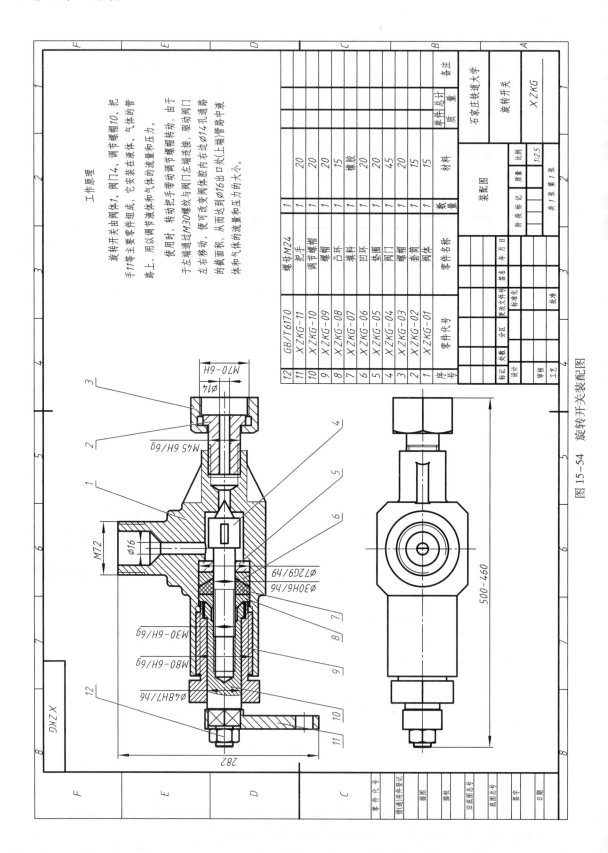

图 15-54 旋转开关装配图

工作原理

旋转开关由阀体1、阀门4、调节螺帽10、把手11等主要零件组成，它安装在液体、气体的管路上，用以调节液体和气体的流量和压力。

使用时，转动把手带动调节螺帽转动，由于左端通过M30螺纹与阀门1左端连接，驱动阀门左右移动，使可改变阀体腔内右边Ø14孔通路的截面积，从而达到Ø16出口处(上端口处)中液体和气体的流量和压力的大小。

12	GB/T6170		螺母M24	1	20	
11	XZKG-11		把手	1	20	
10	XZKG-10		调节螺帽	1	20	
9	XZKG-09		螺帽	1	15	
8	XZKG-08		凸环	1	橡胶	
7	XZKG-07		填料	1	20	
6	XZKG-06		凹环	1	20	
5	XZKG-05		垫圈	1	45	
4	XZKG-04		阀门	1	20	
3	XZKG-03		螺帽	1	15	
2	XZKG-02		套筒	1	15	
1	XZKG-01		阀体	1		
序号	零件代号		零件名称	数量	材料	备注

旋转开关 XZKG

石家庄铁道大学

装配图

比例 1:2.5

3. 与装配图相关的标注

(1) 零部件序号

零件序号:完成手动零部件编号。

自动零件序号:系统自动完成零部件编号。

在实际应用中,可先用自动零件序号命令生成零部件编号,再用零件序号命令标注漏标的序号。"零件序号"属性管理器如图 15-55 所示。

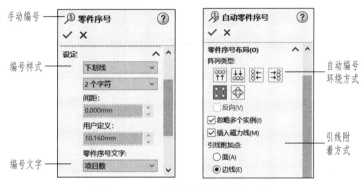

图 15-55 "零件序号"属性管理器

(2) 材料明细表

命令:"注释"面板"表格"→"材料明细表" 。

"表格模板"属性管理器如图 15-56 所示,默认表格模板为"bom-standard"样式。

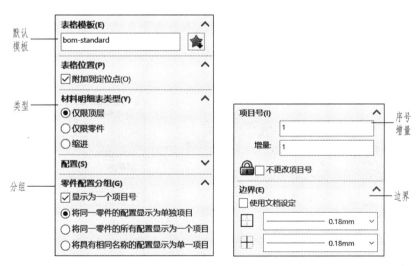

图 15-56 材料明细表属性

通过工具栏、快捷菜单及属性管理器实现编辑明细表。单击明细表,弹出如图 15-57 所示的工具栏;单击鼠标右键,弹出图 15-58 所示的快捷菜单。

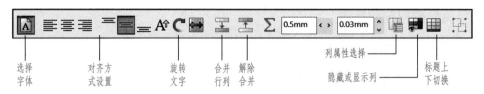

图 15-57　材料明细表编辑工具栏

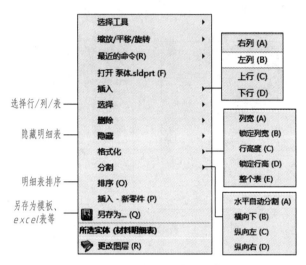

图 15-58　材料明细表快捷菜单

修改明细表定位点,方法如下。

方法 1:单击鼠标右键,在快捷菜单中单击"选择"→"表格",显示材料明细表属性。

方法 2:单击明细表左上角十字箭头按钮 或右下角小方块按钮,显示"材料明细表"属性管理器(图 15-59)。

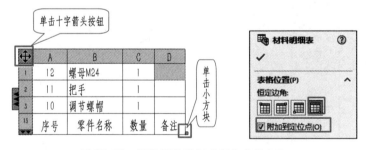

图 15-59　设置材料明细表定位点的方法

(3) 自定义材料明细表模板

GB/T 10609.2—2009 规定的明细栏格式如图 15-60 所示。

通过材料明细表工具栏、快捷菜单修改默认模板"bom-standard",使其符合图 15-60 所示的两种样式之一,其中,"代号""材料""重量"等栏中内容的编辑方法如下。

方法一:直接录入法。在明细栏内双击相应位置,修改相关内容。

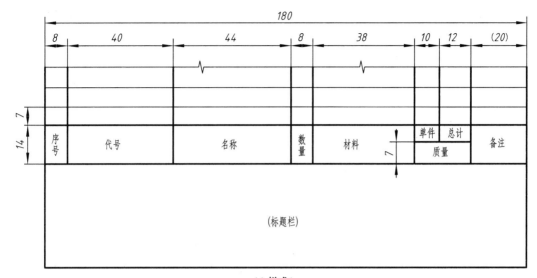

(a) 样式1

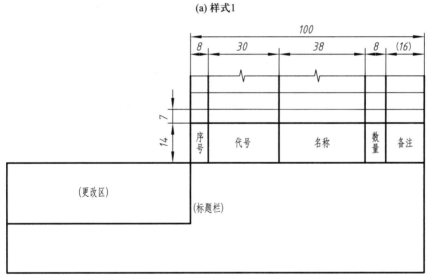

(b) 样式2

图 15-60 明细栏格式

方法二:属性关联法。在零件模型文件中自定义"代号""材料""质量"等属性,这些属性在"装配"模块及"工程图"模块都可以访问,操作过程如图 15-61 ~ 图 15-64 所示。

Toolbox 中调用的标准件在明细栏内的名称默认为配置名称,如螺母在明细栏中显示为"GB_FASTENER_NUT_SNAB1 B M24-C",设置方法如下:

打开标准件零件文件,单击"配置"属性管理器按钮 🔩,在零件处单击鼠标右键,然后单击"属性"快捷菜单,设置"材料明细表选项(M)"并为用户指定名称,如图 15-65 所示。

明细表编辑完成后,单击鼠标右键选择"另存为"快捷菜单,将明细栏保存为"模板(＊.sld-bomtbt)",如图 15-66 所示。

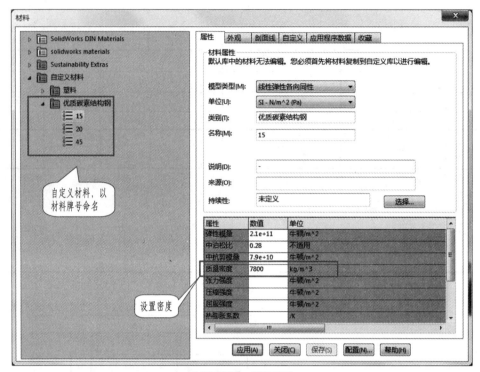

(a) 新建材料、设置密度

(b) 设置剖面线样式

图 15-61　自定义材料

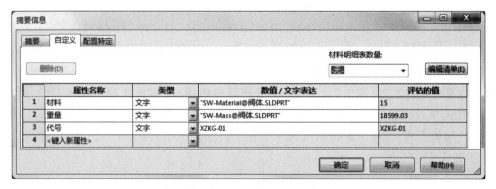

图 15-62　零件模型文件中自定义属性

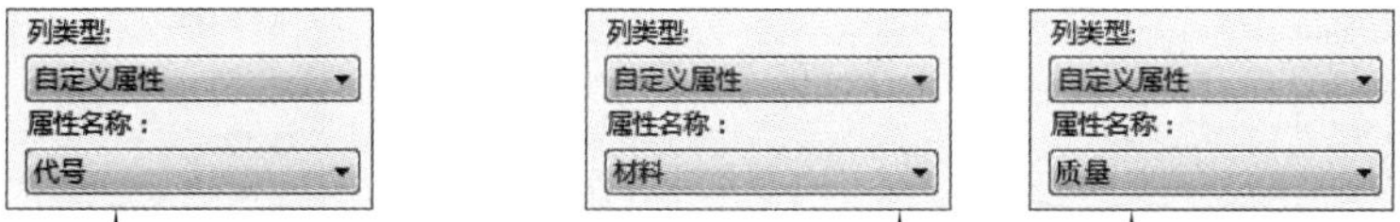

列类型:	列类型:	列类型:
自定义属性	自定义属性	自定义属性
属性名称:	属性名称:	属性名称:
代号	材料	质量

12	GB/T 6170	螺母M24	1	15	0.10	0.10	
11	XZKG-11	把手	1	20	0.70	0.70	
10	XZKG-10	调节螺帽	1	20	1.90	1.90	
9	XZKG-09	螺帽	1	20	3.30	3.30	
8	XZKG-08	凸环	1	15	0.31	0.31	
7	XZKG-07	填料	1	橡胶	0.05	0.05	
6	XZKG-06	凹环	1	20	0.39	0.39	
5	XZKG-05	垫圈	1	20	0.39	0.39	
4	XZKG-04	阀门	1	20	1.21	1.21	
3	XZKG-03	螺帽	1	20	0.94	0.94	
2	XZKG-02	套筒	1	15	1.03	1.03	
1	XZKG-01	阀体	1	15	18.60	18.60	
序号	代号	名称	数量	材料	质量		备注

图 15-63　明细栏对应列关联属性

12	GB/T 6170	螺母M24	1	15	0.10	0.10	
11	XZKG-11	把手	1	20	0.70	0.70	
10	XZKG-10	调节螺帽	1	20	1.90	1.90	
9	XZKG-09	螺帽	1	20	3.30	3.30	
8	XZKG-08	凸环	1	15	0.31	0.31	
7	XZKG-07	填料	1	橡胶	0.05	0.05	
6	XZKG-06	凹环	1	20	0.39	0.39	
5	XZKG-05	垫圈	1	20	0.39	0.39	
4	XZKG-04	阀门	1	20	1.21	1.21	
3	XZKG-03	螺帽	1	20	0.94	0.94	
2	XZKG-02	套筒	1	15	1.03	1.03	
1	XZKG-01	阀体	1	15	18.60	18.60	
序号	代号	名称	数量	材料	单件	总计	备注
					质　量		

合并列后,利用直线和文字命令完成

图 15-64　编辑处理重量栏标题

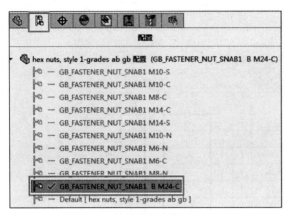

(a) 配置管理器

(b) 设置"材料明细表选项"

图 15-65　Toolbox 中调用标准件的配置属性设置

(a) 另存为明细栏模板

(b) 插入明细栏时使用自定义模板

图 15-66　保存及使用自定义明细栏模板

4. 任务导图及操作流程

任务导图及操作流程如图 15-67、图 15-68 所示。

5. 操作提示

（1）主视图全剖表达

利用断开的剖视图命令创建全剖视图,如图 15-69 所示,具体过程如下。

剖切范围:闭合样条曲线包围整个主视图,弹出"剖面视图"对话框,在设计树中展开装配体,选择"阀门""螺母"和"调节螺帽"为不剖切零件,勾选"自动打剖面线"复选框。

剖切深度:选择圆心位于剖切位置的圆作为参考,完成剖视图的创建。

（2）主视图二次剖切表达

利用断开的剖视图命令对"调节螺帽"进行二次剖切,绘制图 15-70 所示的剖切范围,选择"阀门"为不剖切零件,将图 15-69 所示的圆作为深度参考,完成二次剖切。

（3）"筋"不剖的处理方法

去除筋内剖面线:单击"阀体"内剖面线,在属性管理器中不勾选"剖面线(H)"复选框,剖面线图样选择"无(N)"。

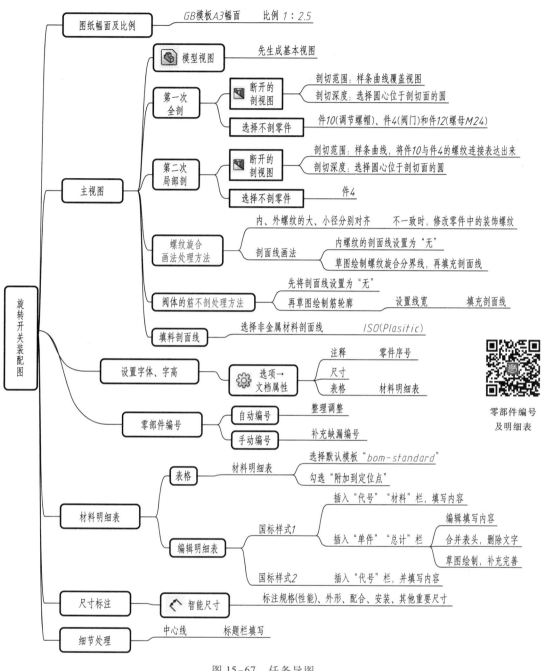

图 15-67 任务导图

图 15-68 操作流程与演示

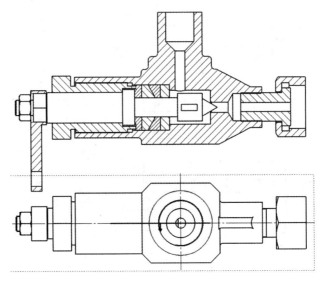

图 15-69　第一次全剖表达

　　绘制筋轮廓：用草图工具中直线命令和圆角命令绘制筋轮廓，并设置线宽。

　　填充剖面线：利用"注解"工具栏剖面线填充命令，在"区域剖面线/填充"属性管理器中选择剖面线样式为"ANSI31（Iron BrickStone）"、设置比例，最后在选择的"阀体"的封闭轮廓内单击完成填充，如图 15-70、图 15-71 所示。

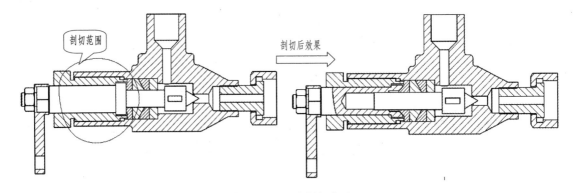

图 15-70　二次剖切表达

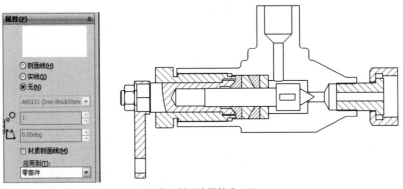

(a) 设置剖面线属性为"无"

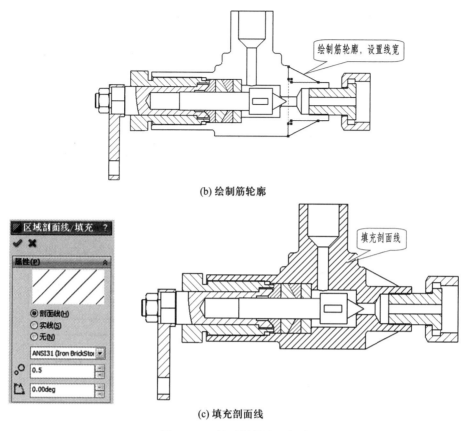

(b) 绘制筋轮廓

(c) 填充剖面线

图 15-71 筋不剖的处理方法

（4）螺纹旋合画法的处理方法

国家标准规定内外螺纹旋合时,大小径应分别对齐,旋合部分按照外螺纹画,在剖视图中剖面线应画到螺纹牙顶处（粗线）。

SOLIDWORKS 生成工程图时,装饰螺纹显示不符合国家标准的两点说明,如图 15-72 所示。

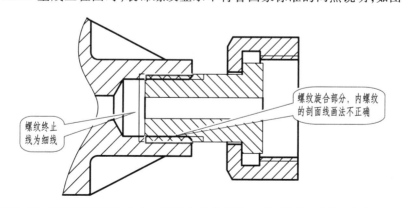

图 15-72 SOLIDWORKS 生成工程图时,装饰螺纹显示不符合国家标准规定的说明

具体解决方法如下。

大小径对齐处理:三维建模时,分别设置内外螺纹的小径一致。

剖面线画法:在内外螺纹旋合处,SOLIDWORKS 默认内螺纹的剖面线画法不符合国家标准,需要先将含有内螺纹零件的剖面线设置为"无",再用直线命令绘制螺纹旋合分界线,最后用剖面线填充命令填充内螺纹零件的剖面线(图 15-73)。

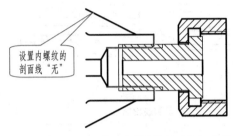

(a) 设置内螺纹的剖面线为"无"

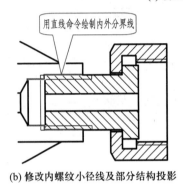

(b) 修改内螺纹小径线及部分结构投影　　　　　　　　(c) 内螺纹(阀体)填充剖面线

图 15-73　螺旋旋合的处理方法

(5) 非金属材料剖面线

设置"填料"的剖面线为"ISO(Plastic)",显示为非金属材料剖面线。

15.5　课后练习

15.5.1　任务一:完成主动齿轮轴零件图

1. 要求

(1) 图纸幅面及比例

选择 GB 模板 A4 幅面,横放(297×210),左侧留装订边;绘图比例为 1:1;标题栏中材料、图名、单位为 7 号字,其余为 5 号字。

(2) 视图

生成与图样表达方案一致的零件图。

(3) 尺寸标注

标注图中所有尺寸,尺寸数字为 3.5 号字。

(4) 技术要求

标注图中技术要求,其中表面结构代号数字与尺寸数字设置相同。具体详见图 15-74。

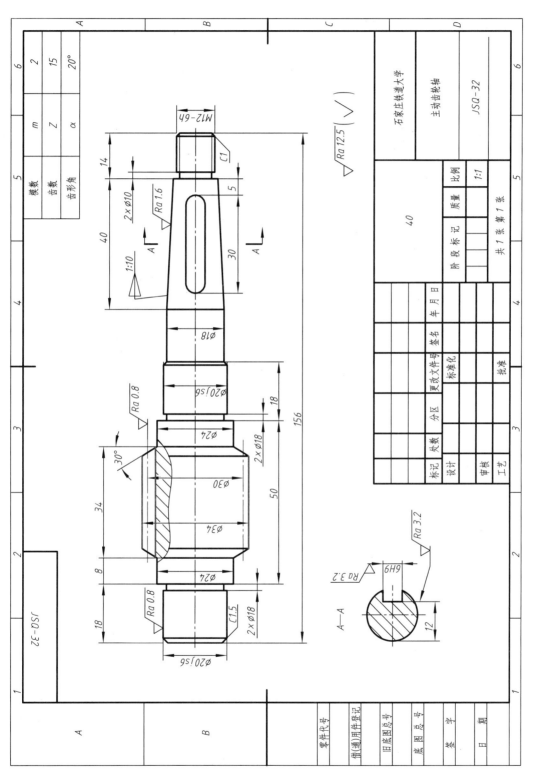

图15-74 主动齿轮轴零件图

2. 任务分析

主动齿轮轴零件图表达方法具体如下。

（1）主视图：局部剖视图，表达轮齿。

（2）关于轮齿的规定画法详见 GB/T 4459.2—2003，本任务涉及的相关规定如下：

剖视图表达时轮齿按不剖绘制，且齿顶线和齿根线用粗实线绘制，分度线用点画线绘制；表达外形视图时，齿根线用细实线绘制或者不画。

（3）表达齿轮的特性表一般位于图纸的右上角。

本任务的难点在于轮齿的表达。

3. 任务导图及操作流程

任务导图如图 15-75 所示，操作流程与演示如图 15-76 所示。

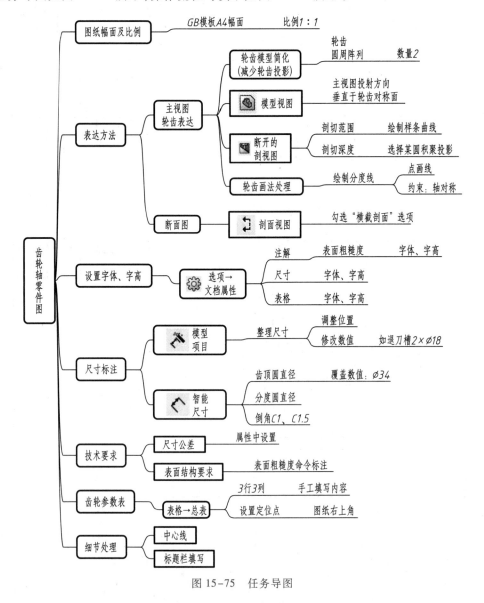

图 15-75　任务导图

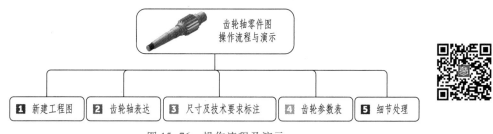

图 15-76　操作流程及演示

15.5.2　任务二：完成安全阀阀体零件图

1. 要求

（1）图纸幅面及比例

选择 GB 模板 A3 幅面,横放(420×297),左侧留装订边;绘图比例为 1∶1;标题栏中材料、图名及单位为 7 号字,其余为 5 号字。

（2）视图

根据阀体三维模型生成与图样表达方案一致的阀体零件图。

（3）尺寸标注

标注图中所有尺寸,尺寸数字为 3.5 号字。

（4）技术要求

标注图中技术要求,其中表面结构代号数字与尺寸数字设置相同。

零件图请扫描 14.5.1 节所示的二维码进行下载。

2. 任务分析

阀体零件图所使用的表达方法具体如下。

（1）主视图:单一剖切面的全剖视图,且筋按不剖绘制;

（2）俯视图:局部剖,表达左侧油口、顶部法兰形状及孔的分布情况,以及外形结构;

（3）*B* 向和 *D* 向局部视图:表达左右油口法兰及底部法兰形状及孔的分布情况;

（4）断面图:主视图附近的 3 个移出断面图和一个重合断面图,表达筋的断面形状;*C-C* 移出断面图表达剖切位置处的内外结构形状;

（5）局部放大图:表达与"阀门"结合处的内部结构。

3. 任务导图及操作流程

任务导图如图 15-77 所示,操作流程与演示如图 15-78 所示。

15.5.3　任务三：完成偏心柱塞泵装配图

装配图请扫描 14.5.2 节所示的二维码进行下载。

1. 要求

（1）图纸幅面及比例

选择 GB 模板 A2 幅面(594×420)横放,左侧留装订边;绘图比例为 1∶1;标题栏中图名、单位为 7 号字,其余为 5 号字,汉仪长仿宋字体。

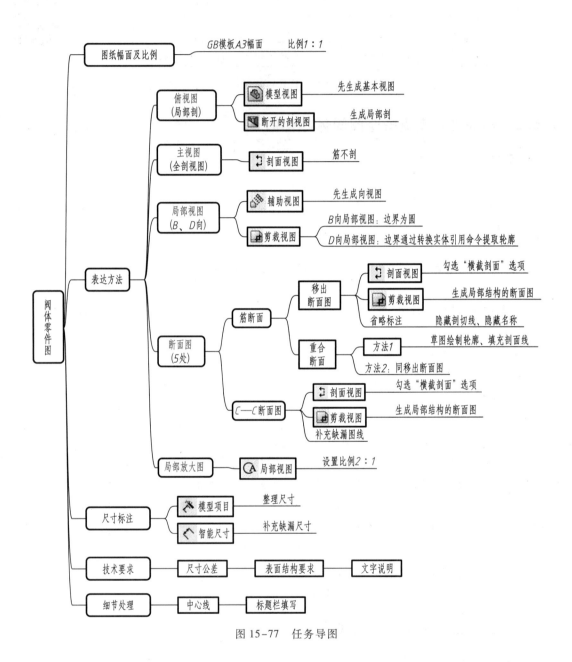

图 15-77　任务导图

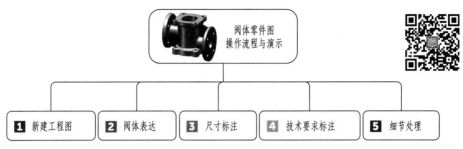

图 15-78 操作流程与演示

（2）视图

根据偏心柱塞泵装配体生成与图样表达方案一致的装配图。

（3）尺寸标注

标注装配图的尺寸。

（4）零部件编号、明细栏及技术要求

零部件编号的字号比尺寸标注的字号大 1 号或 2 号，明细栏中的字为 5 号字。

2. 任务分析

装配图主要用于表达部件的装配关系、工作原理等，该装配图包括三个视图，分析如下：

（1）主视图

曲轴需要二次剖切，不能使用"剖面视图"命令 ⬛ 进行剖切；泵体中的筋为纵向剖切，应按不剖绘制，需特殊处理；螺栓、垫圈按不剖绘制；填料应填充非金属材料剖面线，对于垫片 5，其厚度小于 2 mm，可以涂黑。

（2）左视图

左视图用拆卸画法和局部剖视图表达，局部剖视图利用断开的剖视图命令 ⬛ 完成；拆卸画法通过设置"视图属性"对话框中的"隐藏/显示零部件"功能完成零部件的隐藏，并在视图上方标注"拆去件×××"。

（3）局部视图：表达螺柱连接情况。

3. 任务导图

任务导图如图 15-79 所示，操作流程与演示如图 15-80 所示。

15.5.4 拓展题

（1）根据阀体工程图（图 15-81）创建模型，并生成工程图，A4 幅面，比例 2∶1。

（2）根据座体工程图（图 15-82）创建模型，并生成工程图，A2 幅面，比例 1∶1。

（3）根据泵体工程图（图 15-83）创建模型，并生成工程图，A2 幅面，比例 1∶1.5。

（4）完成 14.6 节的一级圆柱齿轮减速器装配图，A1 幅面，比例 1∶1。

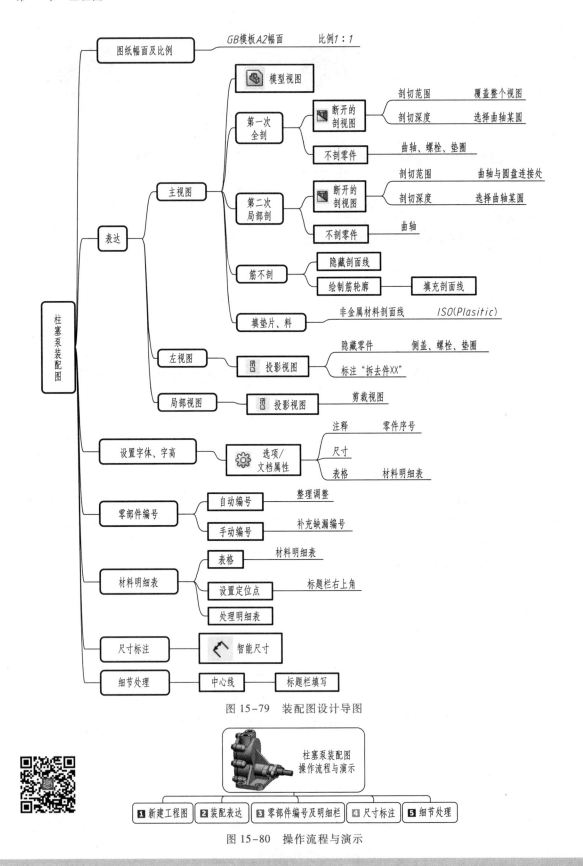

图 15-79　装配图设计导图

图 15-80　操作流程与演示

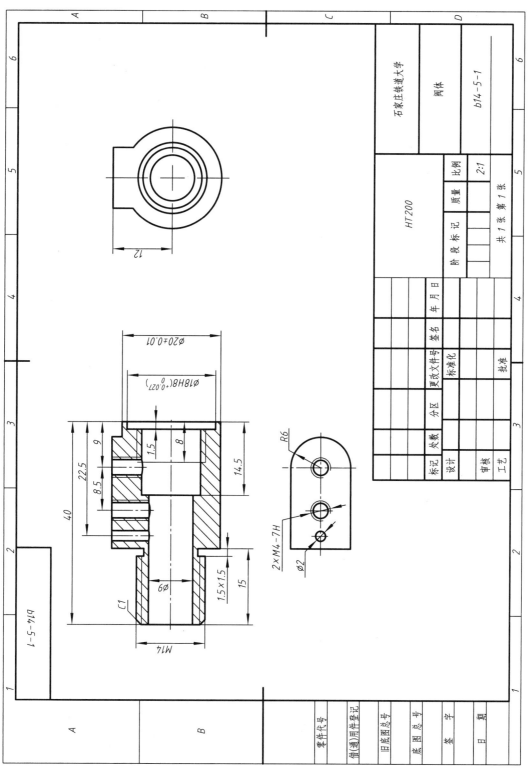

图 15-81 阀体工程图

465

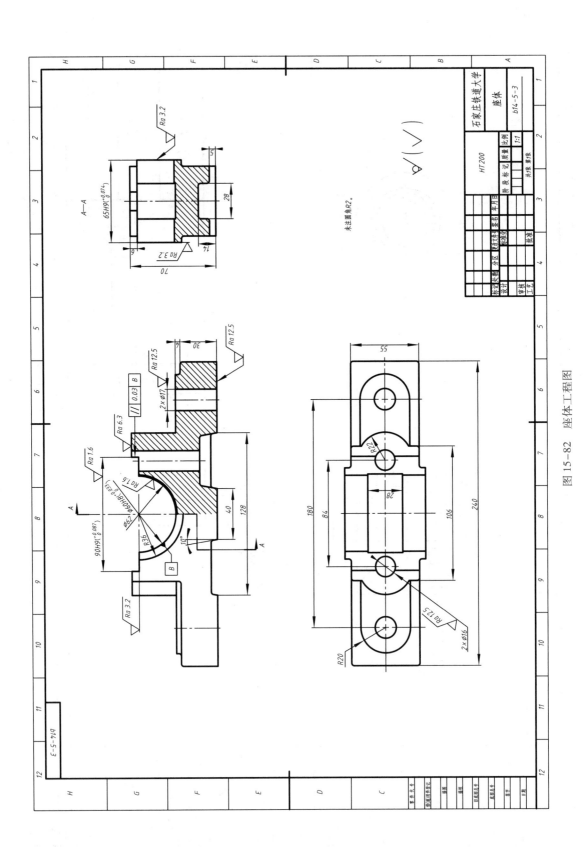

图 15-82　座体工程图

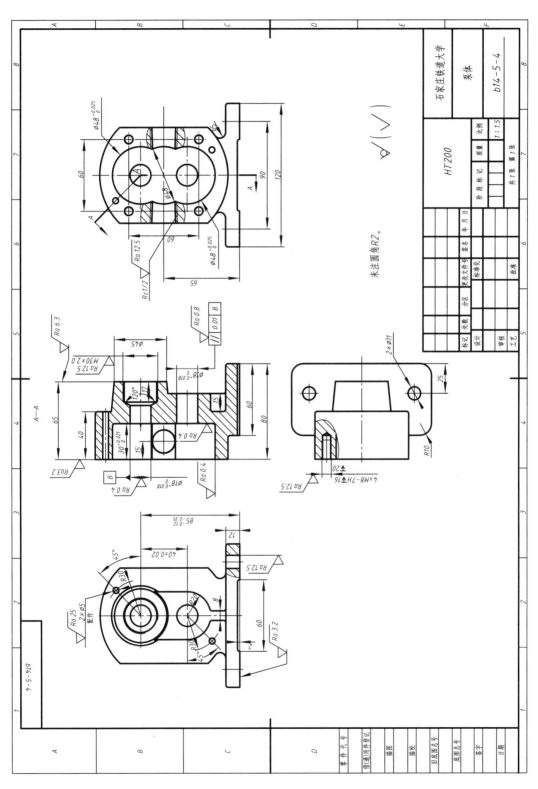

图 15-83 泵体工程图

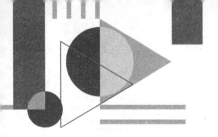

参 考 文 献

[1] 魏峥,董小娟.SolidWorks 2013 基础教程与上机指导.北京:清华大学出版社,2015.

[2] 商跃进,曹菇,等.SolidWorks 2018 三维设计及应用教程.北京:机械工业出版社,2018.

[3] 胡仁喜,刘昌丽,等.SOLIDWORKS 2018 中文版机械设计从入门到精通.北京:机械工业出版社,2019.

[4] 刘萍华.SolidWorks 2016 基础教程与上机指导.北京:北京大学出版社,2018.

[5] 魏峥.三维计算机辅助设计——SolidWorks 实用教程.北京:高等教育出版社,2007.

[6] 江洪,于文浩,蒋侃,等.SolidWorks 2015 基础教程.5 版.北京:机械工业出版社,2016.

[7] 赵建国,李怀正.SolidWorks 三维设计及工程图应用.北京:电子工业出版社,2012.

[8] 二代龙震工作室.SolidWorks 2011 基础设计.北京:清华大学出版社,2011.

[9] 王丹虹,宋洪侠,陈霞.现代工程制图.2 版.北京:高等教育出版社,2017.

[10] 廖希亮,张莹,姚俊红,等.画法几何及机械制图.北京:机械工业出版社,2018.

[11] 何建英,阮春红,池建斌,等.画法几何与机械制图.7 版.北京:高等教育出版社,2016.

[12] 窦忠强,杨光辉.工业产品类 CAD 技能二、三级(三维几何建模与处理)Autodesk Inventor 培训教程.北京:清华大学出版社,2012.